U0103701

计算机技术开发与应用丛书

Python编程
与科学计算

微课视频版

李志远 黄化人 姚明菊 ◎ 主　编

胡　荣 杨建文 刘杰逾 ◎ 副主编

清華大學出版社

北京

内 容 简 介

本书主要介绍 Python 编程语言的基础知识和使用 Python 进行数据爬取、数据分析与数据可视化的方法，主要内容包括 Python 安装与 IDE 选择、Python 基础知识、Python 运算符与流程控制、函数、面向对象基础、模块、网络数据爬取、数据分析基础、数据可视化。

本书涵盖了 Python 编程语言的主要应用场景，注重理论知识的学习和实际应用的充分结合。本书提供的 PPT、教学视频均为专业公司制作，内容丰富，应用价值较高。各章后提供的综合案例和习题可供读者综合复习每章的知识点。

本书可作为高等学校计算机及相关专业 Python 编程基础、Python 编程与科学计算等课程的教材，也可供想学习 Python 基础知识和使用 Python 进行应用开发的读者参考。

本书封面贴有清华大学出版社防伪标签，无标签者不得销售。

版权所有，侵权必究。举报：010-62782989，beiqinquan@tup.tsinghua.edu.cn。

图书在版编目(CIP)数据

Python 编程与科学计算：微课视频版/李志远，黄化人，姚明菊主编. —北京：清华大学出版社，2023.10
  (计算机技术开发与应用丛书)
  ISBN 978-7-302-64030-1

Ⅰ. ①P⋯ Ⅱ. ①李⋯ ②黄⋯ ③姚⋯ Ⅲ. ①软件工具－程序设计 Ⅳ. ①TP311.561

中国国家版本馆 CIP 数据核字(2023)第 126361 号

责任编辑：赵佳霓
封面设计：吴　刚
责任校对：李建庄
责任印制：宋　林

出版发行：清华大学出版社
      网　　　址：http://www.tup.com.cn，http://www.wqbook.com
      地　　　址：北京清华大学学研大厦 A 座　　　邮　　编：100084
      社 总 机：010-83470000　　　　　　　　　邮　　购：010-62786544
      投稿与读者服务：010-62776969，c-service@tup.tsinghua.edu.cn
      质量反馈：010-62772015，zhiliang@tup.tsinghua.edu.cn
      课件下载：http://www.tup.com.cn,010-83470236
印 装 者：三河市龙大印装有限公司
经　　销：全国新华书店
开　　本：186mm×240mm　　　印　张：23　　　字　数：517 千字
版　　次：2023 年 10 月第 1 版　　　　　　　印　次：2023 年 10 月第 1 次印刷
印　　数：1~1500
定　　价：89.00 元

产品编号：099428-01

序
FOREWORD

在当今的信息化时代,计算机技术已经深入到了各行各业,而 Python 作为一种易学易用的高级编程语言,被越来越多的人所喜爱。Python 不仅可以用来进行常规应用软件开发,而且大量用于科学计算、数据处理等领域,因此 Python 语言已经成为众多程序员、数据分析师和科研工作者的首选语言。

作为一名教育工作者,我一直在寻找那些能够将理论与实践结合,助力学生提高编程能力和解决实际工程问题能力的教材。当悉知李志远老师教学团队正在撰写一本关于 Python 编程与科学计算的新教材时,我感到十分振奋。

李志远老师长期从事软件设计与开发的研究和教学工作,擅长 Python 语言,在 Python 编程领域有着丰富的实战和教学经验,对 Python 编程语言的特点与应用场景有着深刻理解,著有《Python 游戏编程项目开发实战》,受到读者广泛好评,我对他的新书《Python 编程与科学计算(微课视频版)》充满期待。

《Python 编程与科学计算(微课视频版)》教材内容不仅涵盖了 Python 编程语言的基础知识,还将其应用于科学计算。内容主要包括 Python 基础、函数、面向对象基础、模块、网络数据爬取、数据分析基础及数据可视化等。通过对教材的学习,学生能够很好地掌握 Python 编程语言及其在科学计算中的应用。

该教材的特点是理论与实践相结合。教材由浅入深地讲解了 Python 编程语言及其在科学计算中的应用。同时,教材针对讲授的理论知识,配有大量实践应用案例,以帮助读者实现由理论知识学习到具备解决实际工程问题能力的迁移。

该教材的另一个特点是其可读性高。教材编写团队长期从事程序设计语言教学,深刻理解学生的学习需求,因此,在教材撰写组织方面,做到了结构清晰、章节安排合理、语言简洁明了,注重理论与实践相结合。这也充分体现了团队老师的教学风格与理念。

我相信,《Python 编程与科学计算(微课视频版)》一定能够助力读者提高程序设计开发能力、问题分析能力,帮助读者更好地理解 Python 编程语言及其在科学计算中的应用。

四川师范大学 郭涛(教授)

2023 年 8 月

前 言
PREFACE

  党的二十大报告指出：教育、科技、人才是全面建设社会主义现代化国家的基础性、战略性支撑。必须坚持科技是第一生产力、人才是第一资源、创新是第一动力，深入实施科教兴国战略、人才强国战略、创新驱动发展战略，这三大战略共同服务于创新型国家的建设。高等教育与经济社会发展紧密相连，对促进就业创业、助力经济社会发展、增进人民福祉具有重要意义。

  Python 是一种面向对象的高级编程语言，随着大数据和人工智能的快速发展与广泛应用，Python 的简单、实用和易用等特点，使其成为各大高校新工科专业学生学习大数据、人工智能行业项目开发的首选语言。本书对 Python 语言、Python 爬虫、Python 数据分析、Python 数据可视化等知识进行了系统全面讲解，在知识讲解过程中，巧妙融入程序设计思想和课程思政元素，使学生在学习专业编程知识和技能的同时，培养工程设计的思维，领悟作为新一代大学生该有的民族使命感和责任感，注重精益求精的大国工匠精神，满足高等教育知识目标、技能目标和素质目标的要求。

本书内容组织

  本书从零基础开始，提供了初学者入门所需要掌握的知识和技术。本书共分为 9 章。

  第 1 章是 Python 的环境构建部分，介绍了 Python 的安装方法和 IDE 的选择。

  第 2 章和第 3 章是 Python 的核心基础知识，第 2 章介绍了 Python 的基本语法、输入/输出和数据类型，第 3 章介绍了 Python 的运算符和 3 种基本的程序流程控制结构。

  第 4 章是 Python 的函数部分，介绍了常用内置函数、自定义函数的应用。

  第 5 章是面向对象程序设计部分，介绍了类的定义和对象的创建，类的属性和方法的访问，面向对象的三大特征。

  第 6 章是 Python 的模块部分，介绍了常用的内置模块和外置模块的应用。

  第 7 章是网络爬虫部分，介绍了爬虫的原理和爬取网络数据中的 Request 请求和 Response 响应。

  第 8 章是数据分析部分，介绍了 NumPy 和 Pandas 模块的使用和实际应用。

  第 9 章是 Python 数据可视化部分，介绍了 Matplotlib、Seaborn 和 Pyecharts 3 个模块的绘图方法和具体数据可视化的实现。

  本书第 1 章和第 7 章由李志远编写，第 2 章和第 6 章由姚明菊编写，第 3 章和第 4 章由胡荣编写，第 5 章由刘杰逾编写，第 8 章由杨建文编写，第 9 章由黄化人编写，全书的统稿和校对由李志远完成。

本书特色

(1) 案例方式。编者基于多年的教学和项目开发经验,在对学生充分了解的前提下,精心设计了相关知识点的案例,帮助学生理解和掌握知识点,并能对知识点进行实际应用。

(2) 专业公司打造 PPT 和教学视频。本书大部分知识点和案例由专业公司制作了精美的教学 PPT 和教学视频,方便读者随时随地快速地进行直观学习。

(3) 思政元素。编者在本书的知识点和案例中巧妙融入了课程思政元素,引导学生接受思政教育,在知识学习和技能提升的同时,培养社会责任感,以工匠精神做事,以正确的人生观和价值观做人。

读者对象

(1) 高等院校的教师和学生。
(2) Python 培训机构的教师和学生。
(3) 零基础的 Python 编程爱好者。
(4) 大中专院校或职业院校的教师和学生。

读者服务

为了方便读者更好地教学和学习,本书配套提供教学大纲、课件、源代码、讲解操作视频。

素材(源码)等资源:扫描目录上方的二维码下载。

视频等资源:扫描封底的文泉云盘防盗码,再扫描书中相应章节中的二维码,可以在线学习。

本书由吉利学院智能科技学院多名资深教师共同编写。在编写本书的过程中,编者本着科学严谨、认真负责的态度,精益求精力求达到最好的效果,但由于学识有限,书中不足之处在所难免,敬请各位同行、专家和读者批评指正。

致谢与反馈

本书的编写是在吉利学院和吉利学院智能科技学院领导的支持下完成的,得到了智能科技学院全体教师的帮助,在此对他们表示真挚的感谢!

感谢清华大学出版社的赵佳霓编辑在创作方面给予的指导!

感谢每位选择本书的读者,希望你们能从本书中有所收获! 也期待你们的批评和指正!

编　者

2023 年 8 月

本书简介

目　录

CONTENTS

教学大纲

教学课件(PPT)

本书源代码

第1章

Python 安装与 IDE 选择

Python 是目前最流行的编程语言，无论是基础的算法实现、脚本编写，还是人工智能、Web 开发、图像处理、数据分析等都有 Python 的身影。可以这么说，现在各行各业都在尝试使用 Python 来解决工作中遇到的问题。本章将主要介绍 Python 语言的安装与 IDE 的选择。

1.1 Python 介绍

Python 语言最初的发明人是荷兰人 Guido van Rossum（吉多·范·罗苏姆），他于1989 年为了打发圣诞节假期而开始编写 Python 编译器。1991 年，Python 编译器的第 1 版发行。Python 编译器由 C 语言实现，并且能够使用 C 语言的库文件，支持类、函数等数据类型，同时支持模块的拓展方法。

Python 自从诞生起就是一个纯粹的自由软件，其遵循 GNU（GNU's Not UNIX）协议中的 GPL（GNU General Public License）协议，任何人可以随着软件的改进去更新或者重新发布它。

Python 到目前为止一共有两个大的版本，分别是 Python 2.x 和 Python 3.x，需要注意的是，Python 3.x 并不能完整兼容 Python 2.x 里的所有语言特性，为了支持由 Python 2.x 版本开发的众多应用程序，Python 目前进入了 2.x 和 3.x 版本的共存时代。如果从头学习 Python，则强烈建议直接学习 Python 3.x。

Python 发展很快，几乎每隔几个月便会发行新的版本，本书写作时，最新版本已经是 Python 3.10.7，但 2.x 版本已经停止更新于 2.7.18，这也从另一方面说明，学习 3.x 版本是大势所趋，有较为光明的未来。

TIOBE 排行榜是目前业界最有权威的编程语言排行榜，其排行可以衡量出编程语言的流行程度，每月 TIOBE 都会公布最新的排行，2022 年 9 月 TIOBE 最新的排行如图 1-1 所示，可以看出 Python 语言为最受欢迎的编程语言，Python 的使用比率高达 15.74%，并且仍有上升趋势。

Sep 2022	Sep 2021	Change		Programming Language	Ratings	Change
1	2	^		Python	15.74%	+4.07%
2	1	v		C	13.96%	+2.13%
3	3			Java	11.72%	+0.60%
4	4			C++	9.76%	+2.63%
5	5			C#	4.88%	-0.89%
6	6			Visual Basic	4.39%	-0.22%
7	7			JavaScript	2.82%	+0.27%
8	8			Assembly language	2.49%	+0.07%
9	10	^		SQL	2.01%	+0.21%
10	9	v		PHP	1.68%	-0.17%

图 1-1　2022 年 9 月 TIOBE 编程语言排行榜

1.2　Python 安装

国内很多下载网站提供了 Python 安装程序,基于糟糕的软件下载环境,强烈建议使用者到 Python 的官方网站进行下载,其网址为 http://www.python.org,官方网站提供了多个操作系统的安装程序,读者可以根据自己的操作系统选择对应的下载链接。本书将以目前使用较多的 Windows 和 Ubuntu 操作系统为例,讲解 Python 的安装。

1.2.1　Windows 系统下安装 Python

打开 Python 的官方网站后,选择 Downloads 下的 Windows,如图 1-2 所示。

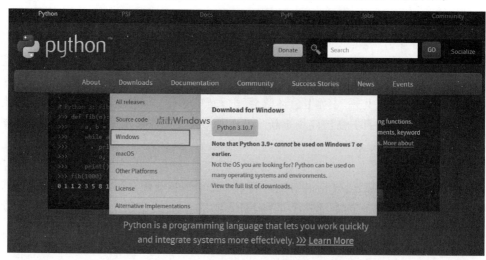

图 1-2　下载 Windows 版本 Python

选择 Windows 后，会出现详细的 Windows 操作系统支持列表，如图 1-3 所示。

Python Releases for Windows

- Latest Python 3 Release - Python 3.10.7　最新支持的Python 3.x版本
- Latest Python 2 Release - Python 2.7.18　最新支持的Python 2.x版本

Stable Releases

- Python 3.7.14 - Sept. 6, 2022
  Note that Python 3.7.14 *cannot* **be used on Windows XP or earlier.**

  - No files for this release.
- Python 3.8.14 - Sept. 6, 2022　　Windows XP操作系统不支持
  Note that Python 3.8.14 *cannot* **be used on Windows XP or earlier.**

  - No files for this release.
- Python 3.9.14 - Sept. 6, 2022　　Windows 7操作系统不支持
  Note that Python 3.9.14 *cannot* **be used on Windows 7 or earlier.**

  - No files for this release.
- Python 3.10.7 - Sept. 6, 2022
  Note that Python 3.10.7 *cannot* **be used on Windows 7 or earlier.**

  - Download Windows embeddable package (32-bit)
  - Download Windows embeddable package (64-bit)
  - Download Windows help file
  - Download Windows installer (32-bit)
  - Download Windows installer (64-bit)
- Python 3.10.6 - Aug. 2, 2022
  Note that Python 3.10.6 *cannot* **be used on Windows 7 or earlier.**

  - Download Windows embeddable package (32-bit)
  - Download Windows embeddable package (64-bit)
  - Download Windows help file
  - Download Windows installer (32-bit)
  - Download Windows installer (64-bit)
- Python 3.10.5 - June 6, 2022

Pre-releases

- Python 3.11.0rc1 - Aug. 8, 2022
  - Download Windows embeddable package (32-bit)
  - Download Windows embeddable package (64-bit)
  - Download Windows embeddable package (ARM64)
  - Download Windows installer (32-bit)
  - Download Windows installer (64-bit)
  - Download Windows installer (ARM64)
- Python 3.11.0b5 - July 26, 2022
  - Download Windows embeddable package (32-bit)
  - Download Windows embeddable package (64-bit)
  - Download Windows embeddable package (ARM64)
  - Download Windows installer (32-bit)
  - Download Windows installer (64-bit)
  - Download Windows installer (ARM64)
- Python 3.11.0b4 - July 11, 2022
  - Download Windows embeddable package (32-bit)
  - Download Windows embeddable package (64-bit)
  - Download Windows embeddable package (ARM64)
  - Download Windows installer (32-bit)
  - Download Windows installer (64-bit)
  - Download Windows installer (ARM64)
- Python 3.11.0b3 - June 1, 2022
  - Download Windows embeddable package (32-bit)
  - Download Windows embeddable package (64-bit)
  - Download Windows embeddable package (ARM64)
  - Download Windows installer (32-bit)
  - Download Windows installer (64-bit)

图 1-3　Python 支持的 Windows 操作系统列表

从图 1-3 可知，如果读者使用的是 Windows 10 或者 Windows 11 操作系统，则可以使用最新的 Python 3.10.7 版本；如果读者的计算机使用了 Windows 7 操作系统，则最高只能使用 Python 3.8.14 版本。鉴于目前的计算机大都使用了 Windows 11 操作系统，此处以 Windows 11 操作系统为例，讲解 Python 3.10.7 的安装。

每个 Python 版本下都提供了不同的安装包，其中 Windows embeddable package 为 Python 的压缩包形式，在操作系统上需要进行烦琐的配置才可以正确使用 Python 语言，此处不推荐使用这种安装方式。Windows installer(32-bit)和 Windows installer(64-bit)分别对应 32 位操作系统和 64 位操作系统的离线安装包，2010 年以来发行的 CPU 都已经开始支持 64 位操作系统，计算机出厂时往往已经安装好 64 位的操作系统，故单击 Python 3.10.7 下的 Windows installer(64-bit)的链接下载并安装程序即可。下载得到的安装文件为 python-

3.10.7-amd64.exe。

和其他的 Windows 安装程序相同,Windows 系统下 Python 的安装程序也为向导式安装,双击 python-3.10.7-amd64.exe 安装程序,将出现如图 1-4 所示的安装界面。

图 1-4　Python 安装向导

从图 1-4 可知,Python 提供了多种安装选项,其中 Install Now 为默认安装,单击后,会将 Python 安装到 C 盘目录下,这种安装方式虽然不影响 Python 的使用,但对 C 盘空间较为紧张的读者不是很友好。Customize installation 为自定义安装,在安装时,读者可以选择安装路径和其他设置。Add Python 3.10 to PATH 复选框选中后,可以将 Python 的运行路径添加到系统变量中,这样读者就可以在操作系统的任何路径调用 Python 编译程序。

勾选 Add Python 3.10 to PATH 后,选择 Customize installation 后将出现如图 1-5 所示的界面。

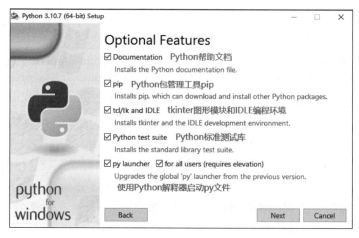

图 1-5　Python 的自定义安装

从图 1-5 可知,Python 安装程序默认勾选了多个安装选项,这些安装选项适用于绝大多数 Python 开发者,读者也可以根据自己的使用习惯,对选项进行更改。选择完成后,单击 Next 按钮将出现如图 1-6 所示的对话框。

图 1-6　Python 安装高级选项

读者可以根据自己所需,修改如图 1-6 所示的各个安装选项,选择完成后,单击 Install 按钮,Python 安装程序将进行自动安装,安装完毕会出现如图 1-7 所示的界面。

图 1-7　Python 安装完成

Python 安装后,Windows 的菜单栏将会有如图 1-8 所示的 Python 应用菜单,其中 IDLE(Python 3.10 64-bit)为 Python 的 IDE 环境,目前很多国内的 Python 程序竞赛要求使用 IDLE 环境进行开发,读者也可以尝试使用其进行 Python 的学习。Python 3.10(64-bit)为 Python 解释器,可以用来解释以 py 为后缀的 Python 源文件。Python 3.10 Manuals (64-bit)为 Python 的帮助文档,Python 3.10 Module Docs(64-bit)为 Python 的模块帮助文档。

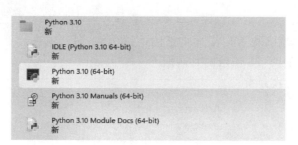

图 1-8　Python 安装后的 Windows 菜单

9min

1.2.2　Ubuntu 下安装 Python

Ubuntu 操作系统和众多 Linux 操作系统相同,也自带了 Python 的解释器,以作者自用的 Ubuntu 18.04.1 为例,在终端窗口输入 python3 --version,可以得到如图 1-9 所示的 Python 版本提示,从图 1-9 可知,Ubuntu 18.04.1 自带了 Python 3.6.5 版本,和最新的 Python 3.10.7 版本差距较大。

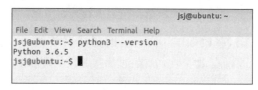

图 1-9　Ubuntu 18.04.1 自带的 Python 版本

为了更好地使用 Python 语言的特性,需要将 Ubuntu 下的 Python 进行版本更新。操作如下:

(1) 在 Python 的官方网站选择 Downloads 下的 Source code 获取最新版本 Python 的源代码,如图 1-10 所示。

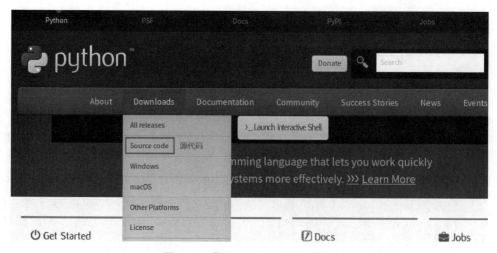

图 1-10　获取 Python 最新源代码

（2）Python 的源代码提供了 Gzipped source tarball 和 XZ compressed source tarball 两种模式，Ubuntu 系统自带的 tar 命令对 Gzipped source tarball 支持较好，故单击 Python 3.10.7 下的 Gzipped source tarball 按钮进行下载，最终会得到 Python-3.10.7.tgz 文件，如图 1-11 和图 1-12 所示。

图 1-11　下载 Python 3.10.7 源代码

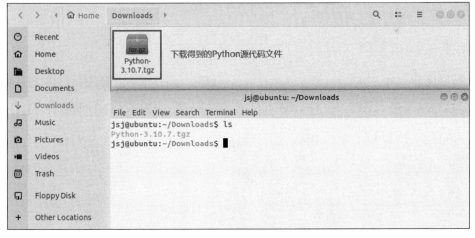

图 1-12　最终得到的 Python 3.10.7 源文件

（3）得到源文件后，需要使用 Ubuntu 自带的 tar 命令将其解压，tar 命令的常用参数如下所示。

-z 表示对压缩的文件 gzip 进行解压缩。

-x 从压缩档中得到文件。

-v 详细列出正在处理的文件。

-f 允许指定存档的文件名。

Python 下载的源文件默认保存在当前用户的 Downloads 目录下,在这个目录解压缩并不符合 Linux 安装软件的习惯,通常需要将其移动到/usr/local/src 目录下并进行安装。Ubuntu 默认的安全权限为非管理员权限,为了保证移动成功,需要使用 sudo 命令提升当前用户权限。

在 Python 源文件所在的目录打开终端后,输入 mv 命令从而将 Python 源文件移动到/usr/local/src 目录,输入管理员密码后,源文件将移动到/usr/local/src 目录,使用 cd 命令切换到/usr/local/src 目录后,使用 tar 命令将其解压。主要的命令如下:

```
sudo mv Python-3.10.7.tgz /usr/local/src
cd /usr/local/src/
sudo tar -zxvf Python-3.10.7.tgz
```

命令的输入次序如图 1-13 所示。

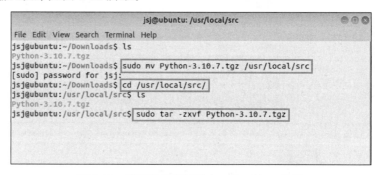

图 1-13　将源文件解压到/usr/local/src 目录

(4) Python 的源文件需要使用 C 编译器进行编译,默认 Ubuntu 里并没有安装所需要的编译器,可以使用 apt-get 命令得到所需要的编译器,在终端窗口输入的命令如下:

```
sudo apt-get install build-essential
sudo apt-get install zlib1g-dev
```

安装完成后,使用 cd 命令进入 Python 的源文件包,命令如下:

```
cd Python-3.10.7/
```

Python 源文件包如图 1-14 所示。

(5) 使用./configure 执行脚本配置文件,此命令会检查系统的配置和环境是否符合软件安装的需要,如果缺少相关依赖,脚本就会停止执行;如果检查没有问题,则会产生用于编译的 MakeFile 文件,如图 1-15 所示。

```
jsj@ubuntu:/usr/local/src$ cd Python-3.10.7/
jsj@ubuntu:/usr/local/src/Python-3.10.7$ ls
aclocal.m4              Doc          Mac              Parser          README.rst
CODE_OF_CONDUCT.md      Grammar      Makefile.pre.in  PC              setup.py
config.guess            Include      Misc             PCbuild         Tools
config.sub              install-sh   Modules          Programs
configure               Lib          netlify.toml     pyconfig.h.in
configure.ac            LICENSE      Objects          Python
jsj@ubuntu:/usr/local/src/Python-3.10.7$
```

图 1-14　Python 源文件包

图 1-15　产生 MakeFile 文件

（6）运行 sudo make && make install 命令完成安装后，输入 python3 -version 进行版本验证，命令如下：

```
make && make install
python3 - version
```

升级到 Python 3.10.7 版本后如图 1-16 所示。

```
Looking in links: /tmp/tmpjqlb376l
Processing /tmp/tmpjqlb376l/setuptools-63.2.0-py3-none-any.whl
Processing /tmp/tmpjqlb376l/pip-22.2.2-py3-none-any.whl
Installing collected packages: setuptools, pip
Successfully installed pip-22.2.2 setuptools-63.2.0
WARNING: Running pip as the 'root' user can result in broken permissions and
conflicting behaviour with the system package manager. It is recommended to
use a virtual environment instead: https://pip.pypa.io/warnings/venv
jsj@ubuntu:/usr/local/src/Python-3.10.7$ python3 --version
Python 3.10.7
jsj@ubuntu:/usr/local/src/Python-3.10.7$
```

图 1-16　成功升级到 Python 3.10.7 版本

从图 1-16 可知，Ubuntu 的内置 Python 版本已经成功升级到最新的 3.10.7 版本。

6min

1.3 IDE 选择与安装

工欲善其事,必先利其器。虽然说 Python 自带的 IDLE 编辑器已经实现了大部分功能,但为了更好地学习 Python,选择一个合适的 IDE 可以让学习变得事半功倍。支持 Python 语言的 IDE 环境比较多,但以下几种是目前使用较为广泛的。

1.3.1 Thonny

Thonny 是一款非常适合初学者的轻量级 IDE,其由爱沙尼亚的 Tartu 大学开发,完全免费,并且支持 Windows、Mac 和 Linux 操作系统。Thonny 目前最新的版本为 4.0.0,在其内置了 Python 的 3.7 版本。Thonny 文件小、对计算机性能要求低的特性使其非常适合 Python 初学者,目前国内很多大学将 Thonny 用于 Python 教学。读者可以访问 Thonny 的官网 http://www.thonny.org 进行下载,其界面如图 1-17 所示。

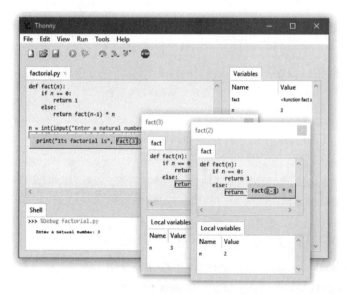

图 1-17　Thonny 界面

1.3.2 PyCharm

要问目前最流行的 Python IDE 工具是哪个,那必然是 PyCharm 莫属。PyCharm 是由捷克斯洛伐克的 JetBrains 公司出品的,其带有一整套提高 Python 语言开发效率的工具,例如语法高亮、工程管理、代码提示、自动完成、单元测试、版本控制等。PyCharm 共有专业版和社区版两个版本,社区版本完全免费,可以较为完备地进行 Python 语言的学习。如果读者有用 PyCharm 进行 Web 开发的需求,则可以使用收费的专业版本,专业版本内置了对于 Django 框架的 Web 开发支持。本书所有的代码都将在社区版本下进行开发。

PyCharm 可以从 JetBrains 的官网 https://www.jetbrains.com.cn/pycharm/download/下载,读者打开网页后,单击 Community 下的"下载"按钮下载社区版安装文件,得到的安装文件为 PyCharm-community-2022.2.1.exe,如图 1-18 所示。

图 1-18　下载社区版 PyCharm

PyCharm 在 Windows 系统下和其他应用程序一样都采用了向导式安装方式,读者双击安装包后按照向导提示进行安装,单击"下一步"按钮按需安装即可,此处不再赘述。

1.3.3　Jupyter Notebook

Jupyter Notebook 是一个可以在浏览器里使用的交互式应用程序,Python 程序的运行结果可以直接呈现在代码块的下边,同时进行 Python 程序编辑时,可以使用 Markdown 语法进行功能说明。在 Jupyter Notebook 编辑好程序后,可以根据需求,导出为 HTML、Markdown、PDF 等格式。

Jupyter Notebook 既可以在 Python 安装后,使用 pip 包管理器进行安装,也可以通过安装 Anaconda 来使用 Jupyter Notebook,Anaconda 不仅内置了 Python 编译器,而且还内置了 NumPy、Scipy、Pandas、Matplotlib 等大量科学计算包,真正做到了安装一个程序就可以进行后续 Python 科学计算,大大简化了科学计算运行环境的配置,使读者可以更多地把精力投身于科学计算程序的编写上。为了使读者更快捷地使用 Jupyter Notebook,此处将直接采用安装 Anaconda 的方法,来安装 Jupyter Notebook。本书科学计算部分也将使用 Jupyter Notebook 进行样例呈现。

Anaconda 的安装程序可以从其官网 https://www.anaconda.com/下载,Anaconda 支持 Windows、macOS 和 Linux 操作系统,读者可以根据自身的计算机操作系统选择对应的安装包进行下载。单击 Download 按钮,可以得到其安装程序,如图 1-19 所示。

图 1-19 下载 Anaconda

运行安装好的 Jupyter Notebook 后,计算机将在后台启动一个 Web 服务,同时 Web 服务将给出具体的访问地址,打开计算机里的浏览器,并输入提供的访问地址就可以使用 Jupyter Notebook 进行 Python 的科学计算编写了,如图 1-20 所示。

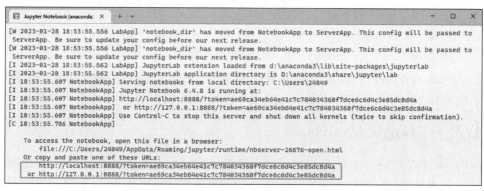

图 1-20 启动 Jupyter Notebook 后的 Web 服务

Jupyter Notebook 采用代码块的方式进行文档或者程序编写,每写完一个代码块后都可以立即看到其运行结果,使用 Jupyter Notebook 编写的一个简单图形绘制演示程序如图 1-21 所示。Jupyter Notebook 可以随时看到中间变量结果的特性,使其非常适合需要经常看到中间变量运行结果的 Python 科学计算程序;本书关于数据分析的章节也将采用 Jupyter Notebook 进行样例教学。

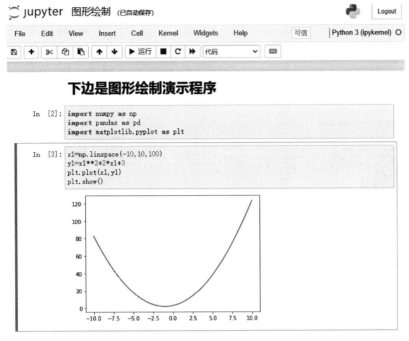

图 1-21　Jupyter Notebook 编辑程序

1.4　Python 之禅

Python 语言的重要贡献者 Tim Peters 在 Python 语言中内置了一个彩蛋——Python 之禅，这个彩蛋同时也揭示了 Python 语言相比其他语言的奇妙之处，接下来一起看一看如何实现这个彩蛋吧。

打开 PyCharm 并新建 zen 工程，在工程的 main.py 文件里输入 import this，如图 1-22 所示。

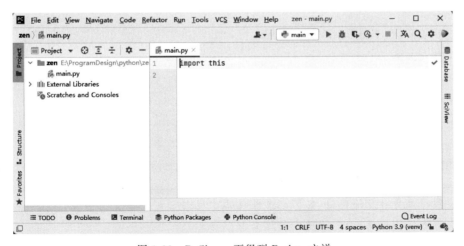

图 1-22　PyCharm 下得到 Python 之禅

单击工具栏上绿色向右的箭头图标或者使用 Shift＋F10 快捷键运行 Python 程序,在 PyCharm 的输出控制台就会得到名为 The Zen of Python 的诗词,如图 1-23 所示。

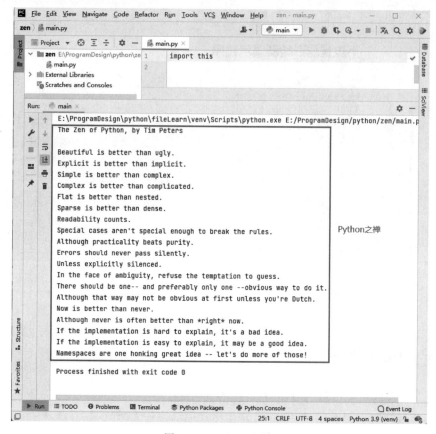

图 1-23　Python 之禅

Python 之禅对 Python 语言的使用来进行了建议性的描述,其中文大意如下:

Python 之禅

Tim Peters

优美胜于丑陋。

显式胜于隐式。

简单胜于复杂。

复杂胜于难懂。

扁平胜于嵌套。

稀疏胜于紧密。

可读性应当被重视。

尽管实用性会打败纯粹性,特例也不能凌驾于规则之上。

不要忽略任何错误,除非你确定要这么做。

面对不明确的定义,拒绝猜测的诱惑。

找到一种最好是唯一的一种方法去解决问题。

虽然一开始这种方法并不是显而易见的,因为你不是 Python 之父。

做好过不做,但没有思考的做还不如不做。

如果实现很难,则说明是个坏想法。

如果实现容易解释,则有可能是个好想法。

命名空间是个绝妙的想法,请多加利用。

1.5　小结

本章首先对 Python 语言的发展做了简要介绍,接下来重点阐述了如何在 Windows 系统下和 Ubuntu 系统下安装 Python。介绍了重要的 Python IDE 工具,最后通过 Python 的彩蛋——Python 之禅,介绍了 Python 语言的重要特性。

本章的知识结构如图 1-24 所示。

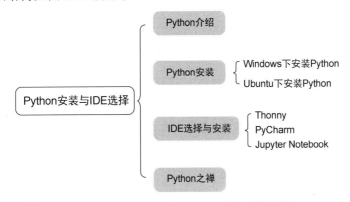

图 1-24　Python 安装与 IDE 选择知识结构图

1.6　习题

1. 操作题

(1) 在 Python 官网(http://www.python.org)下载最新的 Python Windows 版本,安装到 Windows 系统上。

(2) 下载最新的 Python 源代码并编译安装到 Ubuntu 操作系统。

(3) 在 JetBrains 官网(http://www.jetbrains.com)下载社区版 PyCharm 并安装到对应的操作系统上。

(4) 在 Anaconda 官网(https://www.anaconda.com/)下载并安装程序,并使用 Jupyter Notebook 进行 Python 程序编写。

(5) 在 PyCharm 的控制台里输出 Python 之禅。

第 2 章

Python 基础知识

要想使用 Python 进行程序的编写，必然打好牢固的语法基础，本章将介绍 Python 的数据输入和输出、关键字与变量、常见的数据类型、注释与缩进等内容。本章的内容为 Python 的基础。

2.1 input()和 print()

Python 中使用 input()函数和 print()函数进行数据的输入和输出，input()函数和 print()函数都是 Python 的内置函数。

2.1.1 input()函数

Python 中使用 input()函数从键盘等输入设备输入一个字符串，返回一个字符串类型的数据，其语法格式如下：

```
变量 = input('提示信息:')
```

其中，变量和提示信息为可选项，按 Enter 键完成输入，在按 Enter 键之前输入的全部信息都将作为字符串赋值给变量。

【例 2-1】 从键盘输入整数 1～10，执行时，屏幕上先显示提示信息，再等待用户输入，完成后在屏幕上显示输入的数据，代码如下：

```
# 第 2 章/2-1.py
# 从键盘输入
a = input('请输入 1～10 的一个整数: ')

# 输出
print(a)
```

请输入1~10的一个整数: 3

```
3
```

进程已结束,退出代码0

图 2-1 从键盘输入数据的运行结果

上述代码的执行结果如图 2-1 所示。

注意：通过 input()函数输入得到的信息为字符串数据类型，如果希望输入的信息为数值类型，则需要先进行数据类型转换，将字符串数据类型转换为数值型数据类型。

例如从键盘输入两个数,计算这两个数的和。如果直接将输入的两个数据进行相加,实际上就是将 a 字符串和 b 字符串进行相加,代码如下:

```
♯ 从键盘输入,实际上得到的是字符串数据

a = input('请输入第 1 个正整数: ')
b = input('请输入第 2 个正整数: ')

c = a + b

print(c)
```

上述代码的执行结果如图 2-2 所示。

这里可以通过 int()函数将输入的字符串转换成 int 类型的数据,这样就可以对输入的两个数 a 和 b 进行求和运算了,代码如下:

```
a = int(input('请输入第 1 个正整数: '))
b = int(input('请输入第 2 个正整数: '))

c = a + b

print(c)
```

上述代码的执行结果如图 2-3 所示。

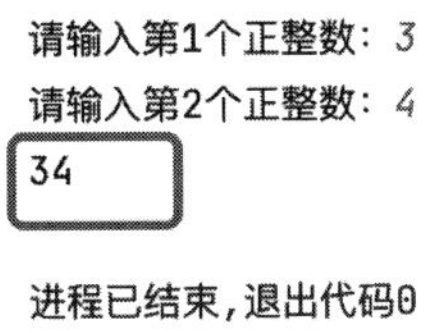

请输入第1个正整数: 3
请输入第2个正整数: 4
```
34
```
进程已结束,退出代码0

请输入第1个正整数: 3
请输入第2个正整数: 4
```
7
```
进程已结束,退出代码0

图 2-2 从键盘输入的数据为字符串 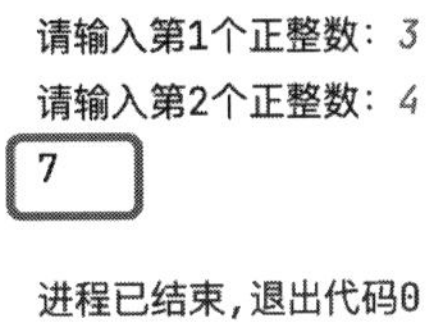 　　图 2-3 将从键盘输入的数据转换为 int 型

2.1.2 print()函数

Python 中使用 print()函数进行输出,将数据显示给用户,print()可以输出任何类型的数据,其语法格式如下:

print(* objects, sep = ' ', end = '\n')

* objects:表示 1 个或者多个输出对象,当输出多个对象时中间需要加逗号分隔。

sep:用来设置输出对象之间的分隔符,默认为空格分隔。

end:用来设置输出以什么结尾,默认为换行符\n 结尾。

注意:print()函数中可以只有输出对象,当其他项都省略时,使用默认值。

【例 2-2】 执行以下 print()函数,查看输出结果,代码如下:

```
#第2章/2-2.py
print(123)           #这里只有输出对象 123,sep 默认为空格,end 默认为\n,输出 123

a = 456
print('a = ',a)      #这里引号中的内容原样输出,输出 a = 456

print(123,'ab',45,'dog')
#这里有多个输出对象,sep 默认为空格,end 默认为\n,输出 123 ab 45 dog

print(123,'ab',45,'dog',sep = ':',end = '#')
#这里有多个输出对象,sep 为':',end 为'#'
print(a)             #这里会紧接上一行输出 456

print(123,'ab',45,'dog',sep = ':',end = '#',file = open('./1.txt','w + '))
#这里将输出结果写入 D 盘下的 1.txt 文件中
```

上述代码的执行结果如图 2-4 所示。

123
a= 456
123 ab 45 dog
123:ab:45:dog#456

进程已结束,退出代码0

图 2-4　print()函数的运行结果

注意:file=open('./1.txt','w+')通过 open()函数打开当前文件下的 1.txt 文件,并将输出写入 1.txt 文件中,在 1.txt 文件不存在的情况下,参数 w 会先创建一个 1.txt 文件。

2.1.3　print()函数格式化

Python 中 print()函数可以将变量与字符串组合,按照一定的格式输出,print()函数中的内容由引号中的格式字符串、百分号(%)和变量三部分组成,其中格式字符串又由"原样输出内容+%+格式符"组成,其语法格式如下:

```
print("格式字符串"%变量)
```

【例 2-3】 通过 print()函数将 1 个整数型变量 a=456,格式化为浮点数输出,并保留两位小数,代码如下:

```
#第2章/2-3.py
a = 456
print("a 的值为 % .2f"%a)  #格式符为 f,即按浮点数输出,小数点后的 2 表示保留两位小数
print("a 的值为 %6.1f"%a)
# % 后的 6 表示输出总长度为 6,包含小数点,当总长度不够时按实际输出
```

上述代码的执行结果如图 2-5 所示。

如果 print()函数中的格式输出存在多个变量的情况,则%后面的变量需要被放到小括号中。

通过 print()函数将变量 a 和 b 的值格式化输出,代码如下:

```
a = 2.3
b = 3.6
print('变量 a = %.2f,变量 b = %.3f'%(a,b)) #变量 a 和 b 需要放到小括号中
```

上述代码的执行结果如图 2-6 所示。

a的值为: 456.00

a的值为: 456.0

变量a=2.30,变量b=3.600

进程已结束,退出代码0

进程已结束,退出代码0

图 2-5　print()函数格式化输出的运行结果　　　图 2-6　print()函数格式化输出多个变量的运行结果

print()函数常用的格式符除了浮点数(f)外,还有字符串格式符(s)、不带符号的八进制格式符等,常用的格式符见表 2-1。

表 2-1　print()函数的常用格式符

格式符	功　　能
f/F	十进制浮点数格式,%m.nf 表示格式化为 m 长度的浮点数,小数点后保留 n 位小数
d/D	带符号的十进制整数格式
s	字符串格式
o	不带符号的八进制格式
u	不带符号的十进制格式
x/X	不带符号的十六进制格式
C	单字符格式,可以接收整数或者单个字符的字符串
e/E	科学记数法表示的浮点数格式

2.2　关键字与变量

5min

计算机语言中,程序运行时一些临时的数据保存在计算机的内存单元中,为了区分这些存放了数据的内存单元,同时也方便对这些内存单元中的数据进行访问和修改,Python 提供了变量。Python 使用不同的变量名称(标识符)来标识不同的内存单元,这样就可以通过变量名访问和修改对应内存单元中的数据,内存单元与变量之间的对应关系如图 2-7 所示。

图 2-7　内存单元与变量的关系

2.2.1　标识符

Python 中使用标识符来作为变量名,标识不同的存放数据的内存单元。Python 中允许标识符由字母、数字、下画线或者它们的组合组成,但是标识符不能以数字开头,不能含连字符和空格,也不能包含 Python 关键字。以下列举一些常见的合法和不合法的标识符,方便大家理解。

1. 合法的标识符

例如 Num、_NUM、car1、Car_1、CAR_1_num。

2. 不合法的标识符

例如 22car、333、Car-1、for、car and num。

(1) 22car:违反了不能以数字开头的法则。

(2) 333:违反了不能以数字开头的法则。

(3) Car-1:标识符中包含了连字符-。

(4) for:标识符中包含了 Python 关键字。

(5) car and num:标识符中包含了空格。

注意:Python 中的标识符区分大小写,例如变量 Car 和变量 car 是不同的两个标识符。Python 中不允许使用 Python 关键字作为标识符。

Python 中以双下画线开始和结束的名称通常具有特殊的含义,标识符一般要避免使用,例如,__init__为类的构造函数。

2.2.2　关键字

关键字也叫保留字,是 Python 中预先定义好的,具有特定用途或者被赋予特殊意义的单词,Python 中不允许使用关键字作为标识符。Python 3 中一共定义了 35 个关键字,如图 2-8 所示。

False	class	from	or
None	continue	global	pass
True	def	if	raise
and	del	import	return
as	elif	in	try
assert	else	is	while
async	except	lambda	with
await	finally	nonlocal	yield
break	for	not	

图 2-8　Python 中的 35 个关键字

Python 中的关键字保存在 keyword 模块的变量 kwlist 中,通过查看变量 kwlist 就可以查看关键字,也可以通过 help()函数查看,代码如下:

```
import keyword
print(keyword.kwlist)
help('keywords')
```

Python 中每个关键字都有不同的作用,可以通过 help()函数查看关键字的声明,代码如下:

```
print(help('for'))    ♯查看关键字 for 的声明,并打印到控制台
```

代码执行结果如图 2-9 所示。

```
The "for" statement
*******************

The "for" statement is used to iterate over the elements of a sequence
(such as a string, tuple or list) or other iterable object:

   for_stmt ::= "for" target_list "in" expression_list ":" suite
                ["else" ":" suite]

The expression list is evaluated once; it should yield an iterable
object.  An iterator is created for the result of the
"expression_list".  The suite is then executed once for each item
provided by the iterator, in the order returned by the iterator.  Each
item in turn is assigned to the target list using the standard rules
for assignments (see Assignment statements), and then the suite is
executed.  When the items are exhausted (which is immediately when the
```

图 2-9　help()函数查看关键字声明

2.2.3　变量

计算机语言中变量的概念来源于数学,和代数方程中的变量一致,只不过在计算机程序中变量不仅可以是数,还可以是任意类型的数据。

变量在程序中用一个变量名表示,也就是 Python 中的标识符。变量在程序执行过程中其值可以变化。Python 中通过赋值运算符“＝”将内存单元中的数据与变量进行关联,即变量的赋值。变量赋值的具体语法格式如下:

变量名 = 值

Python 属于动态数据类型语言,即变量本身没有类型,不需要先定义类型后使用,反之需要预先定义变量类型才能使用的语言是静态数据类型语言,如 C 语言、Java 语言等。Python 中可以把任意数据类型赋值给变量,同一个变量可以反复赋值,而且可以是不同类型的变量。

【例 2-4】 变量的赋值,代码如下:

```
#第 2 章/2 - 4.py

car = 234          #car 为整数
Num = car          #将变量 car 赋值给 Num
print(car)
print(Num)


car = 'LYNK&CO'    #car 为字符串
print(car)
```

上述代码的执行结果如图 2-10 所示。

而在 Java 和 C 等高级语言中,必须先定义变量类型才能使用,如果赋值的数据类型与变量的类型不一致,则会报错,代码如下:

```
int car = 234       #car 为整型变量
car = 'LYNK&CO'     #报错,不能将字符串赋值给整型变量 car
```

上述代码的执行结果如图 2-11 所示。

```
234                          int car=234            #car为整型变量
234                                 ^
LYNK&CO                      SyntaxError: invalid syntax

进程已结束,退出代码0           进程已结束,退出代码1
```

图 2-10　变量赋值的运行结果　　图 2-11　赋值的数据类型与变量的类型不一致的运行结果

Python 还支持同步赋值语句,Python 中通过同步赋值语句可以同时为两个及多个变量赋值,具体的语法格式如下:

变量 1,变量 2,…,变量 n = 值 1,值 2,…,值 n

通过同步赋值语句同时为 3 个变量 car、Num、count 赋值,代码如下:

```
car, Num, count = 'LYNK&CO', 234, 3 * 6
#将'LYNK&CO'赋值给变量 car,将 234 赋值给变量 Num,将 3 * 6 的值赋值给 count
print(car)
print(Num)
print(count)
```

上述代码的执行结果如图 2-12 所示。

```
LYNK&CO
234
18
```

图 2-12　同时为多个变量赋值的运行结果

2.2.4 常量

计算机语言中常量就是在程序执行过程中不能改变的变量,而 Python 中没有语法规则可以限制改变一个常量的值,所以 Python 语言不支持常量。

但是为了保持习惯的用法,Python 语言使用约定,声明在程序运行过程中不会改变的变量为常量,通常使用全部大写字母来标识常量名。

常量表示的代码如下:

```
PI = 3.1415926
G = 9.8
```

此处 PI 和 G 默认为常量,但是实际上在执行过程中却是可以改变它们的值的,只是约定一般不要修改常量的值。

2.3 数值类型

6min

Python 语言是一种动态数据类型语言,不需要明确定义变量的类型,Python 中定义的变量可以接收任何类型的数据。根据数据在内存单元中存储的形式不同,Python 的数据类型可以分为数值类型和较为复杂的组合类型,其中数值类型又可以分为整型(int)、浮点型(float)、复数类型(complex)和布尔类型(bool)。组合类型可以分为字符串型、列表、元组、字典、集合等。

2.3.1 整型类型

Python 中的整型数据类型(int)指的是不带小数的 0、正整数或者负整数。Python 3 中不区分 int 型和 long 型,整型可以表示任意大或任意小的值。整型又包含二进制、八进制、十进制、十六进制的整数,二进制数以 0b 或者 0B 为前缀,八进制以 0o 或者 0O 为前缀,十六进制以 0x 或者 0X 为前缀。Python 解释器根据赋值的整型数据自动创建 int 型对象实例,通常可以使用 type()方法查看数据的类型。

【例 2-5】 几种典型的整型数据示例,代码如下:

```
#第 2 章/2-5.py

a = 0B101              #二进制
print(a,type(a),sep = ',')

b = 0o234              #八进制
print(b,type(b),sep = ',')

c = - 234              #十进制
print(c,type(c),sep = ',')
```

```
d = 0X1F3A            #十六进制
print(d,type(d),sep = ',')
```

上述代码的执行结果如图 2-13 所示。

```
5,<class 'int'>
156,<class 'int'>
-234,<class 'int'>
7994,<class 'int'>

进程已结束,退出代码0
```

图 2-13　典型的整型数据示例的运行结果

注意：Python 3.8 以上支持使用下画线作为整数或者浮点数的千分位标记,以增强数值的可读性。如 1000000000000 可以表示为 1_000_000_000_000。

2.3.2　浮点型类型

Python 中的浮点型数据类型(float)指的是带小数点的数,由整数部分和小数部分组成,浮点型也可以使用科学记数法表示。浮点数一般用于表示很大或者很小的数时采用科学记数法表示,用科学记数法表示时,浮点数的小数点位置是可以变的,这也是它被称为浮点数的原因。例如 2.34×10^{23} 等价于 23.4×10^{22},通常把 10 用 e 替代写成 23.4e22。在用科学记数法表示浮点数时还可以在 e 前面加负号(—),以此来表示很小的数,如 0.0000000234 可以写成 2.34e—8 来表示。

【例 2-6】　几种典型的浮点型数据示例,代码如下：

```
#第 2 章/2 - 6.py

a = 2.34
print(a,type(a))
b = 2.34e23          #等价于 2.34 * 10 的 23 次方
print(b,type(b))
c = 0.0000000234     #等价于 2.34e - 8
print(c,type(c))
print(2.34 + 1.01)
```

```
2.34 <class 'float'>
2.34e+23 <class 'float'>
2.34e-08 <class 'float'>
3.3499999999999996

进程已结束,退出代码0
```

图 2-14　典型的浮点型数据示例的运行结果

上述代码的执行结果如图 2-14 所示。

注意：Python 中浮点数小数的精度是 17 位,浮点数的运算存在一个不确定尾数的问题,所以浮点数的运算不是精确的。例如 2.34+1.01 的结果是 3.3499999999999996 而不是 3.35。这是因为在计算机内部,浮点数 0.1 的二进制表示是一个无限循环的数 0.00011001100110011001100110011……。

2.3.3　复数类型

Python 中的复数类型(complex)表示数学中的复数,由实部和虚部构成,如 $2+3j$ 就是一个复数,复数进行运算时与数学中的复数运算一致。

【例 2-7】 几种典型的复数类型数据示例,代码如下:

```
# 第 2 章/2-7.py

a = 2 + 3j
print(a,type(a),sep = ',')
b = 1 - 2j
print(b,type(b),sep = ',')
print(a + b,type(a + b),sep = ',')
print(3.0 + a,type(3 + a),sep = ',')
```

上述代码的执行结果如图 2-15 所示。

```
(2+3j),<class 'complex'>
(1-2j),<class 'complex'>
(3+1j),<class 'complex'>
(5+3j),<class 'complex'>
```

进程已结束,退出代码0

图 2-15　典型的复数类型数据示例的运行结果

注意:整数或者浮点数与复数运算的结果都是复数。

2.3.4　布尔类型

Python 中的布尔类型(bool)的值只有 True 和 False 两个,是特殊类型的整数,在进行数学运算时 True 表示 1,False 表示 0。

【例 2-8】 布尔类型数据示例,代码如下:

```
# 第 2 章/2-8.py

print(type(True))
print(type(False))
print(1 + True)
print(1 * False)
```

上述代码的执行结果如图 2-16 所示。

```
<class 'bool'>
<class 'bool'>
2
0
```

进程已结束,退出代码0

图 2-16   典型的布尔类型数据示例的运行结果

注意：Python 中布尔型 True 和 False 的首字母必须大写。

2.3.5   数值类型转换

Python 语言如果在数学运算表达式中包含不同类型的数据类型,则会自动进行类型转换,即隐式转换。遵循低精度向高精度转换的原则,精度等级：布尔＜整型＜浮点型＜复数。

如当整数和浮点数进行运算时会自动将整数转换为浮点数类型,当整数或浮点数与复数进行运算时会自动将整数或浮点数转换为复数,除法(/)运算的结果是浮点数,当布尔型参与运算时会被自动转换为整数。

【例 2-9】   数值类型运算隐式转换示例,代码如下：

```
#第2章/2-9.py

a = 2
b = 2.3
print(a + b,type(a + b),sep = ',')        #转换为浮点数类型

c = 2 + 4j
print(b + c,type(b + c),sep = ',')        #转换为复数类型

d = 4
print(d/a,type(d/a),sep = ',')            #除法运算的结果是浮点数
print(a - False,type(a - False))          #布尔型参与转换
```

上述代码的执行结果如图 2-17 所示。

```
4.3,<class 'float'>
(4.3+4j),<class 'complex'>
2.0,<class 'float'>
2 <class 'int'>
```

进程已结束,退出代码0

图 2-17   数值类型运算隐式转换的运行结果

Python 中也可以使用数据类型的对象构造函数，又叫工厂函数，对数据类型进行强制转换，例如 bin()、oct()、int()、float()等，如图 2-18 所示。

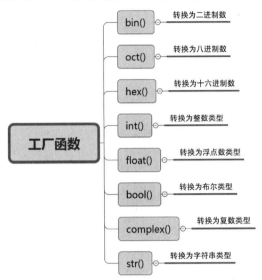

图 2-18 常用工厂函数

【例 2-10】 通过工厂函数进行数据类型转换示例，代码如下：

```
#第2章/2-10.py

print(int(2.34))          #转换为整数2,会导致精度损失
print(float(234))         #转换为浮点数
print(bin(5))             #转换为整数二进制数 101
print(bool('44'))         #转换为布尔型
print(int('234'))         #将字符串转换为 int 型
```

上述代码的执行结果如图 2-19 所示。

2
234.0
0b101
True
234

进程已结束，退出代码0

图 2-19 通过工厂函数进行数据类型转换的运行结果

注意：当通过工厂函数强制转换时，不仅可能会损失精度，而且可能会引发异常，例如 int('car')，将字符串强制转换为数值型时，发生异常，所以会报错。

2.4 字符串类型

2.4.1 字符串的创建

Python 中字符串可以通过赋值的方式,使用单引号、双引号、3 个单引号或者 3 个双引号来创建,也可以通过 str()函数创建,其中单引号中可以嵌套双引号,双引号中也可以嵌套单引号,嵌套的引号被认为是字符串的一部分,3 个引号中的字符串可以跨行,字符串的这个特性使 Python 想定义包含单引号、双引号和跨行字符串时,有了更多的灵活性。字符串的类型可以通过 type()函数进行查看,类型为 str。

【例 2-11】 通过赋值方式创建字符串示例,代码如下:

```
# 第 2 章/2-11.py

a = 'LYNK&CO'                        # 以单引号创建字符串
print(type(a),a,sep = ';')
b = "GEELY"                          # 以双引号创建字符串
print(type(b),b,sep = ';')
c = 'the car is "GEELY"'             # 在单引号中嵌套双引号
print(type(c),c,sep = ';')
d = "the car is 'LYNK&CO'"           # 在双引号中嵌套单引号
print(type(d),d,sep = ';')
e = '''lucy say the car is "GEELY"
but lily say the car is 'VOLVO'
who is right?
'''
print(type(e),e,sep = ';')           # 3 个引号字符串可以跨行
```

上述代码的执行结果如图 2-20 所示。

注意:这里无论单引号还是双引号均为英文符号。

通常也可以通过 str()函数创建字符串,代码如下:

```
s = str(234)
print(s,type(s),sep = ',')
s1 = str('this is a car')
print(s1,type(s1),sep = ',')
```

上述代码的执行结果如图 2-21 所示。

```
<class 'str'>;LYNK&CO
<class 'str'>;GEELY
<class 'str'>;the car is "GEELY"
<class 'str'>;the car is 'LYNK&CO'
<class 'str'>;lucy say the car is "GEELY"
but lily say the car is 'VOLVO'
who is right?
```

图 2-20 以赋值方式创建字符串的运行结果

```
234,<class 'str'>
this is a car,<class 'str'>

进程已结束,退出代码0
```

图 2-21 通过 str()函数创建字符串的运行结果

注意：Python 中没有字符数据类型，字符其实就是长度为 1 的字符串。

Python 中通常需要用户从键盘输入数据，可以使用 input()函数进行输入，但是需要注意通过 input()函数输入获取的数据类型为字符串型类型，代码如下：

```
print('请输入内容：')        # 提示信息
s = input()
print(type(s),s,sep = ';')
```

代码的执行结果如图 2-22 所示。

Python 中一切皆对象，字符串对象是一个不可变对象，即字符串创建后，不能进行元素的增加、修改与删除等操作。

通过赋值对不可变对象进行操作会报错，代码如下：

```
请输入内容：
233
<class 'str'>;233

进程已结束，退出代码0
```

图 2-22　input()函数输入获取字符串的运行结果(1)

```
s = 'hello python'
s[2] = 'a'    # 报错,TypeError: 'str' object does not support item assignment
```

上述代码的执行结果如图 2-23 所示。

```
    s[2]='a'      #报错, TypeError: 'str' object does not support item assignment
TypeError: 'str' object does not support item assignment

进程已结束，退出代码1
```

图 2-23　input()函数输入获取字符串的运行结果(2)

当在程序里创建字符串时，Python 编译器会在内存中共享同一个字符串的内存地址，这点和 C、Java 等语言是完全不同的，需要特别注意。在下边的代码中，通过 id 函数可以发现 s1 和 s2 会得到相同的内存地址。

```
s1 = "Hello Python"
s2 = "Hello Python"
print(id(s1))
print(id(s2))
```

2.4.2　序列的索引

Python 语言中有序的集合称为序列，如字符串、列表、元组等都是有序的集合。所有的序列都可以通过位置索引 index 获取具体的元素，序列的索引分为正向索引和逆向索引。

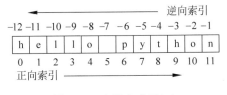

图 2-24　字符串索引(1)

以字符串为例，字符串是一个有序的集合，通过位置索引可以获取字符串中具体的元素，例如字符串"hello python"，正向索引从左到右，从 0 递增到 11；逆向索引从右到左 −1 递减到 −12，如图 2-24 所示。

通过索引获取对应元素的一般格式为 s[index]的方式,例如 s[1]取到正向第 2 个字符 e,s[−2]取到逆向的第 2 个字符 o,这里需要注意空格也是一个字符,s[5]即取到空格。

【例 2-12】 通过索引获取对应元素,代码如下:

```
#第 2 章/2-12.py

s = 'hello python'
print(s[0],s[5],s[10],sep = ':')            #正向索引
print(s[-12],s[-7],s[-2],sep = ':')         #逆向索引
```

上述代码的执行结果如图 2-25 所示。

h: :o

h: :o

进程已结束,退出代码0

图 2-25 字符串索引(2)

注意:字符串为不可变序列,所以不能通过赋值的方式修改字符串的某个字符。例如 s[1]= 'H',就会产生报错。

2.4.3 序列的切片

Python 语言中有序的集合都可以通过访问索引值的方式获取对应位置的元素。如果想要获取有序集合中任何部分的 1 个或者多个元素,则可以通过序列的切片操作来完成,得到一个新的序列。切片是 Python 非常重要的一个操作,序列切片的格式如下:

序列名[a:b:c]

其中,a 是切片的起始位置 index,可以省略,省略时正向切片默认为 0,逆向切片默认为−1; b 是切片的结束位置,也可以省略,省略时表示取全部元素,这是一个开区间,b 不能取到;c 是切片的步长,省略时默认为 1。

1. 正向切片

根据切片的步长可以为正也可以为负,切片也可以正向切片和逆向切片,正向切片使用正向步长,从左到右即从序列的开始到结尾进行元素获取。如 s[2:10:2]表示从序列 s 的 index 为 2 位置的元素开始,每间隔 2−1 个元素取一个元素,直到第 10 个元素之前,同样以字符串"hello python"的切片为例进行说明,如图 2-26 所示。

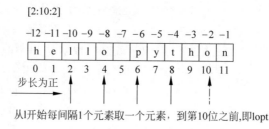

图 2-26 正向切片示例

【例2-13】 正向切片案例,代码如下:

```
#第2章/2-13.py
s = 'hello python'
print(s[2:10:2])        #从1开始每间隔2-1个元素取1个元素,第10个n取不到
print(s[::])            #开始默认0,结束默认全部,步长默认1
print(s[:])             #全部默认时可以省略1个冒号
print(s[0::2])          #从第0个开始,每间隔1个元素取1个元素,直到序列结束
print(s[0:-1:2])        #正向索引和逆向索引混合使用
print(s[-10:-3])        #从倒数第10个元素到倒数第3个元素,挨个取
print(s[-1:])           #从最后一个元素开始到最后一个元素结尾,所以只有一个
print(s[-1:1])          #正向切片时,从左到右无效的范围,取不到元素
```

上述代码的执行结果如图2-27所示。

2. 逆向切片

与正向切片类似,当切片的步长参数为负值时,切片从序列的尾向头方向进行元素的获取,这种方式对于事先未知序列的长度的场景非常有效。同样以字符串"hello python"的逆向切片为例 s[-2:-10:-2]进行说明,如图2-28所示。

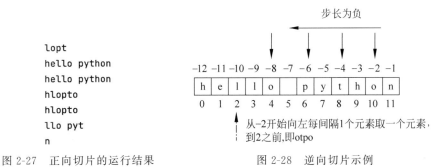

图2-27 正向切片的运行结果   图2-28 逆向切片示例

【例2-14】 以字符串"hello python"为例,逆向切片,代码如下:

```
#第2章/2-14.py

s = 'hello python'
print(s[-2:-10:-2])     #从字母o开始逆向每间隔2-1个元素取1个元素,第-10个l取不到
print(s[-1:-13:-1])     #从序列最后1个元素开始到最后一个元素全部读取
print(s[::-1])          #等价于s[-1:-13:-1]
print(s[-2:2:-1])       #从倒数第2位开始逆向取到正数第2+1位
print(s[-2::-1])        #从倒数第2位逆向取全部
```

上述代码的执行结果如图2-29所示。

```
otpo
nohtyp olleh
nohtyp olleh
ohtyp ol
ohtyp olleh

进程已结束,退出代码0
```

图 2-29 逆向切片的运行结果

2.4.4 转义字符

当 Python 字符串中包含控制字符和特殊含义的字符时,需要使用转义字符(\)进行转义,常见转义字符见表 2-2。

表 2-2 转义字符

转义字符	描　　述	转义字符	描　　述
\'	单引号字符本身	\''	双引号字符本身
\\	\字符本身	\(行尾)	续行符
\n	换行	\t	制表符(Tab)
\r	回车	\0000	空
\ddd	3 位八进制数对应的 ASCII 码	\xhh	2 位十六进制数对应的 ASCII 码

【例 2-15】 转义字符典型案例,代码如下:

```
# 第 2 章/2 - 15.py

s = "i'm a student"                    # 使用双引号来输出字符串中的单引号字符
s1 = 'i\'m a student'                  # 使用转义字符(\)来输出字符串中的单引号字符
s2 = 'the car is "VOLVO"'              # 使用单引号来输出字符串中的双引号字符
s3 = "the car is \"VOLVO\""            # 使用转义字符(\)来输出字符串中的双引号字符
print(s,s1,s2,s3,sep = '\n')

s4 = 'i am lucy\ni come from chengdu'  # lucy 后换行
s5 = 'i am lucy\ti come from chengdu'  # lucy 后面有一个制表符
print(s4,s5)

s6 = '\112'                            # 3 位八进制数对应的 ASCII 码字符 J
s7 = 'http:\\\\taobao.com'             # 两个\字符
print(s6,s7,sep = '\n')
```

上述代码的执行结果如图 2-30 所示。

```
i'm a student
i'm a student
the car is "VOLVO"
the car is "VOLVO"
i am lucy
i come from chengdu i am lucy    i come from chengdu
J
http:\\taobao.com
```

图 2-30 转义字符的运行结果

2.4.5 字符串运算

Python 中可以使用"＋""＊"等运算符进行运算,"＋"表示拼接两个字符串,"＊"表示将字符串重复 n 次。

【例 2-16】 字符串运算案例,代码如下:

```
#第2章/2-16.py

s = 'hello' + ' ' + 'python'        #3个字符串拼接
print(s)
s1 = 'Python' * 3                   #将字符串重复3次
print(s1)
s2 = '234' + '567'                  #2个字符串拼接,不是两个数相加
print(s2)
s3 = '234' + 567                    #第2个是数值,会报错
```

上述代码的执行结果如图 2-31 所示。

```
hello python
PythonPythonPython
234567
Traceback (most recent call last):
  File "/Users/bingtangxueli/Documents/科研项目/教材编写/Python/教材源码/ch2/2.4.5.py", line 8, in <module>
    s3='234'+567      #第2个是数值, 会报错TypeError: can only concatenate str (not "int") to str
TypeError: can only concatenate str (not "int") to str

进程已结束,退出代码1
```

图 2-31 字符串运算的运行结果

2.4.6 字符串的操作方法

Python 中除了可以通过运算符对字符串进行操作外,还可以通过 Python 提供的内置函数对字符串进行处理,常用的内置函数见表 2-3。

表 2-3　字符串常用内置函数

函　　数	描　　述
len(string)	返回字符串的长度
s. join(S1)	连接字符串
s. upper()	将字符串中的全部字母大写
s. split()	分割字符串,默认用空格分割,如果要用其他分隔符,则可使用 sep＝设置
s. strip()	去除字符串首尾的空格、\n、\r、\t,如指定,则去除首尾指定的字符
s. capitalize()	将字符串中第 1 个字母大写
s. find(sub[start[,end]])	返回某一子字符串的起始位置,无则返回—1
s. isalpha()	检测字符串中是否只包含 a～z、A～Z
s. islow()	检测字符串是否均为小写字母
s. title()	将字符串中所有单词的首字母大写
s. count(x)	返回字符串中 x 字符的个数

【例 2-17】　字符串函数的典型案例,代码如下:

```
#第 2 章/2－17.py

s = 'hello python,nice to meet you'
print(len(s))                    #len()函数用于查看字符串的长度
l = s.split(sep = ',')           #以逗号分隔,返回一个列表类型 list
l1 = s.split()                   #默认以空格分割
print(l)
print(l1)

print(' '.join(l1))              #用空格将 l1 列表中的字符序列连接成字符串
print(' * '.join('python'))      #用 * 将字符序列 python 连接为新的字符串

print(s.upper())                 #全部大写字母
print(s.title())                 #每个单词首字母大写
print(s.capitalize())            #第 1 个字母大写
print(s.isalpha())               #字符串中是否全部为大小写字母
```

上述代码的执行结果如图 2-32 所示。

```
29
['hello python', 'nice to meet you']
['hello', 'python,nice', 'to', 'meet', 'you']
hello python,nice to meet you
p*y*t*h*o*n
HELLO PYTHON,NICE TO MEET YOU
Hello Python,Nice To Meet You
Hello python,nice to meet you
False
```

图 2-32　字符串函数案例的运行结果

2.5 列表

在 Python 语言的组合数据类型中可以包含由多种基本数据类型组合而成的数据,按照不同的结构可以分为列表、元组、集合、字典等类型。

列表是一种有序的元素的集合,所有元素放在一对[]内,用英文逗号进行分隔,可以通过 type()方法查看列表的类型为 list。与数组不同的是同一个列表中的元素可以是不同类型的数据,列表是一个有序的可变序列类型,可以对列表进行增、删、改等操作,列表中的元素可以重复。

5min

2.5.1 列表的创建

1. 通过赋值创建列表

列表的创建可以用赋值的方式使用赋值运算符进行创建,当列表元素为空时此列表为空列表,格式如下:

列表变量名=[元素 1,元素 2,元素 3,…,元素 n]

【例 2-18】 通过赋值创建列表,代码如下:

```
#第 2 章/2-18.py

l0 = [2,4,1,2,4,5,1]                    #列表中可以有重复元素
print(type(l0),l0,sep = ',')

l = [8,'a','car',6,'',True,1 + 2j,3.24]  #列表中包含多种基本数据类型和空元素
print(type(l),l,sep = ',')

l1 = ['chengdu','shanghai',l]            #列表中包含列表
print(type(l1),l1,sep = ',')

l2 = [l1,len(l)]                         #列表中包含函数
print(type(l2),l2,sep = ',')

l3 = []                                  #空列表
print(type(l3),l3,sep = ',')
```

上述代码的执行结果如图 2-33 所示。

```
<class 'list'>,[2, 4, 1, 2, 4, 5, 1]
<class 'list'>,[8, 'a', 'car', 6, '', True, (1+2j), 3.24]
<class 'list'>,['chengdu', 'shanghai', [8, 'a', 'car', 6, '', True, (1+2j), 3.24]]
<class 'list'>,[['chengdu', 'shanghai', [8, 'a', 'car', 6, '', True, (1+2j), 3.24]], 8]
<class 'list'>,[]
```

图 2-33 通过赋值创建列表的运行结果

2. 通过 list()函数创建列表

Python 中还可以使用 list()函数创建列表,格式如下:

列表变量名 = list(iterable)

其中,iterable 为可迭代对象,可以是字符串、列表、元组、字典等对象,通过 list()函数将可迭代对象转换为列表类型。

【例 2-19】 使用 list()函数创建列表,代码如下:

```
♯第 2 章/2 - 19.py

l = list()                          ♯创建空列表
♯ print(typeof(l),l)               ♯typeof 会报错

s = 'hello python'
l = list(s)                         ♯将字符串转换为列表
print(type(l),l,sep = ',')

l1 = list(l)                        ♯将列表转换为列表
print(type(l1),l1,sep = ',')

l2 = list((2,3,4,5))                ♯将元组转换为列表
print(type(l2),l2,sep = ',')

♯将字典的键转换为列表
l3 = list({'chengdu':2,'shanghai':4,'shenzhen':1,'beijing':5})
print(type(l3),l3,sep = ',')
```

上述代码的执行结果如图 2-34 所示。

```
<class 'list'>,['h', 'e', 'l', 'l', 'o', ' ', 'p', 'y', 't', 'h', 'o', 'n']
<class 'list'>,['h', 'e', 'l', 'l', 'o', ' ', 'p', 'y', 't', 'h', 'o', 'n']
<class 'list'>,[2, 3, 4, 5]
<class 'list'>,['chengdu', 'shanghai', 'shenzhen', 'beijing']
```

图 2-34 通过 list()函数创建列表的运行结果

2.5.2 列表的属性

列表是一个可重复的可变序列,所以在列表创建后,用户可以对它进行增加、删除、修改、查询等操作。

1. 列表元素的访问

Python 中列表也是典型的有序集合,同样可以使用索引值对应的位置获取元素,也可以使用切片操作获得任何部分的元素。

【例 2-20】 列表元素的访问,代码如下:

```
#第 2 章/2-20.py

list = [4,1,6,7,7]
print(list[2],list[0])          #访问位置为 2 和 0 的元素
print(list[-1],list[-3])        #逆向索引访问元素
print(list[5],list[-7])         #访问超出列表范围的位置,报错
```

代码执行结果如图 2-35 所示。

```
6 4
7 6
Traceback (most recent call last):
  File "/Users/bingtangxueli/Documents/科研项目/教材编写/Python/教材源码/ch2/2.5.2-1.py", line 4, in <module>
    print(list[5],list[-7])     #访问超出列表范围的位置, 报错
IndexError: list index out of range

进程已结束,退出代码1
```

图 2-35 列表元素访问的运行结果

列表通过切片获取列表任何部分的元素,返回新的列表,代码如下:

```
list = [3,4,2,6,1,2,9,5]
print(list[0:4:1])              #正向切片,返回新的列表
print(list)                     #切片操作后原列表不变
print(list[-3::-1])             #逆向切片
```

上述代码的执行结果如图 2-36 所示。

2. 列表元素的增加

Python 中可以通过 append()函数在列表的尾部添加一个元素,例如 list1.append(x)表示在 list1 列表的尾部添加 x 元素。

```
[3, 4, 2, 6]
[3, 4, 2, 6, 1, 2, 9, 5]
[2, 1, 6, 2, 4, 3]
```

图 2-36 切片获取列表元素的运行结果

通过 insert()函数在列表的任意指定位置插入元素 y,例如 list1.insert(1,y)表示在 list1 列表的索引号为 1 的位置插入元素 y,同时之前索引位置 1 及后面的元素后移一个索引位置。

通过 extend()函数将一个列表中所有的元素追加到当前列表的尾部,例如 list1.extend(list2)表示将 list2 中的所有元素追加到 list1 的尾部。

【例 2-21】 增加列表元素案例,代码如下:

```
#第 2 章/2-21.py

#列表元素的增加
list1 = [4,2,3,5,1,8]
list1[1] = 11                   #将索引号 1 位置的元素值修改为 11
print(list1)
```

```
list1.append(22)                    #在 list1 尾部添加元素 22
print(list1)

list1.insert(1,33)                  #在 list1 索引号为 1 的位置插入元素 33
print(list1)

list1.extend(['a','b','c','d'])     #将列表添加到 list1 尾部
print(list1)
```

上述代码的执行结果如图 2-37 所示。

```
[4, 11, 3, 5, 1, 8]
[4, 11, 3, 5, 1, 8, 22]
[4, 33, 11, 3, 5, 1, 8, 22]
[4, 33, 11, 3, 5, 1, 8, 22, 'a', 'b', 'c', 'd']
```

图 2-37　增加列表元素的运行结果

Python 中列表的运算可以支持加号"＋"和"＊"，"＋"表示将两个列表元素进行连接，使其成为新的列表，"＊"表示将列表元素重复几遍，示例代码如下：

```
list2 = [1,2,3,4,5]
list3 = [6,7,8,9]
print(list2 + list3)                #将两个列表拼接成一个新列表
print(list2 * 3)                    #将 list2 中的元素重复 3 遍
```

上述代码的执行结果如图 2-38 所示。

```
[1, 2, 3, 4, 5, 6, 7, 8, 9]
[1, 2, 3, 4, 5, 1, 2, 3, 4, 5, 1, 2, 3, 4, 5]
```

进程已结束,退出代码0

图 2-38　列表运算的运行结果

3. 列表元素的修改

Python 中可以直接修改列表中索引号对应位置的元素，list1[1]＝a 表示将列表 list1 索引位置为 1 的元素修改为 a。

【例 2-22】　列表元素的修改，代码如下：

```
#第 2 章/2 - 22.py

list1 = [4,2,3,5,1,8]
print(list1)
list1[1] = 11        #将索引号 1 位置的元素值 2 修改为 11
print(list1)
```

上述代码的执行结果如图 2-39 所示。

也可以通过赋值的方式修改列表,代码如下:

```
list1 = [4,2,3,5,1,8]
list2 = ['a','c','d','b']
list1 = list2              #将 list1 指向 list2 的内存地址
print(list1)
print(list2)
list1[2] = 22              #list1 和 list2 的元素都被修改了
print(list1)
print(list2)
```

代码的执行结果如图 2-40 所示。

```
[4, 2, 3, 5, 1, 8]              ['a', 'c', 'd', 'b']
[4, 11, 3, 5, 1, 8]            ['a', 'c', 'd', 'b']
                               ['a', 'c', 22, 'b']
进程已结束,退出代码0            ['a', 'c', 22, 'b']
```

图 2-39　通过索引位置修改列表元素　　图 2-40　通过赋值修改列表元素
　　　　　的运行结果　　　　　　　　　　　　　　的运行结果

4. 列表元素的删除

Python 中可以通过 del 语句删除列表中指定位置的元素,也可以删除整个列表。例如 del list[1]表示删除列表索引位置为 1 的元素,del list1 表示删除整个 list1 列表。

通过 remove()函数可以删除列表中的某个匹配元素,如果列表中有多个匹配的元素,则只删除第 1 个匹配到的元素,例如 list2.remove(e)表示删除 list2 列表中等于 e 的元素,如果存在多个相同的元素,则删除找到的第 1 个元素。当列表中找不到匹配的元素时会报错。

通过 pop()函数可以删除并返回指定位置的元素,例如 list3.pop(1)表示删除索引号为 1 的对应元素,如果省略了索引号,则默认删除列表的最后一个元素。

通过 clear()函数可清空列表,即删除列表中的所有元素。

【例 2-23】 列表元素删除案例,代码如下:

```
#第 2 章/2-23.py

list1 = ['LYNK&CO','volvo','geely']
del list1[1]              #删除索引号为 1 的'Volvo'元素
print(list1)
del list1[0]
del list1[0]
print(list1)             #虽然元素删除了,但是空列表还在

del list1                #删除整个 list1
#print(list1)            #list1 已经删除了,去掉本行注释,程序会报错
```

```
list2 = ['shanghai','chengdu','shenzhen','guangzhou','shenzhen']
list2.remove('shenzhen')              ♯删除 list2 中的第 1 个'shenzhen'
print(list2)
♯list2.remove('beijing')              ♯去掉本行注释,remove 找不到移除的元素,程序会报错

list3 = [1,3,2,66,12]
list3.pop()                           ♯默认删除最后一个元素,即 12
print(list3)
list3.pop(2)                          ♯删除 index 为 2 的元素,即 2
print(list3)

list3.clear()                         ♯删除列表中的所有元素,空列表不会删除
print(list3)
```

上述代码的执行结果如图 2-41 所示。

```
['LYNK&CO', 'geely']
[]
['shanghai', 'chengdu', 'guangzhou', 'shenzhen']
```

图 2-41　列表元素删除的运行结果

2.5.3　列表的常用函数

Python 中除了前面用到的一些常用函数方法外,还有 sort()、sorted()、reserve()、index()、count()等函数可以对列表进行操作,列表的常用函数见表 2-4。

表 2-4　列表的常用函数

函　　数	描　　述
list(x)	使用 x 作为列表元素创建列表,或者将其他类型的集合 x 转换为列表
list.append(x)	在列表 list 的尾部添加 1 个元素 x
list.insert(index,x)	在列表的索引 index 位置插入元素 x,之前的元素依次向后移动一个位置
list.extend(x)	将列表 x 中的元素全部插入列表 list 的尾部
del list/list[index]	删除列表 list 或者删除列表 list 中 index 位置的元素
list.remove(x)	删除列表中的元素 x
list.pop(index)	删除列表中 index 位置的元素,当 index 省略时默认删除尾部的 1 个元素
list.clear()	删除列表 list 中的所有元素,留下空列表
list.sort(key,reverse)	对列表中的元素进行排序,原地排序,key 和 reverse 都可以省略
sorted(list)	按升序排列列表元素,返回新列表,原 list 不变
list.reverse()	逆置列表,原地翻转
list.index(x)	返回列表中 x 元素的下标位置,即 index 值
list.count()	返回元素 x 在列表 list 中出现的次数

1. sort()函数

Python 中 sort()函数用于按特定的规则对列表中的元素进行排序,语法格式如下:

```
list.sort(key,reverse)
```

参数 key 和 reverse 都可以省略,key 用于指定排序的规则。sort()函数是列表支持的函数,可以指定带排序的列表的某一索引元素来作为排序的依据,在该参数省略的情况下默认值为 None。reverse 用于控制列表元素的排序方式是升序还是降序,True 为降序,False为升序,在省略的情况下默认值为 False。

【例 2-24】 使用 sort()函数进行排序,代码如下:

```
# 第 2 章/2 - 24.py

list = [4,11, - 6, - 3,7]
list.sort()                              # 默认以升序排序[ - 6, - 3,4,7,11]
print(list)

list.sort(reverse = True)                # 降序排序[11,7,4, - 3, - 6]
print(list)

list.sort(key = abs,reverse = True)      # abs()按每个元素的绝对值的大小降序排序
print(list)

list1 = ['audi', 'geely', 'LYNK&CO', 'volvo', 'car']
list1.sort()                             # 默认按首字母 ASCII 码升序排序
print(list1)
list1.sort(key = len)                    # len()按每个元素的长度进行升序排序
print(list1)
```

上述代码的执行结果如图 2-42 所示。

```
[-6, -3, 4, 7, 11]
[11, 7, 4, -3, -6]
[11, 7, -6, 4, -3]
['LYNK&CO', 'audi', 'car', 'geely', 'volvo']
['car', 'audi', 'geely', 'volvo', 'LYNK&CO']
```

图 2-42 sort()函数排序的运行结果

2. sorted()函数

Python 中 sorted()函数也可用于按升序排序列表的元素,该方法返回的是一个排序后的新的列表,原列表不会改变。

【例 2-25】 使用 sorted()函数进行排序,代码如下:

```
# 第 2 章/2 - 25.py

list = [4,11, - 6, - 3,7]
list1 = sorted(list)                     # 升序排列后返回一个新列表,原列表不变
print(list1)                             # 排序后的列表
print(list1)                             # 原列表
```

上述代码的执行结果如图 2-43 所示。

3. reverse()函数

Python 中列表的 reverse()函数可用于对列表的元素进行倒序排序,即将原列表的元素从右到左倒序,倒序后的列表数据替换原列表数据。

【例 2-26】 使用 reverse()函数倒序排序,代码如下:

```
#第2章/2-26.py

list = [4,11, - 6, - 3,7]
list.reverse()          #列表倒序
print(list)

list1 = ['audi','geely','LYNK&CO','volvo','car']
list1.reverse()          #倒序
print(list1)
```

上述代码的执行结果如图 2-44 所示。

```
[-6, -3, 4, 7, 11]                      [7, -3, -6, 11, 4]
[-6, -3, 4, 7, 11]                      ['car', 'volvo', 'LYNK&CO', 'geely', 'audi']
```

图 2-43　sorted()函数排序的运行结果　　　　图 2-44　reverse()函数倒序的运行结果

4. index()函数

列表的 index()函数可用于返回列表中指定元素的下标位置的 index 值,当列表中有多个元素与指定元素相同时,返回最前面的一个元素的位置。

【例 2-27】 使用 index()函数返回列表元素,代码如下:

```
#第2章/2-27.py

list = [1,11, - 6,6,2, - 3,7]
print(list.index(2))          #2所在的index值为4

print(list.index(6))          #第1个6的index值为1
```

```
4
1

进程已结束,退出代码0
```

图 2-45　index()函数返回列表元素
的位置的运行结果

上述代码的执行结果如图 2-45 所示。

5. count()函数

列表的 count()函数可用于返回列表中指定元素在列表中出现的次数,当列表中没有找到指定元素时,返回 0。

【例 2-28】 使用 count()函数返回指定元素出现的次数,代码如下:

```
#第2章/2-28.py

list = [1,6,5,6,2,6, - 3,6,7]
```

```
print(list.count(6))            #列表中6出现的次数为4次
print(list.count(4))            #列表中没有指定元素,0次

list1 = ['audi','geely','LYNK&CO','volvo','car']
print(list1.count('au'))        #必须是完全匹配的1个元素才能找到
print(list1.count('LYNK&CO'))
```

上述代码的执行结果如图 2-46 所示。

4
0
0
1

进程已结束,退出代码0

图 2-46　count()函数返回指定元素出现的次数的运行结果

注意：Python 中当使用 count()函数返回列表中指定的元素时,指定元素必须完全匹配才能找到。

2.6　元组

Python 语言中的元组是一种有序不可变的元素的集合,所有元素放在一对"()"内,用英文逗号分隔。与列表一样,元组中的元素可以是不同类型的数据,与列表不同的是,它是不可变的序列,不可以对元组进行元素的增、删、改等操作,通过 type()查看元组的类型可以发现类型为 tuple,元组中的元素也可以重复。

2.6.1　元组的创建

1. 通过赋值创建元组

元组同样可以用赋值的方式使用赋值运算符创建,当元组元素为空时此元组为空元组,但是因为元组不能进行元素的增加、修改和删除等操作,所以空元组在实际应用中没有意义。元组创建格式如下：

元组变量名 = (元素 1,元素 2,元素 3,…,元素 n)

【例 2-29】　赋值创建元组,代码如下：

```
#第 2 章/2-29.py

tu = (2,1,'a','hello','python','',[4,2,3])      #多种数据类型
print(type(tu),tu,sep = ';')                    #类型为 tuple

tu = ()                                         #空元组
```

```
print(type(tu),tu,sep = ';')

tu = (4)                              #一对小括号中只有一个元素,不是元组
print(type(tu),tu,sep = ';')          #类型为 int
tu = ('hello')                        #一对小括号中只有一个元素,不是元组
print(type(tu),tu,sep = ';')          #类型为 str

tu = (4,)                             #只有一个元素的元组表示
print(type(tu),tu,sep = ';')          #类型为 tuple
```

上述代码的执行结果如图 2-47 所示。

```
<class 'tuple'>;(2, 1, 'a', 'hello', 'python', '', [4, 2, 3])
<class 'tuple'>;()
<class 'int'>;4
<class 'str'>;hello
<class 'tuple'>;(4,)
```

图 2-47 通过赋值创建元组的运行结果

注意：小括号中 1 个元素表示的不是元组,而是元素本身的数据类型,如果要表示 1 个元素的元组,则需要在元素后面加一个逗号。

2. 通过 tuple()函数创建元组

Python 中也可以使用 tuple()函数创建元组。

【例 2-30】 tuple()函数创建元组,代码如下：

```
#第 2 章/2 - 30.py

tu1 = tuple()                         #空的元组
print(type(tu1),tu1,sep = ';')        #类型为 tuple

tu1 = tuple((3,))                     #1 个元素的元组
print(type(tu1),tu1,sep = ';')

tu1 = tuple((2,3,'my','name','is','python'))   #元组类型
print(type(tu1),tu1,sep = ';')

tu1 = tuple([2,3,'my','name','is','python'])   #将列表类型的集合转换为元组类型
print(type(tu1),tu1,sep = ';')
```

上述代码的执行结果如图 2-48 所示。

```
<class 'tuple'>;()
<class 'tuple'>;(3,)
<class 'tuple'>;(2, 3, 'my', 'name', 'is', 'python')
<class 'tuple'>;(2, 3, 'my', 'name', 'is', 'python')
```

图 2-48 通过 tuple()函数创建元组的运行结果

2.6.2　元组的访问

Python 中元组也是有序集合,同样可以使用索引值对应的位置获取元素,也可以使用切片操作获得任何部分的元素。

【例 2-31】　元组的访问,代码如下:

```
# 第 2 章/2 - 31.py

tu = (2,1,'a','hello','python','',[4,2,3])
print(type(tu[3]),tu[3],sep = ';')          # 获取 index = 3 的元素
print(tu[ - 1])                             # 获取 index = - 1 的元素
```

上述代码的执行结果如图 2-49 所示。

元组通过切片获取列表任何部分的元素,返回新的元组,代码如下:

```
print(type(tu[2::1]),tu[2::1])              # 获取从 index = 2 到结尾的全部元素,为 tuple 类型
print(tu[ - 3:0: - 1])                      # 获取倒数第 3 个到 0 + 1 个的元素
```

上述代码的执行结果如图 2-50 所示。

```
<class 'str'>;hello
[4, 2, 3]
```

图 2-49　元组元素的访问的
　　　　　运行结果

```
<class 'tuple'> ('a', 'hello', 'python', '', [4, 2, 3])
('python', 'hello', 'a', 1)
```

图 2-50　切片获取元组元素的运行结果

2.6.3　元组的运算

Python 中元组的运算支持"＋"和"＊","＋"表示将两个元组的元素进行连接,使其成为新的元组,"＊"表示将元组元素重复几遍。

【例 2-32】　元组的运算,代码如下:

```
# 第 2 章/2 - 32.py

tu1 = ('a','b','c')
tu2 = ('d','e','f','g')
print(tu1 + tu2)          # 对 tu1 和 tu2 的元素进行拼接
print(tu1 * 3)            # tu1 的元素重复 3 遍
```

上述代码的执行结果如图 2-51 所示。

```
('a', 'b', 'c', 'd', 'e', 'f', 'g')
('a', 'b', 'c', 'a', 'b', 'c', 'a', 'b', 'c')
```

图 2-51　元组的运算的运行结果

2.6.4 元组的常用操作方法

元组的操作方法只有 index() 和 count()，其使用方法和列表类似。index() 函数用于返回元组中指定元素的下标位置的 index 值，当元组中有多个元素与指定元素相同时，返回最前面的一个元素的位置。

【例 2-33】 元组常用操作方法，使用 index() 函数获取 index 值，代码如下：

```
♯第 2 章/2 - 33.py

tu2 = (2,3,4,2,3,4,5,6)
print(tu2.index(3))      ♯返回第 1 个 3 所在的 index
print(tu2.index(6))
```

上述代码的执行结果如图 2-52 所示。

count() 函数可用于返回元组中指定元素在元组中出现的次数，当在元组中没有找到指定元素时，返回 0，代码如下：

```
tu2 = (2,3,4,2,3,4,5,6,2,3,2)
print(tu2.count(2))       ♯2 在 tu2 中出现的次数 4
print(tu2.count('hello'))  ♯找不到'hello'
```

上述代码的执行结果如图 2-53 所示。

```
1
7
```

图 2-52　index() 函数获取元组元素
位置的运行结果

```
4
0

进程已结束,退出代码0
```

图 2-53　count() 函数返回指定元素出现
次数的运行结果

2.7 集合

Python 语言中的集合与列表、字符串、元组不同，集合是一种无序且不可重复的序列，所有元素放在一对"{}"内，用英文逗号进行分隔。与列表一样，集合中的元素可以是不同类型的数据，也可以对集合进行元素的增、删、改等操作，通过 type() 函数可知，集合的类型为 set。

2.7.1 集合的创建

1. 通过赋值创建集合

集合的创建同样可以使用赋值运算符进行，当集合元素为空时此集合为空集合，但是空集合只能通过 set() 函数创建。集合中的元素是无序的，并且会自动过滤掉重复的元素。集合创建格式如下：

> 集合变量名 = {元素 1,元素 2,元素 3,…,元素 n}

【例 2-34】 赋值创建集合，代码如下：

```
# 第 2 章/2 - 34.py

set1 = {1,2,'a','','hello',2,'a',2}          # 不同类型的数据集合
print(type(set1),set1,sep = ';')              # 自动过滤集合中重复的元素 2,顺序随机

set1 = {}                                     # 不是空的集合,是字典类型 dict
print(type(set1),set1,sep = ';')

set1 = {1}                                    # 1 个元素的集合
print(type(set1),set1,sep = ';')
```

上述代码的执行结果如图 2-54 所示。

```
<class 'set'>;{'', 1, 2, 'a', 'hello'}
<class 'dict'>;{}
<class 'set'>;{1}
```

图 2-54 通过赋值创建集合的运行结果

注意：不能通过 set1＝{}来创建空集合，直接使用{}将创建后面要学习的字典 dict 类型，空集合只能通过 set()函数创建。

2. 通过 set()函数创建集合

通过 set()函数可以将元组、列表、字符串等转换为集合，也可以创建空集合。

【例 2-35】 set()函数创建集合，代码如下：

```
# 第 2 章/2 - 35.py

set2 = set()                                 # 创建空集合
print(type(set2),set2)

set2 = set((1,2,4,5,2,6,7,1))                # 将元组转换为集合,过滤重复值
print(type(set2),set2)

set2 = set('hello python')                   # 将字符串的每个字符转换为集合中的元素
print(type(set2),set2)                       # 去重,无序
```

上述代码的执行结果如图 2-55 所示。

```
<class 'set'> set()
<class 'set'> {1, 2, 4, 5, 6, 7}
<class 'set'> {'l', 'y', 'h', 't', ' ', 'e', 'n', 'p', 'o'}
```

图 2-55 通过 set()函数创建集合的运行结果

2.7.2 集合的运算

集合支持"−""|""&""^"4种运算,以A集合和B集合为例,如图2-56所示。

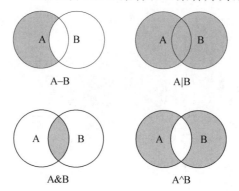

图2-56 集合的运算

−:两个集合的差集,属于集合A,不属于集合B。

|:两个集合的并集,属于集合A或属于集合B。

&:两个集合的交集,属于集合A并且同时属于集合B。

^:两个集合的补集,属于集合A或者属于集合B,但同时不属于A和B的交集。

【例2-36】 集合运算案例,代码如下:

```
#第2章/2-36.py

A = {'a','b','c','d','e'}
B = {'c','d','e'}
print(A − B)              #属于A,不属于B
print(A|B)               #属于A或B
print(A&B)               #属于A并且属于B
print(A^B)               #属于A或者B,但同时不属于A和B的交集
```

上述代码的执行结果如图2-57所示。

```
{'a', 'b'}
{'a', 'e', 'c', 'b', 'd'}
{'c', 'e', 'd'}
{'a', 'b'}
```

图2-57 集合的运算的运行结果

2.7.3 集合的常用操作方法

集合的无序特性决定了无法通过索引访问集合中的元素,集合是可变的,所以它跟列表一样可以增加、删除、修改元素。集合常用的操作函数见表2-5。

表 2-5　集合的常用函数

函　　数	描　　述
set1. add(x)	将元素 x 添加到集合 set1 中,如果 x 已经存在于 set1 中,则不添加
set1. copy()	复制集合 set1,返回新集合
set1. pop()	随机返回集合中的任意一个元素,同时将该元素删除,如果集合为空,则抛 KeyError 异常
set1. remove(x)	删除集合中指定的 x 元素,如果 x 元素不存在,则抛 KeyError 异常
set1. discard(x)	删除集合中指定的 x 元素,如果 x 元素不存在,则不报错
set1. clear()	删除集合中所有的元素
set1. isdisjoint(T)	判断集合 set1 和集合 T 中是否存在相同的元素,如果存在,则返回值为 True, 否则返回值为 False

1. 集合的访问

与列表、字符串、元组不同,集合是无序的,所以不能通过索引位置访问元素,一般情况下如果想要访问集合中的元素,则可以先将集合转换为列表,再进行访问。

【**例 2-37**】　集合访问,代码如下:

```
#第 2 章/2 - 37.py

set1 = {'audi','geely','LYNK&CO','volvo','car'}
# print(set1[1])          #尝试访问会报错
print(set1)
l = list(set1)            #将集合转换为列表
print(l)
print(l[1])               #通过列表访问元素
```

上述代码的执行结果如图 2-58 所示。

```
{'geely', 'volvo', 'audi', 'car', 'LYNK&CO'}
['geely', 'volvo', 'audi', 'car', 'LYNK&CO']
volvo
```

图 2-58　集合的访问的运行结果

2. 集合中的 add() 函数

Python 集合中通过 add() 函数进行元素的添加,set1. add(x)表示将元素 x 添加到集合中,如果 x 已经存在于 set1 中,则不再添加。

【**例 2-38**】　add() 函数,代码如下:

```
#第 2 章/2 - 38.py

set1 = {'audi','geely','LYNK&CO','volvo','car'}
set1.add('a')            # 在新集合中添加 1 个元素 a
print(set1)              # 在集合中添加了 a
```

```
set1.add('geely')                    ♯添加集合中已经存在的元素,不添加
print(set1)
```

上述代码的执行结果如图 2-59 所示。

{'audi', 'car', 'LYNK&CO', 'a', 'geely', 'volvo'}
{'audi', 'car', 'LYNK&CO', 'a', 'geely', 'volvo'}

图 2-59　集合通过 add()函数添加元素的运行结果

3. 集合中的 copy()函数

集合中可通过 copy()函数进行集合的复制,返回一个新的集合,原集合不变。

【例 2-39】　copy()函数进行集合复制,代码如下:

```
♯第 2 章/2 - 39.py

set1 = {'audi','geely','LYNK&CO','volvo','car'}
set2 = set1.copy()           ♯复制集合
set2.add('a')                ♯在新集合中添加 1 个元素 a
print(set1)                  ♯原集合不变
print(set2)
```

上述代码的执行结果如图 2-60 所示。

{'audi', 'car', 'LYNK&CO', 'geely', 'volvo'}
{'volvo', 'car', 'LYNK&CO', 'a', 'geely', 'audi'}

图 2-60　集合 copy()函数进行集合的复制的运行结果

4. 集合元素的删除

可以通过 pop()函数随机返回集合中的任意一个元素,并将该元素从集合中删除,当集合为空时,使用 pop()函数会抛异常。

【例 2-40】　集合元素删除,代码如下:

```
♯第 2 章/2 - 40.py

set1 = {'audi','geely','LYNK&CO','volvo','car'}
print(set1.pop())            ♯随机返回集合 set1 中的任意一个元素
print(set1)                  ♯将原集合中 pop 返回的元素删除

set2 = set()                 ♯创建空集合
♯ set2.pop()                 ♯报错
```

上述代码的执行结果如图 2-61 所示。

Python 中还可以使用 remove()函数和 discard()函数删除集合中的一个指定元素,它们的区别是当 remove()函数删除集合中不存在的元素时会抛异常错误,而使用 discard()函数不会报错,代码如下:

```
car
{'volvo', 'LYNK&CO', 'geely', 'audi'}
Traceback (most recent call last):
  File "/Users/bingtangxueli/Documents/科研项目/教材编写/Python/教材源码/ch2/2.7.3.py", line 7, in <module>
    set2.pop()    #报错
KeyError: 'pop from an empty set'
```

图 2-61　集合 pop()函数的运行结果

```
set1 = {'audi','geely','LYNK&CO','volvo','car'}
set1.remove('geely')          #删除存在的元素
print(set1)
#set1.remove('python')        #删除没有的元素,抛出报错
set1.discard('python')        #不会抛出报错
set1.discard('audi')          #删除存在的元素
print(set1)
```

上述代码的执行结果如图 2-62 所示。

如果希望将集合中的全部元素删除,则可使用 clear()函数进行,代码如下:

```
set1 = {'audi','geely','LYNK&CO','volvo','car'}
set1.clear()                     #删除集合中的全部元素
print(type(set1),set1,sep = ';')  #空集合
```

上述代码的执行结果如图 2-63 所示。

```
{'audi', 'car', 'LYNK&CO', 'volvo'}
{'car', 'LYNK&CO', 'volvo'}
```

```
<class 'set'>;set()
```

图 2-62　集合 remove()函数和 discard()函数的
　　　　　运行结果

图 2-63　集合 clear()函数的
　　　　　运行结果

5. 集合中的 isdisjoint()函数

通过 isdisjoint()函数可判断两个集合中是否存在相同的元素,如果不存在,则返回值为 True,如果存在,则返回值为 False。

【例 2-41】　isdisjoint()函数,代码如下:

```
#第 2 章/2 - 41.py

#isdisjoint()函数
set1 = {'audi','geely','LYNK&CO','volvo','car'}
set2 = {'audi','geely','LYNK&CO','volvo','car'}
set3 = {'a','b','audi'}
set4 = {'hi','python'}
print(set1.isdisjoint(set2))     #存在元素全部相同,返回值为 False
print(set1.isdisjoint(set3))     #存在 audi 相同,返回值为 False
print(set1.isdisjoint(set4))     #不存在相同元素,返回值为 True
```

```
set1 = {}                               #空的字典
set2 = set()                            #空集合
print(set2.isdisjoint(set1))            #不同
```

上述代码的执行结果如图 2-64 所示。

```
False
False
True
True
```

图 2-64　集合 isdisjoint()函数的运行结果

11min

2.8　字典

Python 语言中用来存储具有一一对应的映射关系的数据结构称为字典,它以键-值对的方式存放数据,通过"键"查找对应的"值"。生活中户籍管理系统中身份证号码和人的姓名的映射关系,就可以通过字典来存放,以身份证为"键",姓名为"值"。字典中"键"是唯一不可重复的,"值"可以重复,可以通过唯一的"键"找到对应的"值"。

2.8.1　字典的创建

字典定义为一组键-值对存放在大括号中,每个键-值对之间用英文逗号分隔,键和值之间用冒号分隔。字典中的"键"为不可变的,"值"可以是任意类型的数据,字典的定义格式如下:

```
d = {k1:v1,k2:v2,...,kn:vn}
```

1. 通过赋值创建字典

字典的创建同样可以使用赋值运算符进行,字典是无序的,字典每次输出的顺序都是随机的。

【例 2-42】 字典的创建,代码如下:

```
#第 2 章/2 - 42.py

d = {513401:'张三',400123:'李二',634345:'王小'}      #创建字典
print(type(d),d,sep = ';')

#键为不可变类型,值为各种数据类型
d = {'a':{223},'geely':[324],'car':'volvo','LYNK&CO':'', 'b':(2,3),(1,3):31}
print(type(d),d,sep = ';')                           #无序,顺序随机

#d = {['a','b']:124}                                  #键为可变列表,报错
#d = {{'a','b'}:124}                                  #键为可变集合,报错
```

```
d = {}                              ♯创建空字典
print(type(d),d,sep = ';')
d = {}
```

上述代码的执行结果如图 2-65 所示。

```
<class 'dict'>;{}
<class 'dict'>;{513401: '张三', 400123: '李二', 634345: '王小'}
<class 'dict'>;{'a': {223}, 'geely': [324], 'car': 'volvo', 'LYNK&CO': '', 'b': (2, 3), (1, 3): 31}
Traceback (most recent call last):
  File "/Users/bingtangxueli/Documents/科研项目/教材编写/Python/教材源码/ch2/2.8.1.py", line 13, in <module>
    d={['a','b']:124}   #键为可变列表, 报错
TypeError: unhashable type: 'list'
```

图 2-65　通过赋值创建字典的运行结果

2. 通过 dict()函数创建字典

Python 中可以通过 dict()函数创建字典。

【例 2-43】　dict()函数创建字典,代码如下:

```
♯第 2 章/2 - 43.py

d = dict()          ♯创建空字典
print(type(d),d,sep = ';')
d = dict({'geely':2100,'LYNK&CO':4200,'volvo':7260})
print(type(d),d,sep = ';')
```

也可以根据已经存在的数据创建字典,代码如下:

```
k = (1,2,3,4)
v = ['geely','LYNK&CO','volvo','zeekr']
d = dict(zip(k,v))             ♯使用存在的数据创建字典
print(type(d),d,sep = ';')
```

上述代码的执行结果如图 2-66 所示。

```
<class 'dict'>;{}
<class 'dict'>;{'geely': 2100, 'LYNK&CO': 4200, 'volvo': 7260}
<class 'dict'>;{1: 'geely', 2: 'LYNK&CO', 3: 'volvo', 4: 'zeekr'}
```

图 2-66　通过 dict()函数创建字典的运行结果

注意:Python 3 中 zip()函数用于将可迭代的对象作为参数,将对象中对应的元素打包成一个个元组,然后返回由这些元组组成的 zip 对象。

2.8.2　字典的常用操作方法

字典是可变的,所以它跟列表一样可以增加、删除、修改元素。字典常用的操作函数见表 2-6。

表 2-6 字典的常用函数

函　　　数	描　　　述
d.keys()	返回字典中所有的"键"
d.values()	返回字典中所有的"值"
d.items()	返回字典中所有的键-值对元素
d.setdefault(k,default)	返回字典中 k 对应的值,如果不存在,则在字典中创建一个"键"为 k,"值"为 default 的元素
d.copy()	字典的复制,返回新字典
d.get(k,default])	获取字典中键 k 对应的值,如果不存在,则返回给定的默认值
d.fromkeys(k,v)	以 k 为"键",v 为"值"创建字典
d.update(d2)	将字典 d2 中的元素更新到字典 d 中
d.pop(k)	返回字典中指定的"键"为 k 对应的"值",同时删除该键-值对
d.popitem()	随机删除字典中的一个键-值对,返回被删除的元素
d.clear()	清空字典元素

1. 字典的访问

与集合一样,字典是无序的,所以不能通过索引位置访问元素,但字典可以通过唯一的"键"进行访问。

通过 keys()函数访问字典时返回的是字典中所有的键信息,values()函数返回的是字典中所有的值信息,items()函数则返回的是字典的键-值对元素信息,返回信息都存放在一个列表中。

【例 2-44】 字典的访问,代码如下:

```
♯第 2 章/2 - 44.py

d = {}
print(d.keys())          ♯返回空列表

d = {1:'geely',2:'LYNK&CO',3:'volvo',4:'zeekr'}
♯print(d[0])             ♯尝试通过 index 访问,报错

print(type(d.keys()),d.keys())   ♯返回所有键信息,列表

print(d.values())        ♯返回所有值信息
print(d.items())         ♯返回所有键-值对元素
print(d[0])              ♯尝试通过 index 进行访问,报错,如果是 d[1],则访问键为 1 的值
```

代码执行结果如图 2-67 所示。

注意:字典中通过 keys()、values()或者 items()返回的是一个对象,可以通过遍历的方式访问。

2. 字典的增加和修改

字典与列表、集合一样是可变的,可以对字典中的元素进行增加、修改和删除操作。

```
dict_keys([])
<class 'dict_keys'> dict_keys([1, 2, 3, 4])
dict_values(['geely', 'LYNK&CO', 'volvo', 'zeekr'])
dict_items([(1, 'geely'), (2, 'LYNK&CO'), (3, 'volvo'), (4, 'zeekr')])
Traceback (most recent call last):
  File "/Users/bingtangxueli/Documents/科研项目/教材编写/Python/教材源码/ch2/2.8.2-1.py", line 10, in <module>
    print(d[0])    #尝试通过index进行访问，报错
KeyError: 0
```

图 2-67　字典的访问的运行结果

通过 fromkeys(k,v)函数也可以增加以 k 为"键"，"值"都为 v 的字典元素，其中 k 可以是一个不可变的序列，v 可以是任意数据类型。

【例 2-45】　字典元素的增加和删除，代码如下：

```
♯第 2 章/2-45.py
d = {}
k = (5,6,7,9)
v = ['geely', 'LYNK&CO']
print(d.fromkeys(k,v))              ♯k 的元素依次为键,值都为 v
```

上述代码的执行结果如图 2-68 所示。

```
{5: ['geely', 'LYNK&CO'], 6: ['geely', 'LYNK&CO'], 7: ['geely', 'LYNK&CO'], 9: ['geely', 'LYNK&CO']}
```

图 2-68　通过 fromkeys(k,v)函数创建字典的运行结果

在已经存在一个字典的情况下，通过 setdefault(k,default)函数可以返回字典中 k 对应的值，如果不存在，则在字典中创建一个"键"为 k，"值"为 default 的元素，代码如下：

```
d = {1:'geely',2:'LYNK&CO',3:'volvo',4:'zeekr'}
print(d.setdefault(3,'benz'))       ♯存在,返回 volvo

print(d.setdefault(5,'benz'))       ♯不存在,创建一个键为 5,值为 benz 的元素
print(d)                            ♯新增了一个元素 5: 'benz'
```

上述代码的执行结果如图 2-69 所示。

```
volvo
benz
{1: 'geely', 2: 'LYNK&CO', 3: 'volvo', 4: 'zeekr', 5: 'benz'}
```

图 2-69　setdefault(k,default)函数的运行结果

对已经存在的一个字典，还可以通过 get(k,default])函数返回字典中 k 对应的值，如果不存在，则返回 default，原字典不变，代码如下：

```
d = {1:'geely',2:'LYNK&CO',3:'volvo',4:'zeekr'}
print(d.get(3,'dazhong'))           ♯键存在,返回键对应的值

print(d.get(5,'benz'))              ♯键不存在,返回给定的默认值 benz
print(d)                            ♯原字典不变
```

上述代码的执行结果如图 2-70 所示。

```
volvo
benz
{1: 'geely', 2: 'LYNK&CO', 3: 'volvo', 4: 'zeekr'}
```

图 2-70   get(k,default)函数的运行结果

还可以通过 update()函数将一个字典中的元素更新到当前字典中,如果与当前字典中的"键"重复,则更新,如果当前字典中不存在该"键",则添加到当前字典中,代码如下:

```
d = {1:'geely',2:'LYNK&CO',3:'volvo',4:'zeekr'}
d1 = {6:'audi',7:'benz'}
d.update(d1)          ♯将 d1 中的元素添加到 d 中
print(d)

d = {1:'geely',2:'LYNK&CO',3:'volvo',4:'zeekr'}
d2 = {2:'audi',7:'benz'}
d.update(d2)          ♯2 已经在 d 中,更新 2 的值,增加 7:benz
print(d)
```

上述代码的执行结果如图 2-71 所示。

```
{1: 'geely', 2: 'LYNK&CO', 3: 'volvo', 4: 'zeekr', 6: 'audi', 7: 'benz'}
{1: 'geely', 2: 'audi', 3: 'volvo', 4: 'zeekr', 7: 'benz'}
```

图 2-71   update()函数的运行结果

3. 字典的删除

通过 pop(k)和 popitem()函数都可以删除字典中的元素,pop(k)用于返回字典中指定的"键"为 k 对应的"值",同时删除该对键-值对。

【例 2-46】 字典元素的删除,代码如下:

```
♯第 2 章/2 - 46.py

d = {1:'geely',2:'LYNK&CO',3:'volvo',4:'zeekr'}
print(d.pop(1))          ♯返回 1 对应的值,删除键 - 值对 1
print(d)                 ♯原字典没有 1:'geely'
```

popitem()函数用于返回字典中随机的一组键-值对,存放在元组中,同时在原字典中删除该键-值对,代码如下:

```
d = {1:'geely',2:'LYNK&CO',3:'volvo',4:'zeekr'}
print(type(d.popitem()))     ♯元组
print(d.popitem())           ♯随机返回字典中的一组键 - 值对,并从原字典中删除
print(d)                     ♯原字典没有被删除的
```

上述代码的执行结果如图 2-72 所示。

```
geely
{2: 'LYNK&CO', 3: 'volvo', 4: 'zeekr'}
<class 'tuple'>
(3, 'volvo')
{1: 'geely', 2: 'LYNK&CO'}
```

图 2-72　pop(k)和 popitem()函数的运行结果

还可以通过 clear()函数清除字典中的所有元素,代码如下:

```
d = {1:'geely',2:'LYNK&CO',3:'volvo',4:'zeekr'}
d.clear()            #清除字典中的所有元素
print(type(d),d,sep = ';')
```

字典也可以使用 del 命令直接删除,通过 del 删除后,将不能再访问该字典,代码如下:

```
d = {1:'geely',2:'LYNK&CO',3:'volvo',4:'zeekr'}
del d
print(d)             #报错 not defined
```

上述代码的执行结果如图 2-73 所示。

```
<class 'dict'>;{}
Traceback (most recent call last):
  File "/Users/bingtangxueli/Documents/科研项目/教材编写/Python/教材源码/ch2/2.8.2-3.py", line 15, in <module>
    print(d)    #报错not defined
NameError: name 'd' is not defined
```

图 2-73　clear()函数和 del 的运行结果

2.9　注释和缩进

2.9.1　注释

所有的编程语言为了给用户阅读和理解程序提供方便都允许在代码中加入注释,以此对程序的功能进行解释和说明,给代码添加注释是一个程序员的良好习惯,Python 语言也不例外。Python 语言中支持单行和多行两种注释。

单行注释:使用 # 作为单行注释的开头,# 后续的内容为注释的内容,程序运行时,会忽略注释。注释可以在空白行添加,也可以在代码后面添加,代码如下:

```
#第 2 章

#创建字典
d = {1:'geely',2:'lingke',3:'volvo',4:'zeekr'}
print(d)           #报错 not defined
```

多行注释:使用 3 对英文半角单引号(''')或者 3 对英文半角双引号("""),代码如下:

```
'''这是
注释,
不会执行
'''
"""这个也是注释,
也不会
执行
"""
```

注意：Python 中 3 对英文半角单引号(''')或者 3 对英文半角双引号(""")也可以作为字符串,赋值给字符串变量。

Python 中如果一行代码的内容太长,则需要换行继续书写,Python 默认为不认识换行,如果需要续行,则需要手工给代码行的结尾添加上续行符号(\),代码如下：

```
print('hi,python,nice t\
o meet you\
!')
```

上述代码的执行结果如图 2-74 所示。

hi,python,nice to meet you!

图 2-74 换行符的运行结果

2.9.2 缩进

Python 语言中使用缩进控制代码的逻辑关系和层次关系。同一代码块的每行代码必须具有相同的缩进量,不同的缩进量会导致代码语义的改变,程序中不允许不规范和无意义的缩进,否则会产生错误。

【例 2-47】 缩进案例,代码如下：

```
#第 2 章/2-47.py
a = 3
b = 4
if a > b:
    print('a 大于 b')        #不缩进会报错
    a += 1
else:                        #缩进会报错
    print('a 小于 b')
print(a)
```

上述代码的执行结果如图 2-75 所示。

a小于b
3

图 2-75 缩进的运行结果

2.10　综合案例：世界非物质文化遗产(二十四节气)

2016 年 11 月 30 日,联合国教科文组织保护非物质文化遗产政府间委员会经过评审,正式通过决议,将中国申报的"二十四节气——中国人通过观察太阳周年运动而形成的时间知识体系及其实践"列入联合国教科文组织人类非物质文化遗产代表作名录。

二十四节气是中国特有的民俗文化,它准确地反映了自然节律变化,在人们的日常生活中发挥了极为重要的作用。它不仅是指导农耕生产的时节体系,更是包含丰富民俗事项的民俗系统。在国际气象界,二十四节气被誉为"中国的第五大发明"。申报内容介绍二十四节气的英文版见《二十四节气世界非物质文化遗产介绍》。

【要求】

(1) 读取《二十四节气世界非物质文化遗产介绍》中的内容。

(2) 根据读取的内容,统计单词的总数(不重复的)。

(3) 统计每个单词出现的次数。

【目标】

(1) 通过该案例的训练,熟悉 Python 中字符串、列表、字典等特性,掌握 len()函数、count()函数、replace()函数、remove()函数、sorted()函数等的常用操作和应用场景,培养实际动手能力和解决问题的能力。

(2) 深入认识和了解我国传统文化"二十四节气",弘扬中国传统文化,积极主动传承我国传统文化。

【步骤】

(1) 从键盘输入《二十四节气世界非物质文化遗产介绍》中的内容,将字符串 s 定义为通过输入读取的全部内容。

(2) 使用 replace()方法挨个去掉除空格和单词以外的其他符号。这里要保留完整的单词就不能把空格也去掉,把其他字符全替换成空格即可,但是多个空格只保留一个。

(3) 由于可能存在前后空格存在的情况,所以要用 str.strip()去除字符串前后多余的空格。

(4) 通过 split()方法将单词分割成列表。上一步中保留了 1 个空格,这里就以空格为特点分割单词,生成列表。

(5) 建一个新的列表作为字典的键列表,遍历原来的单词列表,如果单词列表里面的单词不在新列表里,就往新列表里添加该单词。这里要用到列表的遍历方法,可以采取增强的 for 循环对列表元素进行遍历。

(6) 增强 for 循环的用法:遍历 list1 中的每个元素 i 的代码如下:

```
for i in list1:
    print(i)
```

（7）将单词作为结果字典的键。使用字典的 fromkeys()方法把第 3 步生成的 key 列表作为结果字典的键。

（8）遍历 key 列表,利用 count()函数统计单词出现的次数,出现次数作为字典的 value。

（9）字典的 key 即是单词,并且不可能存在重复的,使用 len()方法统计单词的总数。

（10）对字典的 value 进行降序排序,即可看到所有单词及出现的次数,并且出现最多的单词及次数在首个位置。

代码如下:

```
#第 2 章/2-48.py

#统计单词出现次数并把结果输出成字典
#数据输入
str = '''
China's '24 solar terms' is a knowledge system and social practice formed through observations
of the sun's annual motion, and cognition of the year's changes in season, climate and phenology.
The ancient Chinese divided the sun's annual circular motion into 24 segments. Each segment was
called a specific 'Solar Term'. The 24 terms include Start of Spring, Rain Water, Awakening of
Insects, Spring Equinox, Clear and Bright, Grain Rain, Start of Summer, Grain Buds, Grain in Ear,
Summer Solstice, Minor Heat, Major Heat, Start of Autumn, End of Heat, White Dew, Autumn Equinox,
Cold Dew, Frost's Descent, Start of Winter, Minor Snow, Major Snow, Winter Solstice, Minor Cold and
Major Cold. The element of Twenty-Four Solar Terms originated in the Yellow River reaches of
China.
The criteria for its formulation were developed through the observation of changes of seasons,
astronomy and other natural phenomena in this region and has been progressively applied
nationwide. It starts from the Beginning of Spring and ends with the Greater Cold, moving in
cycles. The element has been transmitted from generation to generation and used traditionally
as a timeframe to direct production and daily routines. It remains of particular importance to
farmers for guiding their practices. Having been integrated into the Gregorian calendar, it is
used widely by communities and shared by many ethnic groups in China. Some rituals and
festivities in China are closely associated with the Solar Terms for example, the First Frost
Festival of the Zhuang People and the Ritual for the Beginning of Spring in Jiuhua.
The terms may also be referenced in nursery rhymes, ballads and proverbs. The "24 solar terms"
was added to the United Nations Educational, Scientific and Cultural Organization's (UNESCO)
world intangible cultural heritage list in 2017. These various functions of the element have
enhanced its viability as a form of intangible cultural heritage and sustain its contribution
to the community's cultural identity.
'''

#过滤规则:过滤掉所有非字母的字符
str1 = str.replace(",", " ").replace(".", " ").replace("\n", " ").replace(" ", " ").replace(" ", " ")
#去除前后空格
str1 = str1.strip()
print("过滤后的字符串: ", str1)

#拆分成列表
list1 = str1.split(" ")

print("拆分成的列表: ", list1)
```

```
#生成列表作为字典的 key
dict_keys = []
#使用增强的 for 循环遍历列表 list1 中的每个元素 i
for i in list1:
    if i not in dict_keys:
        dict_keys.append(i)
print("key 列表: ",dict_keys)



#定义空字典
words_dict = {}

#往字典写入 key 值
words_dict.fromkeys(dict_keys)

#遍历 key 列表,利用 count 函数统计单词出现次数并作为字典的 value
for j in dict_keys:
    words_dict[j] = list1.count(j)
print("字典: ",words_dict)
#统计单词的个数
print("单词的个数为",len(words_dict.keys()),"个")
#对 value 进行降序排序
words_dict = sorted(words_dict.items(),key = lambda x:x[1],reverse = True)
print(words_dict)
```

上述代码的执行结果如图 2-76 所示。

过滤后的字符串: China's '24 solar terms' is a knowledge system and social practice formed through observations of the sun's annual motion and cognition of the year
拆分成的列表: ['China's', ''24', 'solar', 'terms'', 'is', 'a', 'knowledge', 'system', 'and', 'social', 'practice', 'formed', 'through', 'observations', 'of', 'the'
key列表: ['China's', ''24', 'solar', 'terms'', 'is', 'a', 'knowledge', 'system', 'and', 'social', 'practice', 'formed', 'through', 'observations', 'of', 'the', '
字典: {'China's': 1, ''24': 1, 'solar': 2, 'terms'': 1, 'is': 2, 'a': 4, 'knowledge': 1, 'system': 1, 'and': 16, 'social': 1, 'practice': 1, 'formed': 1, 'throug
单词的个数为: 185 个
[('of', 18), ('and', 16), ('the', 16), ('in', 18), ('The', 7), ('to', 5), ('a', 4), ('Start', 4), ('Spring', 4), ('Cold', 4), ('for', 4), ('Grain', 3), ('Minor',

进程已结束,退出代码0

图 2-76 二十四节气案例的运行结果

注意: Python 中的 lambda 表达式 key＝lambda x：x[1]表示如果有函数 f(1,2)返回 2,针对这里的 d.item(),key 就为每一键-值对中的"值",即排序时按"值"来排序。

思考: 如果想要去掉介词和量词等,只保留关键单词,则该如何进行处理?

2.11 小结

本章是 Python 的基础知识部分,首先简要介绍了 input()和 print()函数、关键字和变量,接下来重点阐述了 Python 中的数值类型、字符串、列表、元组、集合和字典的特性和常用操作,然后介绍了 Python 语言的注释和缩进。最后通过一个综合案例对本章知识点进行巩固和实际应用。

本章的知识结构如图 2-77 所示。

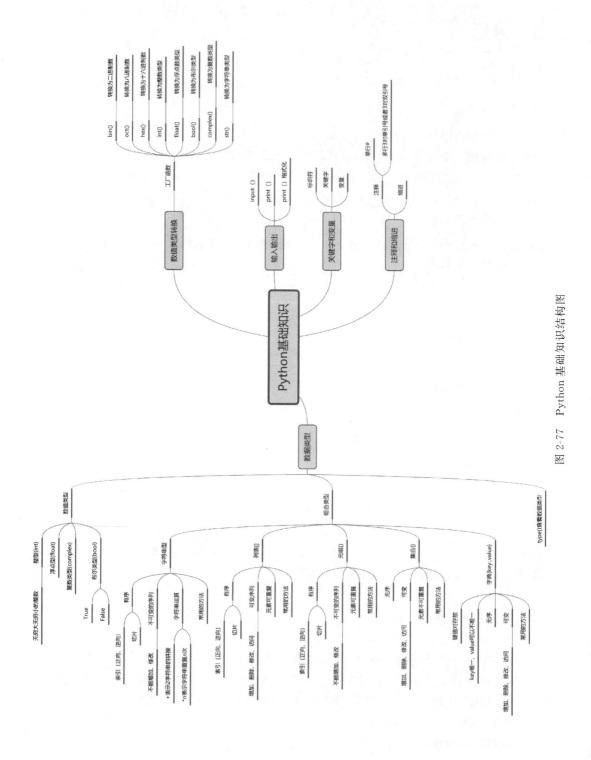

图 2-77 Python 基础知识结构图

2.12　习题

1. 填空题

（1）Python 中的组合数据类型有字符串、集合和_____。

（2）_____命令可以删除列表或者元组中的一个元素。

（3）有一个字符串'10110100'，则 set('10110100')的结果为_____。

（4）想要创建一个元组，元组中包含 1 个元素，即整数 6，元组 t＝_____。

（5）Python 中可以使用函数_____查看数据的类型。

（6）元组 tu＝（''geely''，'lingke'，'volvo'），那么 tu＊3＝_____。

（7）list1＝['鼠'，'牛'，'虎'，'兔'，'龙'，'蛇'，'马'，'羊'，'猴'，'鸡'，'狗'，'猪']，list1.pop()＝_____。

（8）假设有一个名为 s 的字符串'studentlearning'，如果从字符串中每隔两个字符取一个字母，则切片表达式为_____。

2. 选择题

（1）不是 Python 整数的是（　　　）。

    A．342　　　　　　B．0x110　　　　　　C．0b110　　　　　　D．0811

（2）以下表达式不正确的 Python 字符串是（　　　）。

    A．'hello"python'　　　　　　　　　B．"hello'Python"

    C．'hello'python'　　　　　　　　　D．"hello'python"

（3）以下 Python 语句错误的是（　　　）。

    A．[1,2,3][2]结果为 3　　　　　　B．(1,2,3)[2]结果为 3

    C．{1,2,3}[2]结果为 3　　　　　　D．[1,2,3][1]结果为 2

（4）[1,2,3,4][：：－1]返回的是（　　　）。

    A．[1,2,3,4]　　　　　　　　　　B．[4,3,2,1]

    C．[1]　　　　　　　　　　　　　D．[4]

3. 判断题

（1）set1＝{}，set1 是一个空的集合。（　　　）

（2）列表、元组、字典、集合都是可变的序列。（　　　）

（3）Python 中的整型数值可以是无穷大，也可以是无穷小的数。（　　　）

（4）t1＝()，t1 是一个空的元组。（　　　）

4. 编程题

（1）编写程序，让用户从键盘输入内容，并将用户输入的内容逆序输出到屏幕上。

（2）编写程序，让用户从键盘输入长方形的长和宽，计算长方形的周长和面积，并输出到屏幕上。

（3）编写程序，创建一个列表，包含'audi'，'geely'，'lingke'，'benz'，'volvo'，'car'这些元

素,并将元素按首字母 ASCII 码降序排序。

（4）编写程序,创建一个空集合,并向集合中添加用户从键盘输入的内容,要求用户输入的内容分为 5 部分,每部分之间用分号隔开。

（5）编写程序,选择合适的数据类型,用来存储中国四大名著和对应的作者,用户从键盘输入著作名,在屏幕上输出对应的作者。

第 3 章

Python 运算符与流程控制

运算符和流程控制是 Python 程序运算和程序设计的基础，掌握好这两方面知识才可更好地进行 Python 编程。本章首先介绍 Python 中各类运算符的使用规则、注意事项和应用技巧，其次介绍 Python 中的 3 种基本程序结构，最后通过编写代码解决实际问题。

3.1 运算符

什么是运算符？举个简单的例子：1+2=3。例子中，1 和 2 被称为操作数，+ 被称为运算符。Python 语言支持的运算符非常丰富，包括算术运算符、比较（关系）运算符、赋值运算符、逻辑运算符、位运算符、成员运算符和身份运算符，每种运算符都能完成一种特定的运算。接下来一一学习 Python 的运算符及其用法。

3.1.1 算术运算符

▷ 7min

算术运算符用来对数字进行数学运算，Python 中算术运算符有 +、-、*、/、%、** 、//。各个算术运算符的含义见表 3-1。

表 3-1　算术运算符

运 算 符	说 明	实 例
+	加，两个对象做加法运算，求和	a+b
-	减，两个对象做减法运算，求差	a-b
*	乘，两个对象做乘法运算，求积	a*b
/	除，两个对象做除法运算，求商	a/b
//	整除，返回商的整数部分（向下取整）	a//b
%	求余，返回除法运算的余数	a%b
**	求次方（乘方），返回 x 的 y 次幂	a**b

1. + 运算符

当"+"号左右两边的对象是数字时，表示在做加法运算，但是当"+"号一边的对象是字符串，另一边的对象是数字时，需要把数字对象转换成字符串对象，此时"+"号的作用是对字符串进行拼接。例如，下列代码的两个对象做"+"运算时，会出现语法错误：TypeError：

can only concatenate str(not "int") to str,代码如下:

```
# + 加法运算符的用法

name = "张三"
age = 18
info = name + "的年龄是 " + age + "岁."
print(info)
```

正确的做法是使用 str(age)方法把整数类型的 age 对象转化成字符串,代码如下:

```
# + 加法运算符用法

name = "张三"
age = 18
info = name + "的年龄是 " + str(age) + "岁."
print(info)
```

上述代码的执行结果如图 3-1 所示。

2. －运算符

Python"－"运算符的规则和数学中的减法规则相同。"－"除了可以用作减法运算之外,还可以用作求负运算,如把正数变负数,把负数变正数,代码如下:

```
# - 减法运算符的用法

m = 10
m_neg = -m
n = -10.5
n_neg = -n
print("m_neg = ",m_neg, ",n_neg = ",n_neg)
```

上述代码的执行结果如图 3-2 所示。

3. ＊运算符

"＊"号除了可以用作乘法运算之外,还可以用来重复显示字符串,也就是将多个相同的字符串连接起来,代码如下:

```
# * 乘法运算符的用法

mystr = "你好!"
print(mystr * 3)
```

上述代码的执行结果如图 3-3 所示。

张三的年龄是 18岁。　　　　　　m_neg= -10 ,n_neg= 10.5　　　　　　你好!你好!你好!

图 3-1　＋运算符的用法　　　　图 3-2　－运算符的用法　　　　图 3-3　＊运算符的用法

4．/和//运算符

Python 中支持两种除法运算符："/"和"//"，其中"/"表示普通除法，使用它计算出来的结果和数学中的除法运算的结果相同，而"//"表示整除，使用它进行计算对结果向下取整，而不是四舍五入，代码如下：

```
# / 和 //除法运算符的用法

# 整数不能除尽
print("21/5 = ", 21/5)
print("21//5 = ", 21//5)
print(" - 21//5 = ", - 21//5)
print(" -------------------- ")

# 整数能除尽
print("20/5 = ", 20/5)
print("20//5 = ", 20//5)
print(" - 20//5 = ", - 20//5)
print(" -------------------- ")

# 带小数的除法
print("20.5/5 = ", 20.5/5)
print("20.5//5 = ", 20.5//5)
```

上述代码的执行结果如图 3-4 所示。

从上述代码的执行结果可以发现：不管是否能除尽，也不管参与运算的对象是整数还是小数，/运算符的计算结果总是小数，而//运算符，只有当参与运算的对象中包含小数时，计算结果才是带.0 结果的小数，否则就是整数。

注意：除数不能为 0，因为除以 0 是没有意义的，这将导致 ZeroDivisionError 错误。

```
21/5 = 4.2
21//5 = 4
-21//5 = -5
--------------------
20/5 = 4.0
20//5 = 4
-20//5 = -4
--------------------
20.5/5 = 4.1
20.5//5 = 4.0
```

图 3-4　/和//运算符的用法

5．%运算符

Python 中"%"运算符用来进行模运算，以求得两个数相除的余数，包括整数和小数。Python 使用第 1 个数除以第 2 个数，得到一个整数的商，剩下的值就是余数。如果参与运算的对象中有小数，则求余的结果也是对除数求余后的小数结果，代码如下：

```
# % 求余运算符的用法

print("----- 整数求余 ----- ")
print("13 % 4 = ", 13 % 4)
print(" - 13 % 4 = ", - 13 % 4)
print("13 % - 4 = ", 13 % - 4)
print(" - 13 % - 4 = ", - 13 % - 4)
```

```
print(" ----- 小数求余 ----- ")
print("12.5 % 1.5 =", 12.5 % 1.5)
print(" - 12.5 % 1.5 =", - 12.5 % 1.5)
print("12.5 % - 1.5 =", 12.5 % - 1.5)
print(" - 12.5 % - 1.5 =", - 12.5 % - 1.5)

print(" --- 整数和小数求余 --- ")
print("12.5 % 3.5 =", 12.5 % 3.5)
print("15 % 3.5 =", 15 % 3.5)
print(" - 12.5 % 3.5 =", - 12.5 % 3.5)
print("15 % - 3.5 =", 15 % - 3.5)
print(" - 15 % - 3.5 =", - 15 % - 3.5)
```

```
-----整数求余-----
13%4 = 1
-13%4 = 3
13%-4 = -3
-13%-4 = -1
-----小数求余-----
12.5%1.5 = 0.5
-12.5%1.5 = 1.0
12.5%-1.5 = -1.0
-12.5%-1.5 = -0.5
---整数和小数求余---
12.5%3.5 = 2.0
15%3.5 = 1.0
-12.5%3.5 = 1.5
15%-3.5 = -2.5
-15%-3.5 = -1.0
```

图 3-5 ％运算符的用法

上述代码的执行结果如图 3-5 所示。

从上述代码的执行结果可以发现：仅当除数是负数时，求余的结果才是负数，即求余的结果的正负和被除数没有关系，只和除数有关系。"％"运算中当被除数和除数都是整数时，求余的结果也是整数，但是只要有一个数字是小数，求余的结果就是小数。

注意：求余运算的本质是除法运算，所以除数也不能是 0，否则会导致 ZeroDivisionError 错误。

6. ** 运算符

求多个相同因数乘积的运算，叫作次方，也叫乘方，运算的结果叫作幂。在 Python 中用" ** "运算符用来求一个数 x 的 y 次方，其中 x 叫作底数，y 叫作指数，可读作 x 的 y 次方或 x 的 y 次幂。由于开方是次方的逆运算，所以也可以使用" ** "运算符间接地实现开方运算。

```
# ** 次方(乘方)运算符的用法

print('---- 次方运算 ---- ')
print('2 ** 4 =', 2 ** 4)
print('2 ** 5 =', 2 ** 5)
print('---- 开方运算 ---- ')
print('16 ** (1/4) =', 16 ** (1/4))
print('32 ** (1/5) =', 32 ** (1/5))
```

上述代码的执行结果如图 3-6 所示。

在上述代码中，2 ** 4 表示 2 的 4 次方，执行结果是 16；当用 16 ** (1/4) 时，表示对 16 求四分之一次方，结果是浮点数 2.0。

注意：数值才有 ** 运算，对字符串执行 ** 运算会发生错误。

```
----次方运算----
2**4 = 16
2**5 = 32
----开方运算----
16**(1/4) = 2.0
32**(1/5) = 2.0
```

图 3-6 ** 运算符的用法

【例3-1】 从键盘输入两个数,分别对这两个数进行加、减、乘、除、取模、求次方和整除运算,把运算的结果显示在屏幕上,代码如下:

```
#第3章/3-1.py
#算术运算符综合示例

#从键盘输入
a = int(input("请输入第1个数a= "))
b = int(input("请输入第2个数b= "))

c = a + b
print("这两个数的和: ", c)

c = a - b
print("这两个数的差: ", c)

c = a * b
print("这两个数的积: ", c)

c = a / b
print("这两个数的商: ", c)

c = a % b
print("这两个数取模为", c)

c = a ** b
print("这两个数求幂: ", c)

c = a //b
print("这两个数整除: ", c)
```

上述代码的执行结果如图3-7所示。

```
请输入第1个数 a= 21
请输入第2个数 b= 10
这两个数的和: 31
这两个数的差: 11
这两个数的积: 210
这两个数的商: 2.1
这两个数取模为 1
这两个数求幂: 16679880978201
这两个数整除: 2
```

图3-7 算术运算符综合示例

3.1.2 比较运算符

比较运算符,也称为关系运算符,用于对两个对象的大小进行比较,这两个对象可以是变量,也可以是常量或表达式的结果。当比较成立时,比较的结果为 True(真),反之为

6min

False(假)。Python 中的比较运算符为"＝＝、！＝ 、<>,>,<,>＝ 、<＝"。各个比较运算符的含义见表 3-2。

表 3-2　比较运算符

运　算　符	说　　　明	实　　例
＝＝	等于,比较两个对象是否相等	x＝＝y
！＝	不等于,比较两个对象是否不相等	x！＝y
>	大于,返回 x 是否大于 y	x>y
<	小于,返回 x 是否小于 y	x<y
>=	大于或等于,返回 x 是否大于或等于 y	x>＝y
<=	小于或等于,返回 x 是否小于或等于 y	x<＝y

【例 3-2】　从键盘输入两个对象,分别对这两个对象进行不同的比较判断,并把运算的结果显示在屏幕上,代码如下:

```
# 第 3 章/3 - 2.py
# 比较运算符综合示例

# 从键盘输入
x = input("请输入第 1 个对象 x= ")
y = input("请输入第 2 个对象 y= ")

print("x 等于 y", x == y)
print("x 不等于 y", x != y)
print("x 大于 y", x > y )
print("x 小于 y", x < y)
print("x 大于或等于 y", x >= y)
print("x 小于或等于 y", x <= y)
```

上述代码的执行结果如图 3-8 所示。

若比较的对象不是数字对象而是字符串对象,则通过计算对应位置上每个字符的 Unicode 编码来比较大小,而不是通过字符串的长短来比较。例如对象 abc 和 ab 的比较结果如图 3-9 所示。比较时,从左到右,首先比较两个字符串索引为 0 的字符的 Unicode 编码,被比较的两个字符的大小关系即是两个字符串的大小关系,如果这两个字符相等,则继

```
请输入第1个对象 x= 10
请输入第2个对象 y= 20
x 等于 y False
x 不等于 y True
x 大于 y False
x 小于 y True
x 大于或等于 y False
x 小于或等于 y True
```

图 3-8　比较运算符综合示例
(输入对象为数字)

```
请输入第1个对象 x= abc
请输入第2个对象 y= ab
x 等于 y False
x 不等于 y True
x 大于 y True
x 小于 y False
x 大于或等于 y True
x 小于或等于 y False
```

```
请输入第1个对象 x= bc
请输入第2个对象 y= abc
x 等于 y False
x 不等于 y True
x 大于 y True
x 小于 y False
x 大于或等于 y True
x 小于或等于 y False
```

图 3-9　比较运算符综合示例
(输入对象为字符串)

续比较后续对应的字符,因为字符串是可迭代对象,先终止迭代的被认为是小的,所以对象 abc 大于对象 ab 的运算结果为 True。虽然对象 bc 的长度比对象 abc 的长度短,但是在对首字母进行比较时,字符 b 的 Unicode 编码比字符 a 的大,因此对象 bc 比 abc 大。

注意:=和==是两种完全不同的运算符,=是赋值运算符,用来赋值,而==是比较运算符,用来判断左右两边的对象是否相等。

3.1.3 赋值运算符

赋值运算符是把右边的对象传递给左边的变量或常量,右边的对象可以是一个具体的值,也可以是进行某些运算后的结果或者函数调用的返回值。Python 中的赋值运算符为"=、+=、−=、*=、/=、%=、**=、//=",各个赋值运算符的含义见表 3-3。

表 3-3　赋值运算符

运　算　符	说　　　明	实　　　例
=	简单的赋值运算符	c=a+b 将 a+b 的运算结果赋值给 c
+=	加法赋值运算符	c+=a 等效于 c=c+a
−=	减法赋值运算符	c−=a 等效于 c=c−a
*=	乘法赋值运算符	c*=a 等效于 c=c*a
/=	除法赋值运算符	c/=a 等效于 c=c/a
%=	取模赋值运算符	c%=a 等效于 c=c%a
**=	幂赋值运算符	c**=a 等效于 c=c**a
//=	整除赋值运算符	c//=a 等效于 c=c//a

【例 3-3】 从键盘输入两个数值对象,分别对这两个数进行不同的赋值运算,把运算的结果显示在屏幕上,代码如下:

```
#第3章/3-3.py
#赋值运算符综合示例

#从键盘输入
a = int(input("请输入第 1 个数: a = "))
b = int(input("请输入第 2 个数: b = "))

c = a + b
print("c = a + b, 则 c = ",c)

c += a
print("c += a, 则 c = ",c)

c -= a
print("c -= a, 则 c = ",c)

c * = a
print("c * = a, 则 c = ",c)
```

```
c / = a
print("c / = a, 则 c = ",c)

c % = a
print("c % = a, 则 c = ",c)

c ** = a
print("c ** = a, 则 c = ",c)

c // = a
print("c // = a, 则 c = ",c)
```

上述代码的执行结果如图 3-10 所示。

```
请输入第1个数: a = 4
请输入第2个数: b = 10
c = a + b , 则 c =  14
c += a , 则 c =  18
c -= a , 则 c =  14
c *= a , 则 c =  56
c /= a , 则 c =  14.0
c %= a, 则 c = 2.0
c **= a , 则 c =  16.0
c //= a, 则 c = 4.0
```

图 3-10　赋值运算符综合示例

在上述代码中,算式 c+=a,+= 使用了加法赋值运算符,它的效果等同于 c=c+a,先把对象 c 和 a 做加法运算,再把结果赋值给对象 c。其他赋值运算符同理。

Python 中的赋值表达式也是有值的,整个表达式的值就是左边变量的值,因此,如果继续将赋值表达式再赋值给另外一个变量,这就构成了连续赋值,示例如下:

a = b = c = 50

由于赋值运算符"="具有右结合性,整个表达式的赋值顺序为 c=50,表示将 50 赋值给 c,所以 c 的值是 50,并且 c=50 这个表达式的值也是 50。b=c=50 表示将 c=50 的值赋给 b,因此 b 的值也是 50。以此类推,a 的值也是 50。最终 a、b、c 3 个变量的值都是 50。

注意:c+=100 等价于 c=c+100,这种赋值运算符只能针对已经存在的变量赋值,如果 c 没有提前定义,这种写法就是错误的,因为它的值是未知的。

3.1.4　位运算符

位运算符用来进行二进制计算,因此位运算只能操作整数。Python 中位运算符为"&、|、^、~、<<、>>"。各个位运算符见表 3-4。

表 3-4　位运算符

运算符	说　　　　明	实例
&	按位与运算符:参与运算的两个二进制位,如果都为 1,则该位的结果为 1,否则为 0	a&b
|	按位或运算符:参与运算的两个二进制位,如果有一个为 1,结果位就为 1	a|b
^	按位异或运算符:参与运算的两个二进制位,相同时,结果为 0,相异时,结果为 1	a^b
~	按位取反运算符:对运算数的每个二进制位取反,即把 1 变为 0,把 0 变为 1。~x 类似于−x−1	~a

续表

运算符	说　　明	实例
<<	按位左移运算符：运算数的各个二进制位全部左移若干位，由<<右边的数字指定移动的位数，高位丢弃，低位补 0	a << b
>>	按位右移运算符：运算数的各个二进制位全部右移若干位，由>>右边的数字指定移动的位数	a >> b

1. & 运算符

按位与运算符"&"是双目运算符。两个操作数 x、y 按相同位置的二进制位进行与操作，当两个位置上都是 1 时，位的与结果为 1，否则为 0。规则如下：

```
#& 按位与运算符的用法

1&1 = 1
1&0 = 0
0&1 = 0
0&0 = 0
```

当 a＝49，b＝23 时，c＝a&b，表示把 49 的二进制 0011 0001 和 23 的二进制 0001 0111 按位做与运算，结果为 0001 0001，转化成十进制为 17，赋值给 c。

2. | 运算符

按位或运算符"|"是双目运算符。两个操作数 x、y 按相同位置的二进制位进行或操作，只要有一个位置是 1，其结果为 1，否则为 0。规则如下：

```
#| 按位或运算符的用法

1|1 = 1
1|0 = 1
0|1 = 1
0|0 = 0
```

当 a＝49，b＝23 时，c＝a|b，表示把 49 的二进制 0011 0001 和 23 的二进制 0001 0111 按位做或运算，结果为 0011 0111，转化成十进制为 55。

3. ^ 运算符

按位异或运算符"^"是双目运算符。两个操作数 x、y 按相同位置的二进制位进行异或操作，当位置上的数相同时结果为 0，否则为 1。规则如下：

```
#^ 按位异或运算符的用法

1^1 = 0
1^0 = 1
0^1 = 1
0^0 = 0
```

当 a＝49,b＝23 时,c＝a^b,表示把 49 的二进制 0011 0001 和 23 的二进制 0001 0111 按位做异或运算,结果为 0010 0110,转化成十进制为 38。

4. ～运算符

按位取反运算符"～"是单目运算符。进行按位取反时,把操作数的二进制的每位都取反。可参照公式～x,类似于－x－1,因此当 a＝49 时,～a 的值为－50。

5. <<运算符

两个操作数 x、y,将 x 按二进制形式向左移动 y 位,末尾补 0,符号位保持不变。向左移动一位等同于乘以 2。例如 1 的八位二进制数是 0000 0001 现在向左移动两位(1 << 2),结果为 0000 0100,转化成十进制为 4。当 a＝49 时,a << 2,表示把 49 的二进制 0011 0001 向左移动 2 位,结果为 1100 0100,转化成十进制为 196。

6. >>运算符

两个操作数 x、y,将 x 按二进制形式向右移动 y 位,符号位保持不变。向右移动一位等同于除以 2。将操作数的二进制的所有位向右移动指定的位数。例如 10 的二进制数是 0000 1010 现在向右移动两位(10 >> 2),结果为 0000 0010,即被挤走了最后的两位,转化成十进制为 2。当 a＝49 时,a >> 2,表示把 49 的二进制 0011 0001 向左移动 2 位,结果为 0000 1100,转化成十进制为 12。

【例 3-4】 从键盘输入两个数字对象,对这两个数分别进行不同的位运算,把运算的结果显示在屏幕上,代码如下:

```python
# 第 3 章/3 - 4.py
# 位运算符综合示例

# 从键盘输入
a = int(input("请输入第 1 个数: a = "))
b = int(input("请输入第 2 个数: b = "))

c = a & b          # 0b10001 = 17
print("c = a & b, 则 c = ",c)

c = a | b          # 0b110111 = 55
print("c = a | b, 则 c = ",c)

c = a ^ b          # 0b100110 = 38
print("c = a ^ b, 则 c = ",c)

c = ~a             # - 0b110010 = - 50
print("c = ~a, 则 c = ",c)

c = a << 2         # 0b11000100 = 196
print("c = a << 2, 则 c = ",c)

c = a >> 2         # 0b1100 = 12
print("c = a >> 2, 则 c = ",c)
```

上述代码的执行结果如图 3-11 所示。

```
请输入第1个数：a = 49
请输入第2个数：b = 23
c = a & b，则 c = 17
c = a | b，则 c = 55
c = a ^ b，则 c = 38
c = ~a ，则 c = -50
c = a << 2，则 c = 196
c = a >> 2，则 c = 12
```

图 3-11　位运算符综合示例

8min

3.1.5　逻辑运算符

Python 逻辑运算符是用来进行逻辑判断的运算符,它可以操作任何类型的表达式,不管表达式是不是布尔类型;同时,逻辑运算的结果也不一定是布尔类型,它也可以是任意类型。逻辑运算符为"and、or、not"。各个逻辑运算符的含义见表 3-5。

表 3-5　逻辑运算符

运　算　符	说　　明	实　　例
and	逻辑与运算,等价于数学中的"且"	x and y
or	逻辑或运算,等价于数学中的"或"	x or y
not	逻辑非运算,等价于数学中的"非"	not x

1. and 运算符

假设 x、y 为两个表达式,x and y 表示当 x 和 y 两个表达式都为真时,x and y 的结果才为真,否则为假。

```
# and 逻辑与运算符

print(3 > 2 and 4 > 3)        # 输出 True
print(3 < 2 and 4 > 3)        # 输出 False
print(3 and 4 > 3)            # 输出 True
print(3 and 4 < 3)            # 输出 False
print(1 and 2)                # 输出 2
print(2 and 1)                # 输出 1
print(0 and 1)                # 输出 0
print(1 and 0)                # 输出 0
```

当 and 左右两边都是表达式时,例如 print(3 > 2 and 4 > 3),and 左边表达式的结果为真,and 右边表达式的结果也为真,因此 print(3 > 2 and 4 > 3)的输出结果为 True,而对于语句 print(3 < 2 and 4 > 3),and 左边表达式的结果为假,and 右边表达式的结果为真,因此 print(3 < 2 and 4 > 3)的输出结果为 False。

当 and 一边是变量,另一边是表达式时,例如 print(3 and 4 > 3),由于 Python 中非 0 数字被当作 True 处理,所以 and 的左边为真,and 右边表达式的结果也为真,因此 print(3 and

4>3)的输出结果为 True,而对于语句 print(3 and 4<3),and 右边表达式的结果为假,因此 print(3 and 4<3)的输出结果为 False。

当 and 两边都是变量而非表达式时,如果 and 两边都是非 0 数,则结果输出 and 右边的变量值,例如 print(1 and 2),输出结果为 2,print(2 and 1),输出结果为 1,而如果 and 有一边的值为 0,则结果就是 0,例如 print(0 and 1)和 print(1 and 0)的输出结果都为 0。

2. or 运算符

假设 x、y 为两个表达式,x or y 表示当 x、y 两个表达式只要一个为真,运算的结果就为真,当两个都为假时,运算结果为假。

```
#or 逻辑与运算符

print(3 > 2 or 4 < 3)                        # 输出 True
print(3 < 2 or 4 > 3)                        # 输出 True
print(3 < 2 or 4 < 3)                        # 输出 False
print(3 or 4 > 3)                            # 输出 3
print(4 < 3 or 3)                            # 输出 3
print(4 > 3 or 3)                            # 输出 True
print(1 or 2)                                # 输出 1
print(2 or 1)                                # 输出 2
print(0 or 1)                                # 输出 1
print(1 or 0)                                # 输出 1
print("" or "https://www.icourse163.org/")   # 输出 https://www.icourse163.org/
```

当 or 左右两边都是表达式时,例如 print(3>2 or 4<3),or 左边表达式的结果为真,因此 print(3>2 or 4>3)的输出结果为 True;对于语句 print(3<2 or 4>3),or 右边表达式的结果为真,因此 print(3>2 or 4>3)的输出结果为 True,而对于语句 print(3<2 or 4<3),or 左右两边表达式的结果都为假,因此 print(3<2 or 4<3)的输出结果为 False。

当 or 一边是变量,另一边是表达式时,例如 print(3 or 4>3),由于 or 的左边为真,因此 3 or 4>3 的结果取左边的值,print(3 or 4>3)的输出结果为 3;对于语句 print(4<3 or 3),由于 or 左边表达式为假,右边为真,因此 print(4<3 or 3)的输出结果为 or 右边的值 3,而对于语句 print(4>3 or 3),or 左边表达式的结果为 True,因此 print(4>3 or 3)的输出结果为左边表达式的结果,因此输出 True。

当 or 两边都是变量而非表达式时,如果 or 两边都是非 0 数值,则结果输出 or 左边的变量值,例如 print(1 or 2),输出结果为 1,print(2 or 1),输出结果为 2,而如果 or 有一边的值为 0,则结果是输出另一边非 0 值,例如 print(0 or 1)和 print(1 or 0),输出结果都为 1。在 Python 中,以下变量都会被当成 False:任何数值类型的 0、""或空字符串、空元组()、空列表[]、空字典{}等,因此语句 print("" or "https://www.icourse163.org/")中,or 左边的结果为 False,因此语句输出结果为 or 右边的值 https://www.icourse163.org/。

3. not 运算符

假设 x 为表达式,当 x 为真时,not x 运算的结果就为假;当 x 为假时,not x 运算的结

果为真,代码如下:

```
＃not 逻辑非运算符

print(not(2 > 1))          ＃输出 False
print(not(1 > 2))          ＃输出 True
print(not 1)               ＃输出 False
print(not 0)               ＃输出 True
print(not True)            ＃输出 False
print(not False)           ＃输出 True
```

当 not 右边是表达式时,如果表达式的结果为真,如 print(not(2 > 1)),则输出结果为 False;如果表达式的结果为假,如 print(not(1 > 2)),则输出结果为 True;由于 1 是非 0 数, 1 当作 True 看待,因此 print(not 1)的输出结果为 False,而 print(not 0)的输出结果为 True。

在 Python 中,and 和 or 不一定会计算右边表达式的值,有时只计算左边表达式的值就可以得到最终结果。

【例 3-5】　执行以下逻辑运算符的代码,输出结果显示在屏幕上,代码如下:

```
＃第 3 章/3 - 5.py
＃逻辑运算符综合示例

a = 10
print(" ---- False and xxx ----- ")
print( False and(a: = 20) )
print(a)
print(" ---- True and xxx ----- ")
print( True and(a: = 30) )
print(a)
print(" ---- False or xxx ----- ")
print( False or(a: = 40) )
print(a)
print(" ---- True or xxx 形式 ----- ")
print( True or(a: = 50) )
print(a)
```

上述代码的执行结果如图 3-12 所示。

如果 and 左边表达式的值为假,就不用计算右边表达式的值了,因为不管右边表达式的值是什么都不会影响最终结果,最终结果都是假,此时 and 会把左边表达式的值作为最终结果。在以上代码中,语句"False and(a: = 20)"的 and 左边值为假,不需要再执行右边的表达式了,所以 and 右边的赋值并没有执行,因此 a 的输出值为 10。

如果左边表达式的值为真,则最终值是不能确定的, and 会继续计算右边表达式的值,并将右边表达式的值作

```
----False and xxx-----
False
10
----True and xxx-----
30
30
----False or xxx-----
40
40
----True or xxx 形式-----
True
40
```

图 3-12　逻辑运算符综合示例

为最终结果。在以上代码中,语句"True and(a：＝30)"的 and 左边的值为真,还需要执行右边的表达式才可以得到最终的结果,因此会执行 a：＝30 语句,a 的输出值为 30。

后面的代码与此类似。

注意：：＝是 Python 3.8 后才具有的新特性,称为海象运算符。它将值赋给变量,整体又作为表达式的一部分,使代码更加简洁。

5min

3.1.6　成员运算符

除了以上的一些运算符之外,Python 还支持成员运算符。成员运算符为"in、not in"。各个成员运算符的描述见表 3-6。

表 3-6　成员运算符

运算符	说　　明	实　　例
in	如果在指定的序列中找到值,则返回 True,否则返回 False	x in y
not in	如果在指定的序列中没有找到值,则返回 True,否则返回 False	x not in y

1. in 运算符

如果在指定的序列中找到元素,就会返回布尔值 True;如果在指定的序列中找不到元素,就会返回布尔值 False。

```
＃in 包含运算符的用法

list = [1,2,3,4,5]
a = 6
print("a in list 的结果：",a in list)
string = 'Hello'
b = 'e'
print("b in string 的结果：",b in string)
```

上述代码的执行结果如图 3-13 所示。

a in list 的结果: False
b in string 的结果: True

图 3-13　in 包含运算符的用法

列表 list 中不包含 a,因此 a in list 的运算结果为 False,字符串 string 中包含 b,因此 b in string 的运算结果为 True。

2. not in 运算符

如果在指定的序列中找到元素,就会返回布尔值 False;如果在指定的序列中找不到元素,就会返回布尔值 True。

```
＃not in 非包含运算符的用法

list = [1,2,3,4,5]
a = 6
string = 'Hello'
```

```
b = 'e'
print("a not in list 的结果: ",a not in list)
print("b not in string 的结果: ",b not in string)
```

上述代码的执行结果如图 3-14 所示。

列表 list 中不包含 a,因此 a not in list 的运算结果为 True,字符串 string 中包含 b,因此 b not in string 的运算结果为 False。

```
a not in list 的结果: True
b not in string 的结果: False
```

图 3-14 not in 非包含运算符的用法

3.1.7 身份运算符

身份运算符用于比较两个对象的存储单元,是判断它们是否相同的一种运算符号。Python 中,身份运算符只有 is 和 is not 两种,返回的结果是布尔类型,其描述见表 3-7。

表 3-7 身份运算符

运 算 符	说 明	实 例
is	is 用于判断两个标识符是不是引用自同一个对象	x is y
is not	is not 用于判断两个标识符是不是引用自不同对象	x is not y

1. is 运算符

如果两个标识符引用的对象一致,就会返回布尔值 True;如果两个标识符引用的对象不一致,就会返回布尔值 False。is 身份运算符的用法,代码如下:

```
#is 身份运算符用法

a = [1,2,3]
b = [2-1,3-1,4-1]
c = a
print("a 的值: ",a)
print("b 的值: ",b)
print("c 的值: ",c)
print("a is b 的结果: ",a is b)
print("a is c 的结果: ",a is c)
```

```
a的值: [1, 2, 3]
b的值: [1, 2, 3]
c的值: [1, 2, 3]
a is b 的结果: False
a is c 的结果: True
```

图 3-15 is 身份运算符用法

上述代码的执行结果如图 3-15 所示。

通过代码的执行结果可发现,a 和 b 引用的对象是不一致的,所以 a is b 输出的结果是 False,因为变量 b 是需要计算的,虽然计算之后得到的列表看起来跟变量 a 一模一样,但是计算之前的过程每个元素是要存储的,变量 a 当中的元素都是数字,计算机直接存储结果,而变量 b 当中的每个元素都是表达式,表达式的存储跟单个元素的存储是不一致的,列表、元组都是如此,而变量 c 被赋值为 a,所以变量 c 和变量 a 引用的是同一块存储空间,a is c 输出的结果是 True。

2. is not 运算符

如果两个标识符引用的对象一致,就会返回布尔值 False;如果两个标识符引用的对象不一致,就会返回布尔值 True。is not 身份运算符的用法,代码如下:

```
♯is not 身份运算符用法

a = [1,2,3]
b = [2 - 1,3 - 1,4 - 1]
c = a
print("a 的值: ",a)
print("b 的值: ",b)
print("c 的值: ",c)
print("a is not b 的结果: ",a is not b)
print("a is not c 的结果: ",a is not c)
```

上述代码的执行结果如图 3-16 所示。

变量 a 和 b 引用的对象是不一致的,因此 a is not b 的运算结果为 True;a 和 c 引用的对象是一致的,因此 a is not c 的运算结果为 False。

特别注意: is 与==的区别。

is 用于判断两个变量的引用对象是否为同一块内存空间,而==用于判断引用变量的值是否相等,代码如下:

```
a = [1, 2, 3]
b = a
print("b is a 的结果: ",b is a)
print("b == a 的结果: ",b == a)
b = a[:]
print("b is a 的结果: ",b is a)
print("b == a 的结果: ",b == a)
```

上述代码的执行结果如图 3-17 所示。

```
a的值: [1, 2, 3]
b的值: [1, 2, 3]                              b is a的结果: True
c的值: [1, 2, 3]                              b == a的结果: True
a is not b 的结果: True                        b is a的结果: False
a is not c 的结果: False                       b == a的结果: True
```

图 3-16 is not 身份运算符   图 3-17 is 和==的区别

b=a 表示为变量 b 赋值 a,此时 a 和 b 都指向同一对象,所以 b is a 和 b==a 的结果都为 True。当改动变量 a 或者 b 的值时,另一个也会跟着改动。

a[:]是在对列表 a 进行切片,切片的结果为[1,2,3],b=a[:]表示把切片结果对象[1,2,3]赋值给 b,此时 b 和 a 指向的是不同的对象,所以 b is a 的结果为 False,当改动变量 a 或者 b 的值时,不会影响另一个变量,但是 a 和 b 的值都为[1,2,3],因此 b==a 的结果为 True。

3.1.8　运算符优先级

Python 中常用的运算符在混合使用时,要注意优先级,当一个表达式中出现多个运算符时,Python 会先比较各个运算符的优先级,从而决定表达式的执行顺序。运算符的优先级见表 3-8。表中列出了从最高优先级到最低优先级的常用运算符,其中指数运算符的优先级最高,赋值运算符的优先级最低。

表 3-8　Python 运算符优先级

运　算　符	说　　明	结　合　性
**	指数运算符的优先级最高	右
~、+、-	按位取反运算符,正数/负数运算符	右
*、/、%、//	乘、除、取模和整除	左
+、-	加法、减法运算符	左
>>、<<	按位右移、按位左移运算符	左
&	按位与运算符	右
^	按位异或运算符	左
|	按位或运算符	左
<=、<、>、>=、!=、==	比较运算符	左
is、is not	身份运算符	左
in、not in	成员运算符	左
not	逻辑非运算符	右
and	逻辑与运算符	左
or	逻辑或运算符	左
=、%=、/=、//=、-=、+=、*=、**=	赋值运算符	右

【例 3-6】　执行以下运算符的代码,输出结果显示在屏幕上,代码如下:

```
#第3章/3-6.py
#运算符优先级

print(3 == 2 or 4 > 2)        # == 和>符号的优先级高于 or
print(5 >= 2 and 4 > 3)       #>= 和>的优先级高于 and
print(4 + 4 << 2)             # + 的优先级高于<<
print(100 //25 * 5)           #//和 * 的优先级相同
print(1 or 2 and 3)           #and 优先级比 or 要高
print(-3 ** 2)                # ** 优先级高于-
```

上述代码的执行结果如图 3-18 所示。

==和>符号的优先级高于 or,第 1 条打印语句 print(3==2 or 4>2),先计算 3==2 和 4>2,结果分别为 False 和 True,最后表达式等价于 False or True,因此最终输出结果为 True。

```
True
True
32
20
1
-9
```

图 3-18　运算符优先级综合示例

>=和>的优先级高于and,第2条打印语句print(5>=2 and 4>3),先计算5>=2和4>3,结果都为True,最后表达式等价于True and True,因此最终输出结果为True。

+的优先级高于<<,第3条打印语句print(4+4<<2),先计算4+4,得到结果8,再执行8<<2,得到结果32,因此最终输出的结果为32。像这种不好确定优先级的表达式,可以给子表达式加上(),也就是写成(4+4)<<2,这样看起来就一目了然了,不容易引起误解。当然,也可以使用()改变程序的执行顺序,例如4+(4<<2),先执行4<<2,得到结果16,再执行4+16,得到结果20。

//和*的优先级相同,此时不能只依赖运算符的优先级了,还要参考运算符的结合性。//和*都具有左结合性,因此先执行左边的除法,再执行右边的乘法,因此第4条print(100//25*5)的最终结果是20。

and优先级高于or,第5条打印语句print(1 or 2 and 3),先计算2 and 3,得到结果3,再执行1 or 3,结果为1,因此最终输出结果为1。

优先级高于一,第6条打印语句print(-32),先计算3**2,得到结果9,再和一结合,因此最终输出结果为-9。

最后,对于运算符的优先级,需要注意以下几点:

(1) 只有在优先级相同的情况下才会考虑结合性,结合性决定先执行哪个运算符:如果是左结合性就先执行左边的运算符,如果是右结合性就先执行右边的运算符。

(2) 不要把一个表达式写得过于复杂,如果一个表达式过于复杂,则可以尝试把它拆分。

(3) 不要过多地依赖运算符的优先级来控制表达式的执行顺序,这样的表达式可读性太差,应尽量使用括号()来控制表达式的执行顺序。

3.2 顺序结构

▶11min

按照程序执行流程划分,Python程序设计中的3种基本结构是顺序结构、选择结构和循环结构。顺序结构是让程序按照语句的顺序,从头到尾依次执行每条Python代码,不重复执行任何代码,也不跳过任何代码。它是流程控制中最简单的一种结构,也是最基本的一种结构。模块导入语句、赋值语句、输入/输出语句等都是顺序结构语句。顺序结构的流程图如图3-19所示。

顺序结构的程序特点是语句必须按照从上到下的方向执行,即根据箭头所指的方向依次执行,不能跳过其中某一条语句不执行,也不可一条语句执行多次。

【例3-7】 输入圆的半径,计算圆的周长和面积,输出结果显示在屏幕上,代码如下:

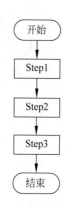

图3-19 顺序结构流程图

```
#第3章/3-7.py
#顺序结构

import math
radius = float(input("请输入圆的半径(cm): "))
circumference = 2 * math.pi * radius
area = math.pi * radius * radius
print("圆的周长为:%.2f\n圆的面积为:%.2f" %(circumference, area))
```

上述代码的执行结果如图 3-20 所示。

在上述代码中,首先输入圆的半径,根据半径求圆的周长和面积,最后打印输出。程序语句按照从上到下的顺序依次执行,没有跳过任何一行代码。

```
请输入圆的半径(cm): 2.5
圆的周长为:15.71
圆的面积为:19.63
```

图 3-20 顺序结构示例

3.3 选择结构

选择结构也叫分支结构,是指在程序运行过程中通过对条件的判断,根据条件是否成立而选择不同流向的算法结构,它通常是通过一条或多条语句的执行结果(True 或者 False)来决定执行的代码块。选择结构根据分支的多少,分为单分支选择结构、双分支选择结构和多分支选择结构。根据实际需要,还可以在一个选择结构中嵌入另一个选择结构。

3.3.1 单分支选择

单分支选择结构用于处理单个条件、单个分支的情况,可以用 if 语句实现,其语法格式如下:

```
if 表达式:
    执行语句块……
```

if 后面的表达式表示条件,其结果为布尔值,在该表达式后面必须加上冒号。语句块可以是单个语句,也可以是多条语句。语句块必须向右缩进,如果包含多条语句,则这些语句必须具有相同的缩进量。如果语句块中只有一个语句,则语句块可以和 if 语句写在同一行上,即在冒号后面直接写出条件成立时要执行的语句。

单分支选择结构的流程图如图 3-21 所示。

由图 3-21 可以看出,单分支选择结构的执行流程是:首先计算 if 后面表达式的值,如果该值为 True,则执行语句块,然后执行 if 语句的后续语句;如果该值为 False,则跳过语句块,直接执行 if 语句的后续语句。

【例 3-8】 从键盘输入两个数,比较其大小,把较大的值显示输出,代码如下:

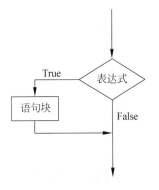

图 3-21 单分支选择结构流程图

```
# 第3章/3-8.py
# 单分支选择结构

# 从键盘输入
x = int(input("请输入第1个数: "))
y = int(input("请输入第2个数: "))
m = x
if m < y:                # 如果m < y成立
    m = y
print("两个数的较大者是: ",m)
```

上述代码的执行结果如图 3-22 所示。

请输入第1个数: 10
请输入第2个数: 20
两个数的较大者是: 20

图 3-22　单分支选择结构
求两数的较大者

在上述代码中,首先从键盘输入两个数并分别赋给 x 和 y,然后把第1个数 x 赋给临时变量 m,接着比较 m 和第2个数 y 的大小,如果 m 的值小于 y,则把 y 的值赋给 m,也就是说,如果 m 的值大于或等于 y,则会跳过语句 m=y,因此,m 的值一直是两数中的较大者。

3.3.2　双分支选择

双分支选择结构用于处理单个条件、两个分支的情况,可以用 if-else 语句实现,其语法格式如下:

```
if 表达式:
    执行语句块1……
else:
    执行语句块2……
```

if 后面表达式表示条件,其结果为布尔值,在该表达式后面必须加上冒号。语句块 1 和语句块 2 都可以是单个语句或多个语句,这些语句块必须向右缩进,而且语句块中包含的各个语句必须具有相同的缩进量。

双分支选择结构的流程图如图 3-23 所示。

由图 3-23 可以看出,if-else 语句的执行流程如下:

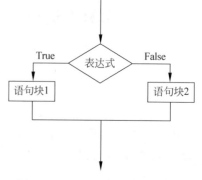

图 3-23　双分支选择结构流程图

首先计算 if 后面表达式的值,如果该值为 True,则执行语句块 1,否则执行语句块 2;执行语句块 1 或语句块 2 后接着执行 if-else 语句的后续语句。

【例 3-9】　飞行员的报考条件是年龄在 18 岁至 30 岁之间,并且身高在 170cm 至 185cm 之间。编写一个程序,从键盘输入年龄和身高,判断是否符合飞行员的报考条件,代码如下:

```
# 第3章/3-9.py
# 双分支选择结构
```

```
# 从键盘输入
age = int(input("请输入年龄："))
height = int(input("请输入身高："))
if age >= 18 and age <= 30 and height >= 170 and height <= 185:
    print("恭喜,你符合报考飞行员的条件")
else:
    print("抱歉,你不符合报考飞行员的条件")
```

上述代码的执行结果如图 3-24 所示。

请输入年龄：*18*   请输入年龄：*30*
请输入身高：*175*   请输入身高：*165*
恭喜，你符合报考飞行员的条件 抱歉，你不符合报考飞行员的条件

图 3-24 双分支选择结构判断飞行员是否符合报考条件

在上述代码中,首先从键盘输入年龄和身高,然后判断年龄是否在 18 至 30 岁区间,并且判断身高是否在 170 至 185 区间,多个条件之间用逻辑与运算符 and 连接,也就是说,只有当所有子表达式的结果都为真,if 后面的整个表达式的结果才会为真,只要有一个子表达式的结果为假,整个表达式的结果就是假,例如当身高为 165 时,表达式 height >= 170 的值为假。

3.3.3 多分支选择

多分支选择结构用于处理多个条件、多个分支的情况,可以用 if-elif-else 语句实现,其语法格式如下:

```
if 表达式 1：
    执行语句块 1
elif 表达式 2：
    执行语句块 2
elif 表达式 3：
    执行语句块 3
……
else：
    执行语句 n
```

表达式 1、表达式 2、……、表达式 n 表示条件,它们的值为布尔值,在这些表达式后面要加上冒号;语句块 1、语句块 2、……、语句块 n 可以是单个语句或多个语句,这些语句必须向右缩进,而且语句块中包含的多个语句必须具有相同的缩进量。

多分支选择结构的流程图如图 3-25 所示。

由图 3-25 可以看出,if-elif-else 语句的执行流程如下:首先计算表达式 1 的值,如果表达式 1 的值为 True,则执行语句块 1,否则计算表达式 2 的值;如果表达式 2 的值为 True,则执行语句块 2,否则计算表达式 3 的值,以此类推。如果所有表达式的值均为 False,则执行 else 后面的语句块 n。

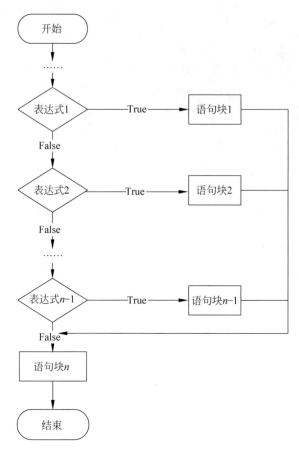

图 3-25   多分支选择结构流程图

【例 3-10】   按百分制输入学生成绩,然后将成绩划分为 5 个等级:60 分以下为不及格,60～69 分为及格,70～79 分为中等,80～89 分为良好,90 分及以上为优秀。要求从键盘输入成绩后输出相应等级。

算法分析:输入的学生成绩可使用浮点数表示并按标准划分为 5 个分数段,每个分数段对应一个等级,形成 5 个分支,可以通过多分支选择结构的 if 语句进行处理,也可以通过多个单分支选择结构的 if 语句进行处理。当使用多分支结构时,由于各个分支的条件相互排斥,所以代码更为简洁,代码如下:

```
♯第 3 章/3 - 10.py
♯多分支选择结构

score = float(input("请输入百分制分数:"))
if score < 60:
    grade = "不及格"
elif score < 70:        ♯此处是在前面条件不成立的情况下,即理解为 60 <= score < 70
    grade = "及格"
```

```
elif score < 80:          #此处是在前面条件不成立的情况下,即理解为 70 <= score < 80
    grade = "中等"
elif score < 90:          #此处是在前面条件不成立的情况下,即理解为 80 <= score < 90
    grade = "良好"
else:                     #此处是在前面条件不成立的情况下,即理解为 score >= 90
    grade = "优秀"
print("学生成绩: %.1f; 成绩等级: %s" % (score, grade))
```

上述代码的执行结果如图 3-26 所示。

请输入百分制分数: *85.5*
学生成绩: **85.5**; 成绩等级: 良好

图 3-26　多分支选择结构判断学生成绩等级

3.3.4　选择嵌套

当使用选择结构控制程序的执行流程时,如果有多个条件并且条件之间存在递进关系,则可以在一个选择结构中嵌入另一个选择结构,由此形成选择结构的嵌套。在内层的选择结构中还可以继续嵌入选择结构,嵌套的深度是没有限制的。

在 if-else 语句中嵌入 if-else 语句的语法格式如下:

```
if 表达式 1:
    if 表达式 2:
        语句块 1
    else:
        语句块 2
```

在 if-else 语句中嵌入 if 语句的语法格式如下:

```
if 表达式 1
    if 表达式 2:
        语句块 1
else:
    语句块 2
```

在第 1 个嵌套结构中,else 与第 2 个 if 配对;第 2 个嵌套结构中,else 与第 1 个 if 配对。也就是说,在使用嵌套的选择结构时系统将根据代码的缩进量来确定代码的层次关系。

【例 3-11】　编写一个登录程序。从键盘输入用户名和密码,然后对输入的用户名进行验证,如果用户名正确,则再对输入的密码进行验证。

算法分析:由于要求先验证用户名后验证密码,因此在程序中可以使用嵌套的选择结构,即在外层 if 语句中验证用户名,如果用户名正确无误,则再进入内层 if 语句验证密码,代码如下:

```
#第 3 章/3-11.py
#选择嵌套
```

```
#设置用户名和密码
USERNAME = 'admin'                          #设置用户名的值
PASSWORD = 'pwd123'                         #设置密码的值
username = input('请输入用户名:')            #从键盘输入用户名
if username == USERNAME:                     #验证用户名
    password = input('请输入密码:')          #从键盘输入密码
    if password == PASSWORD:
        print('登录成功,欢迎%s进入系统!'%(username))
    else:
        print('密码错误,登录失败!')
else:
    print('用户名%s不存在,登录失败!'%(username))
```

上述代码的执行结果如图 3-27 所示。

请输入用户名:*administrator*
用户名**administrator**不存在，登录失败！

请输入用户名:*admin*
请输入密码:*123*
密码错误，登录失败！

请输入用户名:*admin*
请输入密码:*pwd123*
登录成功，欢迎**admin**进入系统！

图 3-27　选择嵌套判断用户账号和密码

根据上述程序的代码缩进量,可得知第 1 个 else 与第 2 个 if 配对,第 2 个 else 与第 1 个 if 配对。在外层选择嵌套中,判断用户名是否正确,当外层选择嵌套中 if 成立,才进入内层选择嵌套判断密码是否正确。

3.4　循环结构

循环结构是控制一个语句块重复执行的程序结构,它由循环体和循环条件两部分组成,其中循环体是重复执行的语句块,循环条件则是控制是否继续执行该语句块的表达式。循环结构的特点是在一定条件下重复执行某些语句,直至重复到一定次数或该条件不再成立为止。

在 Python 语言中,可以通过 while 语句和 for 语句实现循环结构,也可以通过 break 语句、continue 语句及 pass 语句对循环结构的执行过程进行控制,此外还可以在一个循环结构中使用另一个循环结构,从而形成循环结构的嵌套。

3.4.1　while 循环

11min

Python 编程中 while 语句用于循环执行程序,即在某条件下,循环执行某段程序,以处理需要重复处理的相同任务,其语法格式如下:

```
while 表达式:
    执行语句块……
```

执行语句块可以是单个语句或语句块。表达式可以是任何表达式,任何非零或非空 (null)的值均为 True。当表达式的值为 False 时,循环结束。

表达式表示循环条件,它通常是关系表达式或逻辑表达式,也可以是结果能够转换为布尔值的任何表达式,表达式后面必须添加冒号。语句块是重复执行的单个或多个语句,称为循环体。当循环体只包含单个语句时,也可以将该语句与 while 写在同一行;当循环体包含多个语句时,这些语句必须向右缩进,而且具有相同的缩进量。

while 循环的执行流程图如图 3-28 所示。

由图 3-28 可以看出,while 语句的执行流程如下:首先计算表达式的值,如果该值为 True,则重复执行循环体中的语句块,直至表达式的值变为 False 才结束循环,接着执行 while 语句的后续语句。

在 while 语句中,如果条件表达式的值恒为 True,则循环将无限次地执行下去,这种情况称为死循环。为了避免出现死循环,必须在循环体内包含能修改条件表达式值的语句,使该值在某个时刻变为 False,从而结束循环。

在 Python 中,允许在循环语句中使用可选的 else 子句,即

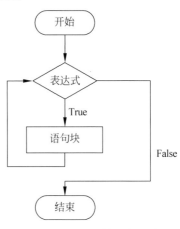

图 3-28　while 循环流程图

```
while 表达式:
    执行语句块 1……
else:
    执行语句块 2……
```

其中,语句块 2 可以包含单个或多个语句,这些语句将在循环正常结束的情况下执行。如果通过 break 语句中断循环,则不会执行语句块 2 中的语句。

【例 3-12】　计算整数 1 到 100 的和,用 while 语句实现,代码如下:

```
#第 3 章/3-12.py
#while 循环

i = 1              #初始化一个变量
m = 0
while i <= 100:
    m += i
    i += 1
print("1 到 100 的和: ",m)
```

上述代码的执行结果如图 3-29 所示。

1到100的和: 5050

图 3-29　while 循环计算 1 到 100 的和

将变量 i 的初始值设置为 1,m 的初始值为 0,循环条件为 i<=100,在循环体中将每个数累加起来并存入变量 m 中,并使变量 i 增加 1。待循环正常结束后,用 print()函数输出 m 的值即可。

3.4.2　for 循环

for 循环是 Python 中的另外一种循环语句,提供了 Python 中最强大的循环结构,它可以循环遍历多种序列项目,如一个列表或者一个字符串,其语法格式如下。

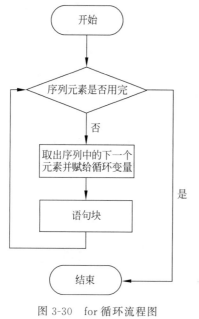

图 3-30　for 循环流程图

```
for 循环变量 in 序列对象:
    语句块
```

其中,循环变量不需要事先进行初始化。序列对象用于指定要遍历的字符串、列表、元组、集合或字典。语句块表示循环体,可以包含单个或多个语句。当循环体只包含单个语句时,也可以将这个语句与 for 写在同一行;当循环体包含多个语句时,这些语句必须向右缩进,而且必须具有相同的缩进量。

for 循环的执行流程图如图 3-30 所示。

for 语句的执行流程如下:将序列对象中的元素依次赋给循环变量,并针对当前元素执行一次循环体语句块,直至序列中的每个元素都已用过,遍历结束为止。

与 while 语句一样,在 for 语句中也可以使用一个可选的 else 子句。当 for 循环正常结束时将会执行 else 子句。如果通过执行 break 子句而中断 for 循环,则不会执行 else 子句。

【例 3-13】　从键盘输入一个自然数,判断该数是否是素数,用 for 语句实现。

算法分析:素数是指一个数只能被 1 和自身整除,再没有其他因子。如果一个数被比它小的数(1 除外)整除后余数为 0,则说明这个数可以被除了 1 和自身的其他数整除,则该数是合数。

```python
#第3章/3-13.py
#for 循环

x = int(input('请输入一个数:'))
m = x//2
for i in range(2,m):
    if x % i == 0:
        print('%d是合数'%(x))
        break
else:
    print('%d是素数'%(x))
```

上述代码的执行结果如图 3-31 所示。

在上述代码中,从键盘输入字符型数字转换为整数后,把该整数整除了 2。因为如果一个数是合数,则一定能够在 2 到这个整数的一半之间找到一个因子,因此循环时,in 后面的序列只需从 2 开始到这个整数的一半结束,让该整数去除以这个序列中的每个数,然后求余数,只要有一个余数是 0,则 if 语句成立,打印该数是合数,并执行 break 语句,结束整个 for 循环,并且不会执行 break 之后的 else 语句。如果 for 循环结束都没有找到因子,则执行 else 语句。else 语句与 for 循环为同等缩进,意味着是同一级别,在 for 循环执行后执行。

```
请输入一个数:17    请输入一个数:81
17是素数            81是合数
```

图 3-31　for 循环判断素数

3.4.3　嵌套循环

Python 语言支持嵌套循环,所谓嵌套循环就是一个外循环的主体部分是一个内循环。内循环或外循环可以是任何类型,例如 while 循环或 for 循环。外部 for 循环可以包含一个 while 循环,反之亦然。外循环可以包含多个内循环。

在嵌套循环中,迭代次数将等于外循环中的迭代次数乘以内循环中的迭代次数。在外循环的每次迭代中,内循环执行其所有迭代。对于外循环的每次迭代,内循环重新开始并在外循环可以继续下一次迭代之前完成其执行。

1. for 嵌套循环

Python for 嵌套循环的语法格式如下:

```
for 循环变量 in 序列对象:
    for 循环变量 in 序列对象:
        语句块
```

【例 3-14】　利用嵌套循环打印 100 以内的所有素数,代码如下:

```
#第 3 章/3 - 14.py
#Python for 嵌套循环

num = []            #定义一个空列表,用来接收找到的符合条件的数字
for i in range(2, 101):
    k = 0
    for j in range(2, i + 1):
        if i % j == 0:
            k += 1
    if k == 1:
        num.append(i)
print('100 以内的所有素数: ',num)
```

上述代码的执行结果如图 3-32 所示。

```
100以内的所有素数:
[2, 3, 5, 7, 11, 13, 17, 19, 23, 29, 31, 37, 41, 43, 47, 53, 59, 61, 67, 71, 73, 79, 83, 89, 97]
```

图 3-32　for 嵌套循环找出 100 以内的所有素数

在上述代码中,range(2,101)返回一个 2 到 100 的整数序列,所以外部 for 循环是从 2 到 100 迭代数字。在嵌套循环的第 1 次迭代中,数字是 2。下一次,它是 3。以此类推,直到 100。接下来,对于外循环的每次迭代,例如当外循环的循环变量 i 等于 10 时,内循环变量 j 将从 2 执行到 10,当外循环的循环变量 i 等于 20 时,内循环变量 j 将从 2 执行到 20。

2. while 循环嵌套

Python while 循环嵌套的语法格式如下:

```
while 表达式:
    while 表达式:
        执行语句块……
```

【例 3-15】 利用嵌套循环打印九九乘法表。

算法分析:输出乘法口诀表可以通过一个二重循环实现,外层循环需要执行 9 次,每执行一次输出一行;各外层循环输出的结果位于不同的行。内层循环执行的次数由行号决定,行号是多少内层循环就执行多少次,每执行一次输出一个等式,同一个内层循环输出的所有等式位于同一行,代码如下:

```
# 第 3 章/3-15.py
# Python while 嵌套循环

i = 1
while i <= 9:
    a = 1
    while a <= i:
        print("%d * %d = %d" % (i, a, i * a), end = '')
        a += 1
    print('')
    i += 1
```

上述代码的执行结果如图 3-33 所示。

```
1*1=1
2*1=2   2*2=4
3*1=3   3*2=6   3*3=9
4*1=4   4*2=8   4*3=12  4*4=16
5*1=5   5*2=10  5*3=15  5*4=20  5*5=25
6*1=6   6*2=12  6*3=18  6*4=24  6*5=30  6*6=36
7*1=7   7*2=14  7*3=21  7*4=28  7*5=35  7*6=42  7*7=49
8*1=8   8*2=16  8*3=24  8*4=32  8*5=40  8*6=48  8*7=56  8*8=64
9*1=9   9*2=18  9*3=27  9*4=36  9*5=45  9*6=54  9*7=63  9*8=72  9*9=81
```

图 3-33　while 嵌套循环打印九九乘法表

在上述代码中,外部 while 循环是从 1 到 9 迭代数字,所以外循环的执行次数是 9,代表了九九乘法表的九行。在嵌套循环的第 1 次迭代中,数字是 1。下一次,它是 2。以此类推,直到 9。接下来,对于外循环的每次迭代,例如当外循环的循环变量 i 等于 5 时,内循环变量 a 将从 1 执行到 5,当外循环的循环变量 i 等于 8 时,内循环变量 a 将从 1 执行到 8,代表了九九乘法表的当前行将要打印的列数。在内部循环的每次迭代中,计算两个数字的乘法。

以上两个程序代码,也可以在循环体内嵌入其他的循环体,如在 while 循环中可以嵌入 for 循环,反之,可以在 for 循环中嵌入 while 循环。

3.4.4　循环控制

6min

循环语句的正常执行流程是在满足循环条件时执行循环体,一旦循环条件不再满足便会执行 else 子句或者继续执行循环语句的后续语句。如果需要改变循环的执行流程,则可以使用 Python 提供的以下 3 个循环控制语句。各控制语句的描述见表 3-9。

表 3-9　Python 控制语句

控 制 语 句	说　　　明
break 语句	在语句块的执行过程中终止循环,并且跳出整个循环
continue 语句	在语句块的执行过程中终止当前循环,跳出该次循环,继续执行下一次循环
pass 语句	pass 是空语句,其作用是保持程序结构的完整性

1. break 语句

break 语句用来终止当前循环的执行操作,其语法格式如下:

```
break
```

break 语句用在 while 和 for 循环中,通常与 if 语句一起使用,可以用来跳出当前所在的循环结构,即使循环条件表达式的值没有变成 False 或者序列还没被完全遍历完,系统也会立即停止执行循环语句,即跳出循环体,如果存在 else 子句,则将跨过 else 子句,转而执行循环语句的后续语句。break 语句的流程图如图 3-34 所示。

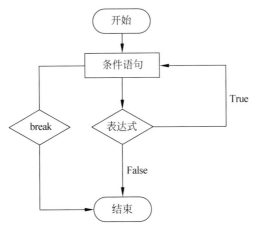

图 3-34　break 语句流程图

以下代码演示了 Python break 语句中止 for 循环的操作:

```
# 使用 break 语句中止 for 循环
```

```
for letter in 'Python':
    if letter == 'h':
        break
    print('当前字母:', letter)
```

上述代码的执行结果如图 3-35 所示。

在上述代码中,当循环变量 letter 的值不等于字母 h 时,打印出当前循环变量的值,当循环变量 letter 的值等于字母 h 时,break 退出 for 循环。

break 语句中止 while 循环的操作代码如下:

```
# 使用 break 语句中止 while 循环

var = 10
while var > 0:
    print('当前变量的值:', var)
    var = var - 1
    if var == 6:  # 当变量 var 等于 6 时退出循环
        break
```

上述代码的执行结果如图 3-36 所示。

```
当前字母: P
当前字母: y
当前字母: t
```

```
当前变量的值 : 10
当前变量的值 : 9
当前变量的值 : 8
当前变量的值 : 7
```

图 3-35　break 终止 for 循环　　　　图 3-36　break 终止 while 循环

在上述代码中,每次进入循环体,首先打印出当前变量的值,再修改循环变量的值,当循环变量 var 的值等于 6 时,break 退出 while 循环。

2. continue 语句

continue 语句用于跳出本次循环,其语法格式如下:

```
continue
```

与 break 语句一样,continue 语句也用在 while 和 for 循环中,通常与 if 语句一起使用,但两者的作用有所不同。continue 语句用来跳过当前循环的剩余语句,然后继续进行下一轮循环;break 语句则是跳出整个循环,然后继续执行循环语句的后续语句。continue 语句的流程图如图 3-37 所示。

continue 语句中止 for 循环的操作代码如下:

```
# 使用 continue 语句中止 for 循环

for letter in 'Python':
    if letter == 'h':
        continue
    print('当前字母:', letter)
```

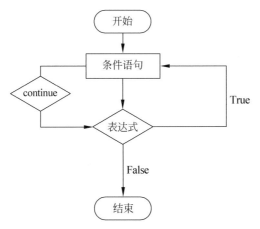

图 3-37　continue 语句流程图

上述代码的执行结果如图 3-38 所示。

在上述代码中,当循环变量 letter 的值不等于字母 h 时,打印出当前循环变量的值,当循环变量 letter 的值等于字母 h 时,continue 退出当前循环,继续下一次循环。

continue 语句中 while 终止循环的操作代码如下:

```python
var = 10
while var > 0:
    var = var - 1
    if var == 6:
        continue
    print '当前变量的值:', var
```

上述代码的执行结果如图 3-39 所示。

```
当前字母: P
当前字母: y
当前字母: t
当前字母: o
当前字母: n
```

```
当前变量的值: 9
当前变量的值: 8
当前变量的值: 7
当前变量的值: 5
当前变量的值: 4
当前变量的值: 3
当前变量的值: 2
当前变量的值: 1
当前变量的值: 0
```

图 3-38　continue 循环终止 for 循环　　　图 3-39　continue 循环终止 for 循环

在上述代码中,每次进入循环体,首先修改循环变量的值,再打印出当前变量的值,当循环变量 var 的值等于 6 时,continue 退出当前循环,继续下一次循环。

3. pass 语句

为了保持程序结构的完整性,Python 提供了一个空语句 pass。pass 语句一般作为占位语句使用,不做任何其他事情,其语法格式如下:

pass

以下代码演示了 pass 语句占位的操作：

```
# 使用 pass 语句占位

for letter in 'Python':
    if letter == 'h':
        pass
        print('这是 pass 块')
    print('当前字母:', letter)
```

当前字母: P
当前字母: y
当前字母: t
这是 pass 块
当前字母: h
当前字母: o
当前字母: n

图 3-40 pass 占位

上述代码的执行结果如图 3-40 所示。

在上述代码中,当循环变量 letter 的值等于字母 h 时,遇到 pass 语句,其作用是占用一行语句位置。

【例 3-16】 输入员工的薪资,若薪资小于 0,则重新输入。最后打印出录入员工的数量和薪资明细,以及平均薪资。

代码如下：

```
# 第 3 章/3 - 16.py
# 循环控制

salarySum = 0
salarys = []
for i in range(4):
    s = input("请输入一共 4 名员工的薪资(按 Q 或 q 中途结束):")
    if s.upper() == 'Q':
        print("录入结束,退出")
        break
    if float(s) < 0:
        continue
    salarys.append(float(s))
    salarySum += float(s)
else:
    print("您已经全部录入 4 名员工的薪资")
print("录入薪资: ", salarys)
print("平均薪资 %1.f" % (salarySum/4))
```

上述代码的执行结果如图 3-41 所示。

请输入一共 4 名员工的薪资（按 Q 或 q 中途结束）:5600
请输入一共 4 名员工的薪资（按 Q 或 q 中途结束）:5200
请输入一共 4 名员工的薪资（按 Q 或 q 中途结束）:6800
请输入一共 4 名员工的薪资（按 Q 或 q 中途结束）:q
录入结束, 退出
录入薪资: [5600.0, 5200.0, 6800.0]
您录入了3名员工工资, 平均薪资5867

请输入一共 4 名员工的薪资（按 Q 或 q 中途结束）:5600
请输入一共 4 名员工的薪资（按 Q 或 q 中途结束）:5200
请输入一共 4 名员工的薪资（按 Q 或 q 中途结束）:6800
请输入一共 4 名员工的薪资（按 Q 或 q 中途结束）:6000
您已经全部录入 4 名员工的薪资
录入薪资: [5600.0, 5200.0, 6800.0, 6000.0]
您录入了4名员工工资, 平均薪资5900

图 3-41 循环控制计算员工平均工资

在上述代码中,range(4)返回 0～3 的序列,循环变量 i 的值从 0 循环至 3,当输入的内容等于大写字母 Q 或者小写字母 q 时,break 会退出循环并跳过 else 语句,如图 3-41 所示;若循环变量 i 遍历完序列的每个值,则会执行 else 语句。使用 len()方法可以直接得到列表元素的个数。

注意:对于带有 else 子句的循环语句,如果是因为循环条件表达式不成立而自然结束循环,则执行 else 子句中的代码。

3.5 综合案例:阶梯电价计算电费

13min

为了提倡居民节约用电,某省电力公司执行"阶梯电价"。该省的基础电价为 0.56 元/kWh,居民阶梯电价总电费＝第一档电费＋第二档电费＋第三档电费。

夏季标准(5～10 月):

第一档电量:每户每月 200kWh,电价不作调整;

第二档电量:每户每月 200kWh 以上,500kWh 以内,电价每千瓦时加价 0.05 元;

第三档电量:每户每月 500kWh 以上,电价每千瓦时加价 0.30 元。

非夏季标准(1～4 月、11～12 月):

第一档电量:每户每月 200kWh,电价不作调整;

第二档电量:每户每月 200kWh 以上,400kWh 以内,电价每千瓦时加价 0.08 元;

第三档电量:每户每月 400kWh 以上,电价每千瓦时加价 0.50 元。

【要求】

输入当前月份和当月用电总量,计算该月实际应缴纳的电费。

【目标】

通过该案例的训练,熟悉 Python 运算符、流程控制的用法,掌握 Python 的多分支选择结构、选择嵌套、循环结构、循环控制等常用流程控制的基本操作和应用场景,培养实际动手能力和解决问题的能力。

【步骤】

(1) 让用户输入一个月份数字,如果该数字不在 1～12 月,则循环让用户重新输入,直到输入了有效的月份,使用 break 退出循环,代码如下:

```
♯输入有效的月份
while(True):
    month = int(input("请选择当前的月份(1～12): "))
    if month >= 1 and month <= 12:
        break
    else:
        continue
```

（2）让用户输入当月用电总量，如果该数字小于 0，则循环让用户重新输入，直到输入了有效的用电量，使用 break 退出循环，代码如下：

```
#输入有效的用电量
while(True):
    sumDegrees = float(input("请输入您当月所使用的用电量: "))
    if sumDegrees >= 0:
        break
    else:
        continue
```

（3）判断用户输入的月份是夏季还是非夏季，作为嵌套选择结构中外层选择结构的 if 表达式。in 后面的表达式是一个列表对象，代码如下：

```
#输入有效的度数
if month in[1,2,3,4,11,12]:
    ……
else:
    ……
```

（4）如果当前月份是非夏季，则 if month in[1,2,3,4,11,12]为真，进入 if 表达式下的内层选择结构，内层是一个多分支选择结构，判断用电总量所在的区间，从而计算出每一档的用电量，最后求出总电费。总电费 eleCharge 定义在程序的最开始位置，是一个全局变量，程序内部共同使用一个总电费变量，代码如下：

```
if sumDegrees <= 200:
        eleCharge = unitPrice * sumDegrees
elif sumDegrees > 200 and sumDegrees <= 400 :
        d1 = 200 * unitPrice
        d2 = (sumDegrees - 200) * (unitPrice + 0.08)
        eleCharge = d1 + d2
else:
        d1 = 200 * unitPrice
        d2 = 200 * (unitPrice + 0.08)
        d3 = (sumDegrees - 400) * (unitPrice + 0.5)
        eleCharge = d1 + d2 + d3
```

（5）如果当前月份是夏季，则 else 为真，进入 else 下面的内层选择结构，内层也是一个多分支选择结构，同样需要判断用电总度数所在的区间，从而计算出每一档的用电量，最后求出总电费，代码如下：

```
if sumDegrees <= 200:
    eleCharge = unitPrice * sumDegrees
elif sumDegrees > 200 and sumDegrees <= 500:
    d1 = 200 * unitPrice
    d2 = (sumDegrees - 200) * (unitPrice + 0.05)
    eleCharge = d1 + d2
else:
    d1 = 200 * unitPrice
    d2 = 300 * (unitPrice + 0.05)
    d3 = (sumDegrees - 500) * (unitPrice + 0.3)
    eleCharge = d1 + d2 + d3
```

（6）编写程序，代码如下：

```
#第3章/calculateEleccharge.py
#阶梯电价计算电费

unitPrice = 0.56                    #基础电价
eleCharge = 0                       #每月应缴电费

#输入有效的月份
while(True):
    month = int(input("请选择当前的月份(1~12)："))
    if month >= 1 and month <= 12:
        break
    else:
        continue

#输入有效的用电量
while(True):
    sumDegrees = float(input("请输入您当月所使用的用电量："))
    if sumDegrees >= 0:
        break
    else:
        continue

if month in[1,2,3,4,11,12]:        #如果当前是非夏季
    if sumDegrees <= 200:
        eleCharge = unitPrice * sumDegrees
    elif sumDegrees > 200 and sumDegrees <= 400:
```

```
        d1 = 200 * unitPrice
        d2 = (sumDegrees - 200) * (unitPrice + 0.08)
        eleCharge = d1 + d2
    else:
        d1 = 200 * unitPrice
        d2 = 200 * (unitPrice + 0.08)
        d3 = (sumDegrees - 400) * (unitPrice + 0.5)
        eleCharge = d1 + d2 + d3
else:                           # 如果当前是夏季
    if sumDegrees <= 200:
        eleCharge = unitPrice * sumDegrees
    elif sumDegrees > 200 and sumDegrees <= 500:
        d1 = 200 * unitPrice
        d2 = (sumDegrees - 200) * (unitPrice + 0.05)
        eleCharge = d1 + d2
    else:
        d1 = 200 * unitPrice
        d2 = 300 * (unitPrice + 0.05)
        d3 = (sumDegrees - 500) * (unitPrice + 0.3)
        eleCharge = d1 + d2 + d3
print("您%d月所使用电量的电费为%.2lf元" % (month,eleCharge))
```

上述代码的执行结果如图 3-42 所示。

请选择当前的月份(1~12)：4
请输入您当月所使用的用电量：385
您4月所使用电量的电费为230.40元

请选择当前的月份(1~12)：8
请输入您当月所使用的用电量：520.5
您8月所使用电量的电费为312.63元

图 3-42 流程控制实现阶梯电价计算电费

3.6 小结

本章首先介绍了 Python 语言中的各个运算符,然后对 Python 流程控制中的 3 种结构(顺序结构、选择结构和循环结构)——做了详细讲解和举例说明,最后以一个综合案例(阶梯电价计算电费)来对本章的知识进行实例训练。

本章的知识结构如图 3-43 所示。

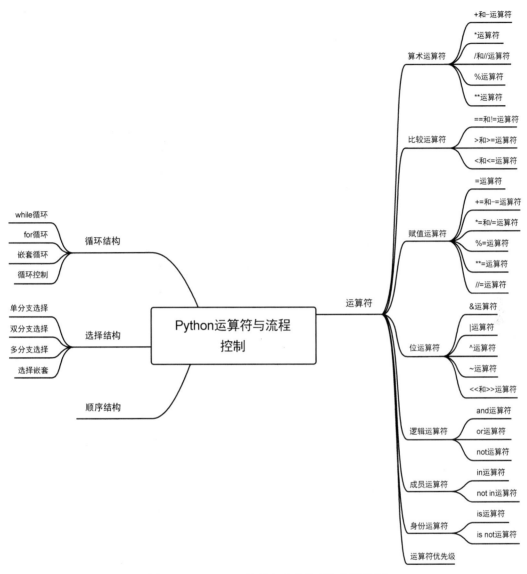

图 3-43 Python 运算符与流程控制知识结构图

3.7 习题

1. 选择题

（1）幂运算的运算符为（　　　）。

    A. *   B. **   C. %   D. //

（2）优先级最高的运算符为（　　　）。

    A. /   B. //   C. *   D. （）

(3) 关于 a or b 的描述错误的是(　　)。

    A. 若 a=True,b=True,则 a or b==True

    B. 若 a=True,b=False,则 a or b==True

    C. 若 a=True,b=True,则 a or b==False

    D. 若 a=False,b=False,则 a or b==False

(4) 与 $x>y$ and $y>z$ 语句等价的是(　　)。

    A. $x>y>z$ B. not $x<y$ or not $y<z$

    C. not $x<y$ or $y<z$ D. $x>y$ or not $y<z$

(5) 下列运算符的使用错误的是(　　)。

    A. 1 + 'a'   B. [1, 2, 3] + [4, 5, 6]

    C. 3 * 'abc'   D. -10 % -3

(6) 以下可以终结一个循环的执行的语句是(　　)。

    A. break   B. if   C. input   D. exit

(7) 以下的布尔代数运算错误的是(　　)。

    A. (True or x)==True

    B. not(a and b)==not(a) and not(b)

    C. (False and x)==False

    D. (True or False)==True

(8) for i in range(0,2):

```
print(i)
```

上述程序的输出结果是(　　)。

    A. 0 1 2   B. 1 2   C. 0 1   D. 1

(9) 以下关于循环结构的描述,错误的是(　　)。

    A. 遍历循环使用 for <循环变量> in 循环结构语句,其中循环结构不能是文件

    B. 使用 range0 函数可以指定 for 循环的次数

    C. for i in range(5)表示循环 5 次,i 的值是从 0 到 4

    D. 用字符串做循环结构时,循环的次数是字符串的长度

(10) 以下关于循环控制语句描述错误的是哪一项(　　)。

    A. Python 中的 for 语句可以在任意序列上进行迭代访问,例如列表、字符串和元组

    B. 在 Python 中 if-elif-elif 结构中必须包含 else 子句

    C. 在 Python 中没有 switch-case 关键词,可以用 if-elif-elif 来等价表达

    D. 循环可以嵌套使用,例如一个 for 语句中有另一个 for 语句,一个 while 语句中有一个 for 语句等

（11）下面代码执行后，x 的结果是（　　）。

```
x = 2
x * = 3 + 5 * 2
```

      A. 13　　　　　　B. 15　　　　　　C. 26　　　　　　D. 8192

（12）print(100 − 25 * 3 % 4)应该输出（　　）。

      A. 1　　　　　　B. 97　　　　　　C. 25　　　　　　D. 0

（13）下列表达式的值为 True 的是（　　）。

      A. 3 > 2 > 2　　　　　　　　　　B. 1 and 2 != 1

      C. not(11 and 0 != 2)　　　　　　D. 10 < 20 and 10 < 5

（14）设 x=10、y=20，下列语句能正确运行结束的是（　　）。

      A. max = x > y ? x : y　　　　　　B. if(x > y) print(x)

      C. while True：pass　　　　　　　D. min = x if x < y else y

（15）以下关于 Python 的控制结构，错误的是（　　）。

      A. 每个 if 条件后要使用冒号（:）

      B. 在 Python 中，没有 switch-case 语句

      C. Python 中的 pass 是空语句，一般用作占位语句

      D. elif 可以单独使用

（16）关于 Python 循环结构，以下选项中描述错误的是（　　）。

      A. Python 通过 for、while 等保留字构建循环结构

      B. 遍历循环中的遍历结构可以是字符串、文件、组合数据类型和 range0 函数等

      C. break 用来结束当前当次语句，但不跳出当前的循环体

      D. continue 只结束本次循环

（17）如果用户输入的整数不合规将会导致程序出错，为了不让程序异常中断，则需要用到的语句是（　　）。

      A. if 语句　　　　　　　　　　　B. eval 语句

      C. 循环语句　　　　　　　　　　D. try-except 语句

（18）下面 Python 循环体执行的次数与其他不同的是（　　）。

      A.
```
i = 0
while( i <= 10):
    print(i)
    i = i + 1
```
      B.
```
i = 10
while(i > 0):
    print(i)
    i = i - 1
```
      C.
```
for i in range(10):
    print(i)
```
      D.
```
for i in range(10, 0, -1):
    print()
```

（19）执行下列 Python 语句将产生的结果是（　　）。

```
x = 2; y = 2.0
if(x = = y): print("Equal")
else: print("Not Equal")
```

      A. Equal　　　　B. Not Equal　　　C. 编译错误　　　D. 运行时错误

(20) 下面 if 语句统计满足"性别(gender)为男、职称(rank)为教授、年(age)小于 40 岁"条件的人数,正确的语句为(   )。

    A. if(gender =="男" or age<40 and rank =="教授"):n+=1

    B. if(gender =="男" and age<40 and rank=="教授"):n+=1

    C. if(gender =="男" and age<40 or rank=="教授"):n+=1

    D. if(gender =="男" or age<40 or rank=="教授"):n+=1

2. 判断题

(1) 已知 x=3,那么执行语句 x+=6 之后,x 的内存地址不变。(   )

(2) 如果仅用于控制循环次数,则使用 for i in range(20) 和 for i in range(20,40) 的作用是等价的。(   )

(3) 在编写多层循环时,为了提高运行效率,应尽量减少内循环中不必要的计算。(   )

(4) Python 运算符 % 不仅可以用来求余数,还可以用来格式化字符串。(   )

(5) 表达式 pow(3,2)==3 ** 2 的值为 True。(   )

(6) 在 Python 中可以使用 if 作为变量名。(   )

(7) 表达式 5 if 5>6 else(6 if 3>2 else 5)的值为 5。(   )

(8) while 循环如果设计不小心,则会出现死循环。(   )

(9) for 或者 while 与 else 搭配使用时,循环正常结束后执行。(   )

(10) 单分支结构是用 if 保留字判断满足一个条件,就执行相应的处理代码,双分支结构是用 if-else 根据条件的真假,执行两种处理代码,多分支结构是用 if-elif-else 处理多种可能的情况。(   )

3. 写出下列程序的运行结果

(1)

```python
for num in range(2,10):
    if num % 2 == 0:
        continue
    print("Find an odd number", num)
```

(2)

```python
for i in "the number changes":
    if i == 'n':
        break
    else:
        print(i, end= " ")
```

(3)

```python
for i in range(10):
    if i%2==0:
```

```
        continue
    else:
        print(i, end = " ")
```

（4）

```
sum = 1.0
for num in range(1,4):
    sum += num
print(sum)
```

（5）

```
for i in range(3):
    for s in "abcd":
        if s == "c":
            break
        print(s, end = "")
```

（6）

```
age = 15
start = 2
if age % 2 != 0:
    start = 1
for x in range(start, age + 2, 2):
    print(x)
```

（7）

```
for n in range(100,500):
    i = n//100
    j = n//10 % 10
    k = n % 10
    if n == i ** 3 + j ** 3 + k ** 3:
        print(n)
```

（8）

```
a = 30
b = 1
if a >= 10:
    a = 20
elif a >= 20:
    a = 30
elif a >= 30:
    b = a
```

```
else:
    b = 0
print('a = {}, b = {}'.format(a,b))
```

（9）

```
for i in"CHINA":
    for k in range(2):
        print(i, end = "")
        if i == 'N':
            break
```

（10）

```
count = 1
tag = True
while tag:
    if count < 20:
        count += 1
        print(count)
        if count % 2 == 0:
            count += 1
            continue
```

4．编程题

（1）编写程序，利用循环结构求 n!。

（2）打印 0～100 的奇数，利用 continue 语句完成。

（3）编写程序，使用嵌套的 if 语句，输出 2000～3000 的所有闰年。

（4）如果列出 10 以内自然数中 3 或 5 的倍数，则包括 3、5、6、9。那么这些数字的和为 23。要求计算得出任意正整数 n 以内中 3 或 5 的倍数的自然数之和。

（5）如果某自然数除它本身之外的所有因子之和等于该数，则该数被称为完数。输出 1000 以内的所有完数。

（6）10 以内的素数 2、3、5、7 的和为 17。要求计算得出任意正整数 n 以内的所有素数的和。

（7）数字 197 可以被称为循环素数，因为 197 的 3 个数位循环移位后的数字 197、971、719 均为素数。100 以内这样的数字共有 13 个，如 2、3、5、7、11、13、17、31、37、71、73、79、97。求出任意正整数 n 以内一共有多少个这样的循环素数。

（8）编写程序，显示 100～200 不能被 3 整除的数。每行显示 10 个数。程序的运行结果如下所示。

100 101 103 104 106 107 109 110 112 113
115 116 118 119 121 122 124 125 127 128

130 137 131 133 134 136 139 140 142 143
145 157 146 148 149 151 152 154 155 158
160 161 163 164 166 167 169 170 172 173
175 176 178 179 181 182 184 185 187 188
190 191 193 194 196 197 199 200

（9）编写程序，实现分段函数的计算，如表所示。

x	y
x＜0	0
0＜＝x＜5	x
5＜＝x＜10	3x－5
10＜＝x＜20	x－2
20＜＝x	0

（10）棋盘放麦粒，在印度有一个古老的传说，舍罕王打算奖赏国际象棋的发明人——宰相西萨·班·达依尔。国王问宰相想要什么，他对国王说："陛下，请您在这张棋盘的第1个小格里，赏给我1粒麦子，在第2个小格里给2粒，第3小格里给4粒，以后每小格都比前一小格加一倍的麦子数量。请您把这样摆满棋盘上所有64格的麦粒都赏给您的仆人吧！"国王觉得这要求太容易满足了，就命令将这些麦粒赏给宰相。当人们把一袋一袋的麦子搬来开始计数时，国王才发现，就是把全印度甚至全世界的麦粒全拿来，也满足不了宰相的请求。编写程序显示宰相所要求得到的麦粒总数。

第 4 章

函　　数

Python 中的函数是指组织好的、可重复使用的、用来实现单一或相关联功能的代码段。在程序设计中,可以将经常用的程序代码定义成函数,在需要时可以随时调用它。函数的应用使程序更加模块化,并且不再需要重复编写大量的代码,因此函数能提高程序的模块性和代码的重复利用率。Python 中的函数包含系统自带的内置函数、第三方函数及用户自定义的函数。

本章首先介绍 Python 中的内置函数,再学习自定义函数,然后通过编写代码解决实际问题,最后通过知识小结和思维导图巩固本章所学内容。

10min

4.1　内置函数

Python 提供了很多内置函数,它们能实现各种功能。所谓内置函数,就是 Python 解释器自带的,存在于 Python 标准库中的,能被自动加载的,不需要 import 导入,用户任何时候都可以直接调用的函数,例如第 2 章介绍过的 input() 和 print() 输入/输出函数、int() 和 hex() 等工厂函数、str() 和 tuple() 等创建对象函数、len() 和 count() 等字符串操作函数,append() 和 sorted() 等列表操作函数。Python 目前一共提供了 68 个内置函数,如图 4-1 所示。

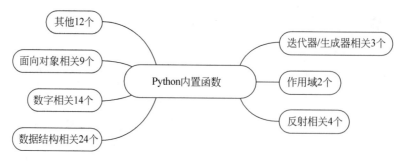

图 4-1　Python 内置函数

接下来学习常用的几类内置函数。

4.1.1　eval()函数

Python 语言提供了多种可实现数据类型转换的函数,在第 2 章中,介绍了函数 input() 是从键盘中读取一个字符串,不管用户输入的是什么类型的数据,该函数都能返回一个字符串,并且还可以通过 int()、float()、bool() 等函数强制转换,将输入的字符串转换为需要的类型,如 int、float、bool 等类型。这些函数都是在做数据类型的转换,不仅如此,Python 还提供了一个功能非常强大的函数 eval(),不仅能将字符串转换为 list、tuple、dict 类型,还能将字符串当成有效的表达式进行求值,并返回计算结果,其语法格式如下:

```
eval(expression[, globals[, locals]])
```

其中,参数 expression 为字符串表达式,参数 globals 是变量作用域,全局命名空间,如果被提供,则必须是一个字典对象,参数 locals 也是变量作用域,局部命名空间,如果被提供,则可以是任何映射对象。内置函数 eval() 的用法,代码如下:

```
# 内置函数 eval()的用法

result = eval("1 + 2 ")                    # 基本的数学运算
print(result)

result = eval("'Hello ' * 3")             # 字符串重复
print(result)

result = eval("[1, 2, 3, 4, 5]")          # 将字符串转换成列表
print(result, type(result))

result = eval("(1, 2, 3, 4, 5)")          # 将字符串转换成列表
print(result, type(result))

result = eval("{'name': '王二', 'age': 20}")  # 将字符串转换成字典
print(result, type(result))
```

上述代码的执行结果如图 4-2 所示。

```
3
Hello Hello Hello
[1, 2, 3, 4, 5] <class 'list'>
(1, 2, 3, 4, 5) <class 'tuple'>
{'name': '王二', 'age': 20} <class 'dict'>
```

图 4-2　内置函数 eval() 的用法

【例 4-1】　实现一个简单的计算器,要求用户输入一个加、减、乘、除混合运算,通过运用 eval() 函数返回计算结果,代码如下:

```
# 第 4 章/4 - 1.py
# eval()函数

number = input("请输入一个四则运算算式: ")
print(eval(number))
```

上述代码的执行结果如图 4-3 所示。

请输入一个四则运算算式: *2*3+6/2-1*
8.0

图 4-3　内置函数 eval()实现简单计算器

由此可见,eval()方法的作用是解析传递给该方法的表达式,并在程序中运行该表达式。

4.1.2　format()函数

程序设计中,输入/输出的场景特别多,在第 2 章中介绍了内置函数 print(),它的作用是将内容格式化显示在标准输出上。在使用时应注意以下几点:

(1) print()函数可以接受多个输出值,这些值之间以英文逗号隔开,连成一串输出,print()会依次打印每个输出值,同时,每遇到一个逗号就输出一个空格。

(2) print()函数首先会自动执行内部的语句,再将其输出。例如,对于形如 print(a+"a"+b)的语句,先计算 a+"a"+b 的值,然后通过 print 打印出来。

(3) 如果不希望输出的多个对象用空格间隔,则可以利用 sep 参数设定间隔符。

(4) 如果希望在输出的对象后面添加特定符号或者不希望换行,则可以利用 end 参数设定结尾符。

除此以外,第 2 章中还介绍了 print()函数按指定格式输出的方法,总之,使用 print()函数可以方便地将任何变量的值打印到控制台。不仅如此,Python 中还提供了 format()格式字符串函数,它主要通过字符串中的花括号{}来识别替换字段,从而完成字符串的格式化,其语法格式如下:

```
str.format()
```

其中,字符串 str 中含有任意数量的花括号{},每个{}都可以设置顺序,分别与 format 的参数顺序对应,如果没有设置{}下标,则默认从 0 开始递增。内置 format()函数的用法,代码如下:

```
# 内置函数 format()的用法

# 通过数字索引传入参数
print("我的名字叫{0},家住{1}".format("喜羊羊","羊村"))

# 带数字的替换字段可以重复
print("我爱吃{0},她爱吃{1},她不爱吃{0}".format("苹果","香蕉"))
```

```
#通过关键字传入参数
print("我今年{age}岁,我在读{college}".format(age = "18",college = "大学"))

#通过关键字传入参数
print("我今年{age}岁,我在读{college}".format(college = "大学",age = "18"))
```

上述代码的执行结果如图 4-4 所示。

在上述代码中可以看出,当{}的个数与后面的参数数目不对应时,带数字的字段可以重复使用,并且format()不仅可以通过数字传入位置参数,还可以通过关键字传入。当使用关键字传入参数时,关键字的位置是不分先后的。

```
我的名字叫喜羊羊,家住羊村
我爱吃苹果,她爱吃香蕉,她不爱吃苹果
我今年18岁,我在读大学
我今年18岁,我在读大学
```

图 4-4　内置函数 format()的用法

【例 4-2】　已知一段文本字符串,要求用户输入一个字符串,统计输入的字符串在文本中出现的次数,利用 format()方法格式化统计结果,代码如下:

```
#第 4 章/4 - 2. py
#format()函数

s = "I love Python, Python!"
subStr = input("请输入要统计的字符串: ")
i = 0
count = 0
while i < len(s):
    index = s.find(subStr, i)
    if index > - 1:
        count += 1
        i = index + len(subStr)
    else:
        break;
print("{0}在{1}中出现了{2}次".format(subStr, s, count))
```

上述代码的执行结果如图 4-5 所示。

请输入要统计的字符串: *Python*
Python在I love Python Python!中出现了2次

图 4-5　内置函数 format()格式化统计结果

find()方法是 Python 提供的字符串操作方法,它用于检测字符串中是否包含子字符串str,如果查找时指定一个范围,则在指定范围内查找是否包含子字符串,若包含,则返回子字符串在指定字符串中开始的索引值,否则返回-1。在上述代码中,利用 len()函数求出文本字符串的长度,在 while 循环中,find()方法可返回输入字符串在文本中的索引位置,如果等于-1,则说明文本字符串中不存在输入的字符串,否则说明在文本字符串中首次找到了输入的字符串,给 count 的值加 1,让索引值 i 移至新的起点,继续下一次搜寻。

注意：index()方法也可以在字符串中查找子字符串，不同的是，如果查找不到子串，则程序将会报错。

4.1.3 range()函数

range()习惯被称为函数，在使用时和调用函数一样，只需给它传入参数，但是，从严格意义来讲，它既不是函数，也不是迭代器。打印时不会打印出列表，返回的是一个range对象，通常用来表示一个取值范围，可以叫它"懒序列"，通常跟for循环一起使用，其语法格式如下：

range(start, stop[, step])

start参数：计数从start开始。默认为从0开始。例如range(5)等价于range(0,5)；

stop参数：计数到stop结束，但不包括stop。例如range(0,5)表示的范围是从0到4，而不是从0到5；

step参数：步长，默认为1。例如range(0,5)等价于range(0,5,1)。

访问range函数对象的内容跟列表、元组都非常相似，可以通过下标方式访问，此时range函数也可以理解为一个数列。例如a=range(1,3)，可以用下标访问a当中的元素，a[0]=1,a[1]=2。通过下标访问range数列中的元素，代码如下：

```
#通过下标访问 range 数列中的元素

a = range(1,3)
print(a)
print(a[0], a[1])
```

上述代码的执行结果如图4-6所示。

range(1, 3)
1 2

图 4-6 通过下标访问 range 数列中的元素

由于直接打印range()函数无法输出数列中的值，如果整个对象都需要进行输出，则首先就得将range()函数的内容转化成列表、元组或集合等形式。转化方法如下：

```
#range 函数转列表: list(range())
a = list(range(0, -8, -2))

#range 函数转元组: tuple(range())
b = tuple(range(0, -8, -2))

#range 函数转集合: set(range())
c = set(range(0, -8, -2))

print(a)
```

```
print(b)
print(c)
```

上述代码的执行结果如图 4-7 所示。

```
[0, -2, -4, -6]
(0, -2, -4, -6)
{0, -6, -4, -2}
```

图 4-7　range()数列转换为其他形式

【例 4-3】　利用 range 函数,计算出 100 以内偶数的和,把运算的结果显示在屏幕上,代码如下:

```
#第 4 章/4-3.py
#range()函数

sum = 0
for k in range(0,101,2):
    sum = sum + k
print("100 以内的偶数和为",sum)
```

上述代码的执行结果如图 4-8 所示。

100以内的偶数和为 2550

图 4-8　内置函数 range()求 100 以内偶数的和

range(0,101,2)表示的范围是从 0 开始的,到 101 结束,但不包括 101,步长为 2。在 for 循环中,变量 k 依次等于 0、2、4……,直到 100,把变量进行累加,最后求得的 sum 的值即为 100 以内偶数的和。

注意:range()函数的使用非常类似于切片操作,可以对比进行学习。

4.1.4　pow()函数

7min

Python 中 pow()函数用来表示幂的运算,它计算并返回 x 的 y 次方的值,其语法格式如下:

```
pow(x, y [, z])
```

其中,x 代表底数,y 代表指数,它们都是此函数不可省略的参数。z 是可省略的参数,当 z 省略时,函数返回的是 x 的 y 次方的值。当 z 存在时,函数的返回值等于 pow(x,y)%z。

当参数 z 省略时,参数 x 和 y 的值可以是整数或浮点数。

```
#内置函数 pow()的用法

print(pow(2, 5))
print(pow(4, 0.5))
print(pow(3, 2, 2))
```

上述代码的执行结果如图 4-9 所示。

```
32
2.0
1
```

图 4-9　内置函数 pow()
　　　　的用法

当参数 z 存在时,x 和 y 必须是整数,否则 Python 会抛出异常。另外,z 若存在,也不能为 0,否则会抛出异常。在上述代码中,pow(3,2,2)先计算 3 的 2 次方,再对 2 求余。

在常用的数学计算包 math 下,也有一种方法 pow()。math.pow()方法是 math 模块的一个库方法,用于计算一个基数的给定幂,它接收两个数字参数,并返回浮点数中第 1 个数字的第 2 个数字的幂。math.pow()方法的语法格式如下:

```
math.pow(a, b)
```

其中,参数 a 和 b 为需要进行幂操作的数字。函数的返回值是一个浮点数。

【例 4-4】　比较内置函数 pow()和模块函数 math.pow()的用法,代码如下:

```
#第4章/4-4.py
#内置函数 pow()和模块函数 math.pow()

import math                                      #导入 math 模块

print("math.pow(100, 2) : ", math.pow(100, 2))   #使用模块函数 math.pow()
print("pow(100, 2) : ", pow(100, 2))             #使用内置函数 pow(),查看输出结果的区别
print("math.pow(100, -2) : ", math.pow(100, -2))
print("pow(100, -2) : ", pow(100, -2))
print("math.pow(2, 0) : ", math.pow(2, 0))
print("pow(2, 0) : ", pow(2, 0))
```

上述代码的执行结果如图 4-10 所示。

```
math.pow(100, 2) :  10000.0
pow(100, 2) :  10000
math.pow(100, -2) :  0.0001
pow(100, -2) :  0.0001
math.pow(2, 0) :  1.0
pow(2, 0) :  1
```

图 4-10　内置函数 pow()和 math.pow()的对比

由此可见,pow()通过内置方法直接调用,内置方法会把参数当作整型,而 math 模块下的 pow()则会把参数转换为 float,因此 math.pow(100,2)的结果为浮点数 10000.0,而 pow(100,2)的结果为整数 10000。

4.1.5　slice()函数

在第 2 章中,借助切片运算符":"对字符串、列表、元组等序列进行正向切片和逆向切片,以此获得一个新的序列。在 Python 语言中,提供了一个内置函数 slice(),可以在访问字符串、列表、元组等类型的过程中截取其中的某些部分,此函数是一个切片函数,返回一个

切片对象,其语法格式如下:

```
class slice(stop)
class slice(start, stop[, step])
```

3 个参数均为整数类型,其中,参数 start 是可选的,用于指定从哪个位置开始切片,默认为 0;参数 stop 用于指定在哪个位置结束切片;参数 step 也是可选的,是切片的间距或步长,默认为 1。

【例 4-5】　使用 slice()函数完成切片操作,代码如下:

```
#第 4 章/4 - 5.py
#slice()函数

mylist = list(range(1, 10))
print(mylist)
myslice = slice(2, 7, 2)
print(mylist[myslice])
myslice = slice(7)
print(mylist[myslice])
```

上述代码的执行结果如图 4-11 所示。

在上述代码中,首先利用 range 函数产生数列 1～
9,然后使用 list()函数把该数列转换成列表对象,在
slice(2,7,2)中,切片的起始索引是 2,结束位置是 7,但
是由于切片区间是左闭右开的,因此到达位置是 6,步

```
[1, 2, 3, 4, 5, 6, 7, 8, 9]
[3, 5, 7]
[1, 2, 3, 4, 5, 6, 7]
```

图 4-11　内置函数 slice()的用法

长为 2,对列表 mylist 的切片,取得的索引分别是 2、4、6,所对应的元素值是 3、5、7。在 slice(7) 中,只给出切片的结束位置,该写法省略了起始索引 0 和步长 1,等同于 slice(0,7,1)。使用切片操作符来完成上述代码的执行效果,代码如下:

```
#切片操作符

mylist = list(range(1, 10))
print(mylist)
print(mylist[2:7:2])
print(mylist[0:7])
```

在上述代码中,mylist[7]打印的结果是 8,是列表中索引为 7 的元素。要想获得和例 4-5 一样的切片区间,则应使用 mylist[0:7],不能省略起始索引 0,因此可以看出,与直接使用切片操作符相比,slice()函数是可以直接指定结束位置 stop 进行切片的。

4.1.6　filter()函数

Python 中,filter()函数用于过滤序列,能够过滤掉不符合条件的元素,返回由符合条件的元素组成的新列表,其语法格式如下:

```
filter(function, iterable)
```

该方法接收两个参数,其中第 1 个为函数,第 2 个为序列,序列的每个元素作为参数传递给函数进行判断,如果符合条件,则返回 True,否则返回 False,最后将返回 True 的所有元素放到新列表中,从而过滤掉不符合条件的元素。内置函数 filter()的用法,代码如下:

```
#内置函数 filter()的用法

def fun(variable):
    letters = ['p', 'y', 't', 'h', 'o', 'n']
    if (variable in letters):
        return True
    else:
        return False

sequence = ['a', 'b', 'c', 'p', 'y']
filtered = list(filter(fun, sequence))
print(filtered)
```

上述代码的执行结果如图 4-12 所示。

```
['p', 'y']
```

图 4-12   内置函数 filter()的用法

在上述代码中,有一个自定义函数 fun(),过滤函数 filter(fun,sequence)把 sequence 列表中的每个元素都作为参数传给 fun()函数,如果该元素存在于函数的 letters 列表中,则返回值为 True,代表传入的元素是符合条件的,否则传入的元素就是不符合条件的,filtered 就是由所有符合条件的元素构成的新的列表。

【例 4-6】   使用 filter()函数输出 1～100 平方根是整数的数,代码如下:

```
#第 4 章/4-6.py
#filter()函数

import math
def is_sqr(x):
    if math.sqrt(x) % 1 == 0:
        return True
    else:
        return False
newlist = list(filter(is_sqr,range(1,101)))
print(newlist)
```

上述代码的执行结果如图 4-13 所示。

```
[1, 4, 9, 16, 25, 36, 49, 64, 81, 100]
```

图 4-13   内置函数 filter()过滤不符合条件的整数

在上述代码中,range()函数产生数列 1~100,filter 函数把数列中的每个数传入函数 is_sqr()中进行判断,math. sqrt(x)是对传入的数开方求平方根,如果求得的平方根对 1 做模运算的结果等于 0,则说明该平方根是一个整数,此时返回值为 True,代表传入函数的元素是符合条件的,否则就是不符合条件的。把数列中的元素依次传入函数进行判断,所有符合条件的元素构成了新列表 newlist。

4.1.7 其他常用内置函数

12min

除了上述介绍的几个内置函数,Python 中还有许多常用的内置函数。

1. 与数学运算相关的内置函数

跟数学运算相关的内置函数除了 pow()函数,还有很多,例如返回表达式绝对值的 abs() 函数,返回表达式商和余数的 divmode()函数,对数值进行四舍五入的 round()函数,还有求表达式的和、最大值和最小值的 sum()函数、max()函数和 min()函数。与数学运算相关的内置函数的用法,代码如下:

```
# 与数学相关的内置函数的用法

print(abs( - 2))                         # 绝对值:2
print(divmod(20,3))                      # 求商和余数:(6,2)
print(round(4.528,2))                    # 四舍五入,保留 2 位小数
print(sum([1,2,3,4,5,6,7,8,9,10]))       # 求和:55
print(min(10,3,8,12,20,2))               # 求最小值:2
print(max(5,8,15,9,4,11))                # 求最大值:15
```

上述代码的执行结果如图 4-14 所示。

其中,divmod()函数把除数和余数运算结果结合起来,返回一个包含商和余数的元组,因此 divmod(20,3)的结果是(6,2),其中 6 是 20 除以 3 的商,2 是余数。round() 函数用于数字的四舍五入,在 round(4.528,2)中,第 1 个参数 4.528 是等待进行四舍五入的数,第 2 个参数 2 则是要保留的小数位数。Python 自带的 sum()函数的参数可以是列表、数组、可迭代对象,例如 sum([1,2,3],2)的结

```
2
(6, 2)
4.53
55
2
15
```

图 4-14 与数学相关的内置函数的用法

果是 10,sum(range(5))的结果是 10。min()函数用于返回给定参数的最小值,max()函数用于返回给定参数的最大值,它们的参数可以是字符串、列表、元组等。例如 max('12345')的结果是 5,min([1,2,3,4,5])的结果是 1,max((1,2),(3,4),(5,6))的结果是(5,6)。

【例 4-7】 输入班级某门课的成绩,存入列表,利用与数学相关的内置函数,分别求出该门课程的总分、最高分、最低分和平均分,把运算的结果显示在屏幕上,代码如下:

```
# 第 4 章/4 - 7.py
# 与数学相关的内置函数
```

```
score = []                                    #列表,保存输入的数值
i = 0                                         #临时保存输入的数值
j = 0                                         #记录输入次数
while True :
    i = float(input('请输入数值(每次一个),输入 - 1代表结束: '))  #把输入的数转换成浮点数
    if i == - 1:
        break                                 #如果输入 - 1,则结束循环
    else:
        j += 1                                #如果输入的不是 - 1,则对输入次数进行计数
        score.append(i)                       #把输入的数值以浮点数存入列表
print("该门课程的平均分: ",sum(score)/j)
print("该门课程的最高分: ",max(score))
print("该门课程的最低分: ",min(score))
```

代码执行结果如图 4-15 所示。

请输入数值(每次一个),输入-1代表结束:55
请输入数值(每次一个),输入-1代表结束:68.5
请输入数值(每次一个),输入-1代表结束:70
请输入数值(每次一个),输入-1代表结束:92
请输入数值(每次一个),输入-1代表结束:84.5
请输入数值(每次一个),输入-1代表结束:-1
该门课程的平均分: 74.0
该门课程的最高分: 92.0
该门课程的最低分: 55.0

图 4-15 与数学相关的内置函数的
统计成绩

在上述代码中,利用列表存放用户输入的所有课程成绩,再利用 sum()、max()和 min()函数方便地对多个成绩数值求和、求最大值和最小值。Python 中虽然没有提供求平均值的内置函数,但是可以通过记录成绩的个数和求和函数,计算得出所有成绩的平均值。

2. 与字符串操作相关的内置函数

跟字符串操作相关的内置函数除了第 2 章中表 2-4 介绍的以外,还有很多,例如 endswith()函数用于判断是否以指定字符串结尾,而 startswith()函数与之相反,它用于判断是否以指定字符串开头。replace()函数能把字符串中的旧字符串替换成新字符串。isdigit()函数用于检测字符串是否只由数字组成,代码如下:

```
#与字符串相关的内置函数的用法

s = 'Hello Python'
print(s.startswith('Hello'))                  #判断字符串是否以 Hello 开头
print(s.endswith('Python'))                   #判断字符串是否以 Python 结尾
print(s.find('m'))                            #在字符串中查找字母 m
print(s.find('P'))                            #在字符串中查找字母 P
print(s.replace('Python','Java'))             #把字符串中的 Python 替换成 Java
print(s.split(' '))                           #把字符串用分隔符空格分割
print(s.strip())                              #去除字符串首尾的空格
```

上述代码的执行结果如图 4-16 所示。

startswith()函数和 endswith()函数返回的是一个布尔类型的值,如果字符串含有指定的开头或者后缀,则返回值为 True,否则返回值为 False。上述例题在判断时,默认为从字符串开头查找到结尾,不仅如此,这两个函数在使用时还可以指定判断的开始位置和结尾位

置,例如 s.startswith('Hello',1)的结果为 False,因为从索引
为 1 的位置开始查找,不是以字符串 Hello 开头的。find()函
数也是一样的,可以指定查找的固定范围,例如 s.find('P',0,
5)返回的值为−1,因为在字符串索引为 0~5 范围内,找不到
字符 P。replace()函数在替换子字符串时,是从左边开始替
换的,例如 s.replace('o','c',1)的结果为 Hellc Python,因为
限定了替换的次数为 1,因此只替换了左起的第 1 个旧字符
o。s.strip()函数返回的是原字符串,因为该字符串首尾没有

```
True
True
-1
6
Hello Java
['Hello', 'Python']
Hello Python
```

图 4-16　与字符串相关的内置
函数的用法

空格,strip()函数还可以移除指定的字符,例如 s.strip('on')的结果为 Hello Pyth。

【例 4-8】 用户输入一段文本,统计其中数字、大写字母和小写字母的个数,并把结果
显示在屏幕上,代码如下:

```python
# 第 4 章/4-8.py
# 与字符串相关的内置函数

s = input('请输入: ')
d = {"DIGITS":0, "UPPER CASE":0, "LOWER CASE":0}
for c in s:
    if c.isdigit():              # 检测字符是否是数字
        d["DIGITS"] += 1         # 通过键访问并修改对应的值
    elif c.isupper():            # 检测字符是否是大写字母
        d["UPPER CASE"] += 1
    elif c.islower():            # 检测字符是否是小写字母
        d["LOWER CASE"] += 1
    else:
        pass
print("DIGITS", d["DIGITS"])
print("UPPER CASE", d["UPPER CASE"])
print("LOWER CASE", d["LOWER CASE"])
```

上述代码的执行结果如图 4-17 所示。

```
请输入: Hello Python!520
DIGITS 3
UPPER CASE 2
LOWER CASE 9
```

图 4-17　与字符串操作相关的
内置函数的统计

isdigit()方法指明如果字符串只包含数字,则返回
True,否则返回 False。isupper()方法指明如果字符串中的
字符都是大写,则返回 True,否则返回 False。islower()方
法与之相反,它指明如果字符串中的字符都是小写,则返回
True,否则返回 False。注意:isdigit()、isupper()、islower()
这 3 种方法的括号里都是没有参数的。

在上述代码中,因为要分别按数字、大写字母、小写字母统计个数,因此定义一个字典,
使数字、大写字母和小写字母分别对应一个数值,正好形成 3 个键-值对。在循环中,依次检
测输入字符串中的每个字符是数字还是大写字母或者小写字母,如果当前字符是数字,则通
过 d["DIGITS"]键访问的形式修改对应的值,检测大写字母和小写字母的过程与此同理。

对于非数字和非字母的字符,使用占位符 pass,直接跳过而不做任何处理,此处不能用 break,因为一旦循环到非字母和数字的情况,遇到 break 就跳出循环,这样后面的字符就无法继续操作了,所以直接使用 pass 跳过即可。

3. 与文件操作相关的内置函数

Python 提供了许多用于文件操作的内置函数,可以在程序中通过读/写文件实现数据的输入/输出,即请求操作系统打开指定的文件,然后通过操作系统提供的编程接口从文件中读取数据并进行数据处理,最后将处理后的数据按一定格式输到文件中。

在 Python 中,可以使用内置函数 open()来打开指定的文件并返回一个文件对象,然后通过调用该文件对象的相关方法实现文件的读/写操作,最后通过调用 close()方法来关闭文件。当使用 open()方法无法打开指定的文件时,则会引发 OSError 错误。open()函数的语法格式如下:

```
open(文件路径[,打开模式,[缓冲区[,编码]]])
```

其中,参数文件路径是指要打开文件的路径名,既可以是绝对路径,也可以是相对路径。

打开模式参数是一个可选的字符串,用于指定打开文件的模式,其默认值为 r,表示在文本模式下打开文件并用于读取。可用的打开模式详见表 4-1。

表 4-1　文件打开的操作模式

打开模式	描　　述	打开模式	描　　述
rt	以只读模式打开一个文本文件	rt+	以可读/写模式打开一个文本文件
wt	以只写模式打开一个文本文件	wt+	以可读/写模式打开一个文本文件
at	以追加模式打开一个文本文件	at+	以可读/写模式打开一个文本文件
rb	以只读模式打开一个二进制文件	rb+	以可读/写模式打开一个二进制文件
wb	以只写模式打开一个二进制文件	wb+	以可读/写模式打开一个二进制文件
ab	以追加模式打开一个二进制文件	ab+	以可读/写模式打开一个二进制文件

缓冲区参数是一个整数,用于设置文件操作是否使用缓冲区。使用默认值−1 表示要使用缓冲存储,并使用系统默认的缓冲区大小;如果打开的文件是二进制文件,则该参数的值通常为 0,表示不使用缓冲存储;如果打开的文件是文本文件,则该参数值通常被设置为 1,表示要使用行缓冲;如果该参数值是一个大于 1 的整数,则表示不仅使用缓冲存储,而且该数值代表了缓冲区大小。

编码参数用于指定文件所使用的编码格式,该参数只在文本模式下使用。该参数没有默认值,默认编码方式依赖于平台,在 Windows 平台上默认的文本文件编码格式为 ANSI。若要以 Unicode 编码格式创建文本文件,则可将编码参数设置为 utf-32,若要以 utf-8 编码格式创建文件,则可将该参数设置为 utf-8。

另外,在指定文件打开模式时,应注意以下几点。

(1) 在打开模式参数中,文本文件用字母 t 表示,字母 b 代表二进制文件。如果省略,则代表打开的是文本文件。字母 r、w 和 a 分别表示读取、写入和追加;+表示可以对文件进行读写操作。

（2）使用 rt 或 rb 模式打开文件，这种模式称为只读模式，代表只能从指定的文件中读取数据，而不能向该文件中写入数据。以只读模式打开文件时，要求指定的文件必须已经存在，否则会出现 FileNotFoundError 错误。

（3）使用 wt 或 wb 模式打开文件，这种模式称为只写模式，代表只能向指定的文件中写入数据，而不能从该文件中读取数据。以只写模式打开文件时，如果指定的文件不存在，系统则会以指定的路径和文件名新建一个文件，如果该文件已经存在，则系统会首先删除该文件，然后重新创建一个新文件。

（4）使用 at 或 ab 模式打开文件，代表将在指定文件的末尾添加新数据，而不改变原始文件的内容。若指定的文件本身不存在，则会新建一个文件并写入数据。

（5）当使用 rt＋或 rb＋模式打开文件时，要求指定的文件必须存在；当使用 wt＋或 wb＋模式打开文件时，如果指定的文件不存在，则会新建一个文件进行写入操作，而如果该文件存在，则会新建文件，并覆盖已存在的文件；当使用 at＋或 ab＋模式打开文件时，可以读取文件，也可以向指定文件的末尾追加数据，如果该文件不存在，系统则会新建一个文件并进行读写操作。

当使用内置函数 open()成功地打开一个文件时会返回一个文件对象，该文件对象具有一些属性和方法，可以用来对所打开的文件进行各种操作。完成文件操作后，需要及时地关闭文件，以释放文件对象并防止文件中的数据丢失。在 Python 中，可以通过调用文件对象的 close()方法来关闭文件，其调用格式如下：

文件对象.close()

close()方法用于关闭先前用 open()函数打开的文件，将缓冲区中的数据写入文件，然后释放文件对象。文件关闭之后，便不能访问文件对象的属性和方法了。如果想继续使用文件，则必须用 open()函数再次打开文件。文件的相关操作方法，代码如下：

```
＃打开文件、读取文件属性、关闭文件

myfile = open("李白.txt","rt")
print("执行 open()函数之后")
print("文件名:",myfile.name)
print("文件对象类型:",type(myfile))
print("文件缓冲区:",myfile.buffer)
print("文件打开模式:",myfile.mode)
print("文件是否关闭:",myfile.closed)
myfile.close()
print("执行 close()函数之后")
print("文件是否关闭:",myfile.closed)
```

代码执行结果如图 4-18 所示。

在上述代码中，open()函数使用只读模式打开指定文件，缓冲区参数使用的是默认值－1，默认的编码参数为 ANSI。打开文件以后，可以查看该文件的文件类型、缓冲区、打开

执行open()函数之后
文件名: 李白.txt
文件对象类型: <class '_io.TextIOWrapper'>
文件缓冲区: <_io.BufferedReader name='李白.txt'>
文件打开模式: rt
文件是否关闭: False
执行close()函数之后
文件是否关闭: True

图 4-18   内置函数 open()和 close()

模式及文件的关闭状态。不仅如此,Python 语言还提供了调用文件对象的相关方法,以便实现对文本文件的读写操作。例如可以利用文件对象的 read()、readline()和 readlines()方法读取文本内容,还可以利用文件对象的 write()方法或 writelines()方法向文本流的当前位置写入字符串。

【例 4-9】   通过追加可读/写模式打开文本文件李白.txt,从键盘输入文本内容并将其添加到该文件的末尾,最后输出该文件中的所有文本内容。

算法分析:文本文件中原来是有内容的,题目中要求打开文件的模式是追加,因此要求写入的内容是在文本文件的末尾处新增,不影响文件原有的内容。打开文本文件后,定义一个空的列表,使用 while 循环判断用户输入的内容被转换为大写后是否等于字符串 QUIT,如果不等于,则把输入的内容和换行符加入列表中,直到用户所输入的内容被转换为大写后等于 QUIT,退出循环,然后使用 writelines()方法将列表中的内容写入文件的末尾。完成写入操作后,当前文件的读写位置处在文件的末尾,使用 seek()方法将文件指针移至文件的开头处,使用 read()方法便可读出文件的所有内容,代码如下:

```python
# 第 4 章/4 - 9.py
# 与文件相关的内置函数

myfile = open("李白.txt","a + ",encoding = "utf - 8")
print("请输入内容(QUIT = 退出)")
lines = []
line = input("请输入:")
while line.upper()!= "QUIT":
  lines.append(line + "\n")
  line = input("请输入:")
myfile.writelines(lines)
myfile.seek(0)
print("文件{0}中的文本内容如下:".format(myfile.name))
print(myfile.read())
myfile.close()
```

上述代码的执行结果如图 4-19 所示。

文件对象的 read()方法和 readline()方法均可以用于从文本流当前位置读取指定数量的字符并以字符串形式返回。区别在于,当使用 read()方法打开文件时,当前读取位置在文件开始处,每次读取内容之后,读取位置处会自动移到下一个字符,直至达到文件末尾。

如果使用 readline()方法打开文件,则当前读取位置在第 1 行,每读完一行,当前读取位置会自动移至下一行,直至到达文件末尾,而文件对象的 readlines()方法用于从文本流上读取所有可用的行,并返回一个由这些行所构成的列表。文件对象的 write()方法在写入字符串后,能返回写入的字符个数,writelines()方法能将指定的列表中的所有字符串都写入文本。

当使用 open()方法打开文件对象时,必须在文件对象操作结束后,使用 close()方法进行关闭,不然有可能会造成文件出现错误。为了防止程序员忘记关闭文件,Python 提供了一个新的文件打开的方法,使用 with open 对文件进行操作,Python 将自动对操作后的文件进行关闭。下述代码将得到和图 4-19 完全一样的结果,代码如下:

请输入内容(QUIT=退出)
请输入:*月下独酌*
请输入:*花间一壶酒,独酌无相亲.*
请输入:*举杯邀明月,对影成三人.*
请输入:*quit*
文件李白.txt中的文本内容如下:
夜宿山寺
危楼高百尺,手可摘星辰。
不敢高声语,恐惊天上人。

月下独酌
花间一壶酒,独酌无相亲.
举杯邀明月,对影成三人.

图 4-19 读写文件的内置函数

```python
# with open 操作文件

myfile = open("李白.txt","a + ",encoding = "utf - 8")
with open("李白.txt","a + ",encoding = "utf - 8") as myfile:
  print("请输入内容(QUIT = 退出)")
  lines = []
  line = input("请输入:")
  while line.upper()!= "QUIT":
    lines.append(line + "\n")
    line = input("请输入:")
myfile.writelines(lines)
myfile.seek(0)
print("文件{0}中的文本内容如下:".format(myfile.name))
print(myfile.read())
```

4.2 函数定义

▶ 12min

在前面的章节中,介绍了许多内置函数,这些内置函数都不需要自己编写,可直接调用。除此之外,如果用户想要实现某个特定功能,则需要自己创建和定义函数,这类函数称为用户自定义函数。函数必须遵循先定义后调用的原则。用户自定义函数的语法如下:

```
def 函数名(参数列表):
    函数体
```

或

```
def 函数名(参数列表):
    函数体
    return[表达式]
```

Python 中的函数的定义需满足以下规则：

（1）以 def 开头，def 是 define 的缩写。后接定义函数的名称和圆括号，以冒号结尾。函数名称不仅应该符合标识符的命名规则，可由字母、下画线和数字组成，不能以数字开头，不能与关键字重名，还应能够表达函数封装代码的功能，方便后续的调用。

（2）圆括号可为空，也可以传入参数。

（3）函数体部分用于定义函数的内容，与 def 有缩进关系。

（4）调用自定义函数的基本格式为定义函数的名称；若圆括号为空，在调用时也为空，若圆括号()不为空，则在调用时需传入相应的参数。

（5）一个函数到底有没有返回值，就看末尾有没有 return，因为只有 return 才可以返回数据，当出现 return[表达式]时，表示结束函数，返回一个值给调用方。不带表达式的 return 相当于返回 None，代码如下：

```
# 函数定义,无参数

def PrintWelcome():
    print("欢迎学习 Python")
```

调用上述函数，将显示"欢迎学习 Python"字符串。此函数在定义时没有参数列表，也就是说，每次调用 PrintWelcome()函数的结果都是一样的。可以通过参数将要打印的字符串传入自定义函数，从而可以由调用者决定函数返回的字符串，代码如下：

```
# 函数定义,有参数

def PrintString(str):
    print(str)
```

可以为函数指定一个返回值，返回值可以是任何数据类型，使用 return 语句可以返回函数值并退出函数，代码如下：

```
# 函数定义,有返回值

def sum(num1, num2):
    return num1 + num2
```

注意：函数中，可以有多个 return 语句，但是只要执行到一个 return 语句，那么就意味着完成了这个函数的调用。

4.3　函数参数

Python 中函数定义非常简单，由于函数参数的存在，使函数变得非常灵活且应用广泛；不但使函数能够处理复杂多变的参数，还能简化函数的调用。

Python 中的函数参数有以下几种：位置参数、默认参数、可变参数、关键字参数和命名关键字参数。

4.3.1 位置参数

如同其他语言中函数的参数一样，Python 中的位置参数是指必须按照一定的顺序将设置的参数传递到指定的函数中，有时又叫作必备参数，即当函数用来进行参数传递时，参数的数量和位置都要与之前定义的函数保持一致，一一对应。

1．实参和形参数量必须一致

在函数调用时，指定的数据参数的数量要与形参的数量一致，不能多一个也不能少一个，如果不对应，Python 解释器则会抛出一种类型异常，并且会给出提示，这是一个必不可少的位置参数，例如下面这段错误的代码：

```
# 位置参数

def girth(width,height):
    return 2 * (width + height)
print(girth(5))
```

在函数定义中，设置了两个参数，但是在函数调用时，却只有一个参数，所以在程序的运行中会出现异常的情况。同理，如果传递的参数比实际参数多，则程序也会报错。

2．实参和形参位置必须一致

在参数的传递过程中，不仅数量要对应，实参和形参的位置也要一一对应，否则会出现两种情况，第 1 种是抛出一种类型错误的异常，还有一种情况是在数据类型中是相同的，但是最后得到的结果和预期的结果不一致。

例如，要求定义一个函数，用来计算 x^n，实现幂运算，代码如下：

```
# 位置参数

def power(x,n):
    s = 1
    while n > 0:
        s = s * x
        n = n - 1
    return s
print(power(3,4))
```

power(x,n)函数的功能是计算 x 的 n 次方，该函数有两个参数：x 和 n，这两个参数都是位置参数，调用函数时，传入的两个值按照位置顺序依次赋给参数 x 和 n。power(3,4)是计算 3 的 4 次方，如果传递时写成 power(4,3)，则计算的是 4 的 3 次方，得到的结果和预期的结果不一致。

【例 4-10】 定义一个函数，其功能是求两个非 0 自然数的最小公倍数，从键盘输入两个非 0 自然数,调用自定义函数并将结果输出到屏幕上。

算法分析:首先获取输入的两个数的较大者,并定义为 greater,然后将 greater 对输入的两个数进行整除,如果都能整除,则 greater 就是这两个数的最小公倍数,否则不断对 greater 加 1,直到能够把这两个数整除,也就是找到了最小公倍数,代码如下:

```python
# 第 4 章/4-10.py
# 函数的位置参数

# 求两个数的最小公倍数
def lcm(x,y):
    if x > y:
        greater = x
    else:
        greater = y
    while(True):
        if((greater % x == 0) and(greater % y == 0)):
            lcm = greater
            break
        greater += 1
    return lcm

number1 = int(input("请输入数字 1:"))
number2 = int(input("请输入数字 2:"))
result = lcm(number1, number2)
print( number1,"和",number2,"的最小公倍数为",result)
```

上述代码的执行结果如图 4-20 所示。

请输入数字1:15
请输入数字2:18
15 和 18 的最小公倍数为 90

图 4-20　自定义函数求两个数的最小公倍数

4.3.2　默认参数

默认参数是指在定义函数的过程中,固定参数的值。在上述函数 power(x,n)中,如果经常需要计算 x^2,则可以把第 2 个参数 n 的默认值设定为 2,此时默认参数就派上用场了。

```python
# 默认参数

def power(x, n = 2):
    s = 1
    while n > 0:
        s = s * x
        n = n - 1
    return s
print(power(4),power(3,n = 3),power(3,4))
```

在上述代码定义的函数中,当调用 power(4)时,等同于调用 power(4,2)。如果期望传入的第 2 个参数不是 2,就必须明确地传入 n 的值,例如 power(3,n=3),或者 power(2,4),因此,默认参数可以简化函数的调用。

注意:在定义函数时,如果该函数有默认参数,则应把位置参数(必选参数)设置在前面,将默认参数设置在后面,否则 Python 的解释器会报错。

【例 4-11】 编写一个小学一年级新生注册的函数,要求传入学生的姓名、性别、年龄和城市,并把学生的完整信息显示在屏幕上。

由于大多数学生的年龄和城市基本一样,所以可以把年龄和城市设置为默认参数,这样,大多数学生在注册时不需要提供年龄和城市,只提供另外两个参数,只有与默认参数不符的学生才需要提供额外的信息,代码如下:

```
# 第 4 章/4 - 11.py
# 函数的默认参数

# 打印学生信息
def register(name,gender,age = 6,city = 'CD'):
    print('name is: ',name)
    print('gender is: ',gender)
    print('age is: ',age)
    print('city is: ',city,'\n')

register('Tom','M')
register('Bob','M',7)
register('Lucy','F',7,'BJ')
register('Jerry','M',city = 'SH')
```

上述代码的执行结果如图 4-21 所示。

在上述代码中,函数定义的 4 个参数,最后两个参数是默认值参数。在调用该函数时,如果只传入两个参数,则这两个参数的值将赋给函数的参数 name 和 gender,函数的参数 age 和 city 的值分别等于默认值 6 和 CD。如果传入 3 个参数,并且不指明参数名,则传入的 3 个参数值依次赋给 name、gender 和 age。如果传入 3 个参数,指明第 3 个参数的参数名,形如 register('Jerry','M',city = 'SH'),则这 3 个参数值依次赋给 name、gender 和 city。当不需要默认参数时,传入 4 个参数,形如 register('Lucy','F',7,'BJ'),默认值参数将不起作用。

4.3.3 可变参数

在 Python 函数中,还可以定义可变参数。顾名思义,可变参数就是传入的参数个数是可变的,可以是 1 个、2 个到任意个,还可以是 0 个。以数学题为例,给定一组数字 a、b、c……,请计算

```
name is:  Tom
gender is:  M
age is:  6
city is:  CD

name is:  Bob
gender is:  M
age is:  7
city is:  CD

name is:  Lucy
gender is:  F
age is:  7
city is:  BJ

name is:  Jerry
gender is:  M
age is:  6
city is:  SH
```

图 4-21 自定义函数打印学生信息

a+b+c+…,要定义这个函数,必须确定输入的参数。由于参数的个数不确定,首先想到可以把 a、b、c… 作为一个 list 或 tuple 传进来。函数的定义,代码如下:

```
#自定义函数,参数数目确定

def calculator(numbers):
    sum = 0
    for i in numbers:
        sum = sum + i
    return sum
print(calculator([1,2,3,4]))
```

在上述代码中,在调用时,需要先组装出一个 list 或 tuple,如果利用可变参数实现,则上述调用函数的方式就可以简化,代码如下:

```
#自定义函数,参数数目可变

def calculator( * numbers):
    sum = 0
    for i in numbers:
        sum = sum + i
    return sum
print(calculator(1,2,3,4))
```

从以上代码可以看到,定义可变参数和定义一个 list 或 tuple 参数相比,仅仅在参数前面加了一个 * 号。在函数内部,参数 numbers 接收的是一个 tuple(可变参数将以 tuple 形式传递),因此,函数代码完全不变,但是,在调用该函数时,可以传入任意个数的参数,包括 0 个参数。

如果程序中已经存在一个 list 或者 tuple,则要调用一个可变参数怎么办? 可以这样实现:

```
#自定义函数,参数数目可变,实参已存在

def calculator( * numbers):
    sum = 0
    for i in numbers:
        sum = sum + i
    return sum
nums = [1,2,3,4]
print(calculator( * nums))
```

【例 4-12】 编写一个函数,要求实现任意多个数字的平方和,调用该函数并把结果显示在屏幕上,代码如下:

```
#第4章/4-12.py
#函数的可变参数

def variableParams( * params):
    sum = 0
    for i in params:
        sum += i * i
    return sum


list = []                           #列表,保存输入的数值
i = 0                               #临时保存输入的数值
while True :
    i = int(input('请输入数值(每次一个),输入-1代表结束:'))    #把输入的数转换成整数
    if i == - 1:
        break                       #如果输入-1,则结束循环
    else:
        list.append(i)              #把输入的数值存入列表
result = variableParams( * list)    #用 * 来把参数当作可变参数传入
print("输入的数值: ",list)
print("它们的平方和: ",result)
```

上述代码的执行结果如图 4-22 所示。

在上述代码中,函数用于对任意多个数字求平方和,也就是说函数的参数个数是变化的,是不固定的,可以是 0 个,可以是 1 个,也可以是多个,因此函数在定义时使用符号 * ,表示可以接收个数变化的参数,在调用函数前,把由用户输入的数字装入一个 list 中,再使用 variableParams(* list)进行自定义函数的调用。

请输入数值(每次一个),输入-1代表结束:1
请输入数值(每次一个),输入-1代表结束:2
请输入数值(每次一个),输入-1代表结束:3
请输入数值(每次一个),输入-1代表结束:4
请输入数值(每次一个),输入-1代表结束:-1
输入的数值: [1, 2, 3, 4]
它们的平方和: 30

图 4-22 自定义函数求任意多个数的平方和

注意：可变参数前加 ** 表示接受的是一个字典变量,函数获得的字典是复制的,在函数内改变字典变量的值,不会影响到函数外的字典变量。

4.4 函数中的变量

▶8min

作用域是指变量的有效作用范围,它决定了程序的哪一部分可以访问哪个特定的变量名称。通常情况下,在编程语言中,变量的作用域从代码的数据结构形式来看,分为块级、函数、类、包、模块等从小到大的级别。在 Python 中没有块级作用域的概念,也就是 if、for 语句块是没有作用域的。根据作用域来分,Python 函数中的变量分为局部变量和全部变量。

通常来讲,内部代码可以访问外部变量,而外部代码无法访问内部变量。

4.4.1 局部变量

局部变量是指在函数体或语句块内部定义的变量,是函数内部的占位符,因此局部变量的作用域就是定义它的函数体或语句块,只能在这个作用域的内部对局部变量进行存取操作,而不能在这个作用域的外部对局部变量进行存取操作。如果在函数的外部引用函数的形参或函数体中定义的局部变量,则会出现 NameError 错误,代码如下:

```
def func():
    a = 10          #1.定义一个局部变量
    print(a)        #2.打印局部变量
    a = 20          #3.修改局部变量
    print(a)        #4.打印局部变量
func()
print(a)            # 在函数外部无法调用
```

在上述函数 func()中,局部变量 a 的作用域被限定在函数的内部,当要在函数的外部使用时,就会出现语法错误,例如 print(a)无法访问函数内部的局部变量 a。

【例 4-13】 用户输入三角形的 3 条边,编写一个函数,计算该三角形的面积,调用该函数并把结果显示在屏幕上,代码如下:

```
#第 4 章/4 - 13.py
#局部变量

import math
def triangle_area(a,b,c):
  p = (a + b + c) / 2
  x = p * (p - a) * (p - b) * (p - c)
  if x <= 0:
    return - 1
  else:
    return math.sqrt(x)

a = float(input('请输入第 1 条边的边长: '))
b = float(input('请输入第 2 条边的边长: '))
c = float(input('请输入第 3 条边的边长: '))
area = triangle_area(a,b,c)
if area == - 1:
  print('此三边不构成三角形')
else:
 print('三角形的面积为', area)
```

代码执行结果如图 4-23 所示。

在上述代码中,自定义函数接收 3 个浮点数值,在函数体中,首先判断用户输入的这 3 个数值是否能构成三角形,如果不行,则返回-1,否则计算并返回三角形的面积,此种求三

角形面积的方法称为海伦公式法。虽然在函数的
内部和外部都定义了相同的变量 a、b、c,但是对于
带参数的函数而言,其形参的作用域就是函数体,
函数运算结束后,局部变量将被释放。

```
请输入第1条边的边长: 3
请输入第2条边的边长: 4
请输入第3条边的边长: 5
三角形的面积为:  6.0
```

图 4-23　自定义函数求三角形的面积

4.4.2　全局变量

在 Python 中,全局变量指的是定义在所有函数外部的变量,它可以作用于函数的内部
和外部。使用全局变量有以下作用:

(1) 通过定义全局变量可以在函数之间提供直接传递数据的通道。

(2) 将一些参数的值存放在全局变量中,可以减少调用函数时传递的数据量。

(3) 将函数的执行结果保存在全局变量中,可以使函数返回多个值。

由于全局变量具有"全局"特性,所以可以在多个函数中使用全局变量,但是如果在一个
函数中更改了全局变量的值,就可能会对其他函数的执行产生影响,因此在程序中不宜过多
地使用全局变量。Python 中对全局变量的定义有两种情况:在函数的外部定义,或在函数
的内部定义时添加 global 关键词。

1. 在函数外部定义

假设一个变量在函数的外部定义,那么这个变量既可以在函数的内部访问,也可以在函
数的外部访问。

定义一个全局变量 b,然后定义一个函数 fun(),最后在该函数的内部和外部均输出全
局变量 b 的值,代码如下:

```
# 在函数外部定义全局变量

b = 'I love Python!'                    # 定义全局变量
def fun():                             # 定义函数
    print('在函数内部访问全局变量 b = ',b)   # 在函数内部输出全局变量
fun()
print('在函数外部访问全局变量 b = ',b)      # 在函数外部输出全局变量
```

上述代码的执行结果如图 4-24 所示。

```
在函数内部访问全局变量b= I love Python!
在函数外部访问全局变量b= I love Python!
```

图 4-24　在函数外部定义全局变量

由此可以看出,内部代码可以访问外部变量。
如果存在一个局部变量,变量名和全部变量名相同,
则在函数的内部访问的变量是全局变量还是局部变
量呢?

定义名称相同,但内容不同的全局变量和局部变量 b,并输出它们的值,代码如下:

```
# 全局变量和局部变量重名


```

```
b = 'I love Python!'                                # 定义全局变量
print('在函数外部访问全局变量 b = ',b)               # 在函数外部输出全局变量
def fun():                                          # 定义函数
    b = 'I love C,too!'                             # 定义局部变量
    print('在函数内部访问局部变量 b = ', b)           # 在函数内部输出全局变量
fun()

print('在函数外部访问全局变量 b = ',b)               # 在函数外部输出全局变量
```

上述代码的执行结果如图 4-25 所示。

从上面的结果可以看出,内部变量(局部变量)可以和外部变量(全局变量)重名,但是由于二者的作用域不同,在函数内部访问的是局部变量,如果改变局部变量的值,则不影响同名的全局变量的值。

2. 在函数内部定义时添加 global 关键词

如果要在函数内部定义全局变量,则应使用 global 关键字对变量进行声明。在 Python 中,在内部定义的变量前添加关键词 global 后,该变量就成了全局变量。在函数的外部也可以访问该变量,同时还可以在函数的内部进行修改,代码如下:

```
# 带 global 的全局变量

b = 'I love Python!'                                # 定义全局变量
print('在函数外部访问全局变量 b = ',b)               # 在函数外部输出全局变量
def fun():                                          # 定义函数
    global b
    b = 'I love C,too!'                             # 定义局部变量
    print('在函数内部访问全局变量 b = ', b)           # 在函数内部输出全局变量
fun()
print('在函数外部访问全局变量 b = ',b)               # 在函数外部输出全局变量
```

上述代码的执行结果如图 4-26 所示。

在函数外部访问全局变量b= I love Python!   在函数外部访问全局变量b= I love Python!
在函数内部访问局部变量b= I love C,too!   在函数内部访问全局变量b= I love C,too!
在函数外部访问全局变量b= I love Python!   在函数外部访问全局变量b= I love C,too!

图 4-25　全局变量和局部变量重名　　　　　图 4-26　带 global 的全局变量

从上面的结果可以看出,在函数的内部也可以修改全局变量的值。在自定义函数 fun() 的外部定义了全局变量 b,又在函数体中定义了同名变量 b,添加了 global 关键字,此时对 b 的赋值修改了函数外部全局变量的值。最后在函数的外部访问 b,得到的是跟在函数内部访问全局变量一样的结果。

【例 4-14】　用户输入一个正整数 n,编写一个函数,找出 n 以内的所有完数。调用该函数并把结果显示在屏幕上。

算法分析:"完数"指的是一个数恰巧等于它的所有因子之和(除了这个数本身),例如

6,它的因子分别是 1、2 和 3,而 6 正好等于 1+2+3,所以 6 就是完数,代码如下:

```python
#第4章/4-14.py
#全局变量

nums = []
def all_PerfectNum(n):
    for j in range(2,n+1):
        s = j
        for i in range(1,j):
            if j % i == 0:
                s = s - i
        if s == 0:
            nums.append(j)

n = int(input("请输入一个正整数:"))
all_PerfectNum(n)
print("{0}以内的所有完数:{1}".format(n,nums))
```

上述代码的执行结果如图 4-27 所示。

在上述自定义函数中,创建一个从 2 到 n 的循环,并且将其中的值依次赋值给 j,接下来要判断 j 是否是完数;创建一个新的变量 s,赋值为 j,因为 j 在后边的循环中还

请输入一个正整数: 1000
1000以内的所有完数: [6, 28, 496]

图 4-27　自定义函数求所有完数

会用到,所以 s 作为一个变量往下进行传递;创建一个从 1 到 j-1 的循环,并且依次赋值给 i,如果 j 能够整除 i,则说明 i 就是 j 的一个因子,用 s 减去 j 的因子 i,等到 i 完成所有的遍历,相当于 s 减去了 j 的所有因子;如果 s 等于 0,则说明 s 减去 j 的所有因子后值为 0,也就是 j 等于它的所有因子之和,那么 j 就是完数,把 j 存入全局变量列表 list 中,遍历完成,列表中就保存了所有满足条件的完数。

4.5　递归函数

9min

函数内部不仅可以调用其他函数,也可以调用自身。一个过程或函数在其定义或说明中有直接或间接调用自身的一种方法称为递归。递归在程序设计语言中被广泛应用,它通常把一个复杂型的问题层层转换为一个与原问题相似的规模较小的问题来求解。递归策略只需少量的程序就可描述出解题过程所需要的多次重复计算,较大程度地减少了程序的代码量。

在使用递归函数时,需要注意以下几点:

(1) 函数内部的代码是相同的,针对的参数不同,处理的结果不同。

(2) 递归函数必须有一个明确的结束条件,当参数满足此条件时,函数不再继续执行。

第 2 条非常重要,结束条件通常被称为递归的出口,如果递归函数没有出口,则将会陷入死循环,因此,编写递归函数时,切勿忘记递归出口,避免函数无限调用。

定义一个函数 sum_numbers,能够接收一个正整数 num,计算 1+2+…+num 的结

果,代码如下:

```
#递归函数的定义和调用

def sum_numbers(num):
    if num == 1:                        #出口(结束条件)
        return 1
    return num + sum_numbers(num - 1)    #调用自身函数的行为

result = sum_numbers(3)
print(result)
```

上述代码的执行结果如图 4-28 所示。

6

图 4-28　递归函数的定义和调用

在上述代码中,以累加到 3 为例,一开始传进参数 3,sum_numbers(3)就代表求累加到 3 的和,因为 3 不等于 1,所以调用 sum_numbers(2)求累加到 2 的和,因为 2 不等于 1,所以继续调用 sum_numbers(1)求累加到 1 的和,由于此时传入的值为 1,因此函数 sum_numbers(1)返回 1。接着,往回依次调度,sum_numbers(2)返回 3,继而求出 sum_numbers(3)的值为 6。调度过程和回推过程如图 4-29 所示。

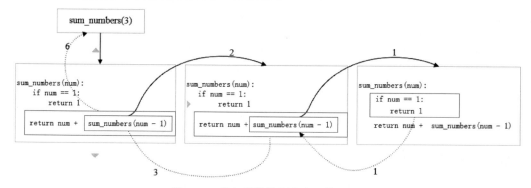

图 4-29　递归函数的调度和回推过程

【例 4-15】　正整数阶乘是指从 1 乘以 2 乘以 3 一直乘到所指定的数。定义一个求正整数阶乘的函数。

用非递归函数实现,代码如下:

```
#循环求阶乘

def notrecursion(n):
    num = n
    for i in range(1,n):
        num = num * i
```

```
        return num
n = int(input("请输入一个正整数："))
result = notrecursion(n)
print("% d!= % d" % (n,result))
```

上述代码的执行结果如图 4-30 所示。

请输入一个正整数：*10*
10!=3628800

图 4-30 非递归求阶乘

把上题改为用递归函数实现,代码如下:

```
# 第4章/4 - 15.py
# 递归求阶乘

def recursion(n):
    if n == 1:                              # 出口(结束条件)
        return 1
    else:
        return n * recursion(n - 1)         # 调用自身函数的行为

n = int(input("请输入一个正整数："))
result = recursion(n)
print("% d!= % d" % (n,result))
```

在上述代码中,以求 5 的阶乘为例,一开始传进参数 5,recursion(5)代表求 5 的阶乘,因为 5 不等于 1,所以调用 recursion(4)求 4 的阶乘,依次调用,直到调用 recursion(1),递归调用达到结束条件,因此函数 recursion(1)返回 1,接着,recursion(2)返回 2,往回依次调度,直到回到 recursion(5)。调度过程和回推过程如图 4-31 所示。

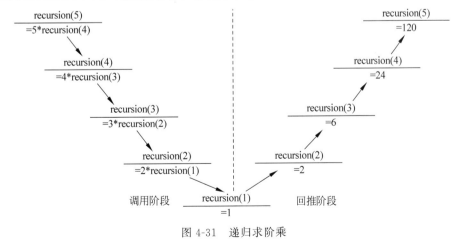

图 4-31 递归求阶乘

上述代码的执行结果如图 4-32 所示。

请输入一个正整数：10
10!=3628800

图 4-32　递归求阶乘

上述例题用了两种解法，一种是用循环结构实现，另一种是用递归方法实现，两种方法的本质都是代码复用，可以把递归看成一种特殊的循环。递归和循环的区别在于：

（1）递归往往是自顶向下的，将问题的规模逐步缩小，直到缩小至递归结束条件成立，而循环既可以是自顶向下的，也可以是自底向上的。

（2）递归运行效率低，对存储空间的占用比循环大，不便于调试；循环运行效率高，对存储空间占用比递归小，便于调试。

（3）递归适合用在数据的结构形式是按照递归定义的，例如单链表、二叉树、斐波那契数列、汉诺塔等；循环适合用在数据的结构形式不是按照递归定义的，使用循环就能够轻松解决的问题，例如一重循环或二重循环。

由于循环具有运行效率高，便于调试等优点，因此应尽量使用循环，但是，递归函数对于某些算法和事件处理起来比较简单，甚至如果循环迭代的方法还不一定能想出来。虽然使用递归牺牲了运行效率和存储空间，但是换来了更加清晰简洁和易于理解的代码，能极大地提高程序的可读性。

【例 4-16】　定义一个递归函数，实现斐波那契数列。

算法分析：斐波那契数列是这样一个数列：$1,1,2,3,5,8,13,21,34,55,89,\cdots$，数列的第 1 项和第 2 项均为 1，以后每项的值都为前两项之和，见公式 4-1。

$$f(n)=\begin{cases}1 & n=1 \\ 1 & n=2 \\ f(n-1)+f(n-2) & n>2\end{cases} \tag{4-1}$$

代码如下：

```
# 第 4 章/4 - 16.py
# 以递归方法实现斐波那契数列

def fibonacci(n):
    if n == 1 or n == 2:
        return 1
    return fibonacci(n - 1) + fibonacci(n - 2)

x = int(input("请输入自然数 N: "))
f = fibonacci(x)
print("在斐波那契数列中,第{0}位数字为:{1}".format(x,f))
```

上述代码的执行结果如图 4-33 所示。

请输入自然数N：7
在斐波那契数列中，第7位数字为：13

图 4-33　递归求斐波那契数列

在上述代码中,递归出口为 n==1 or n==2,也就是递归函数的终止条件,而 n>2 是递归函数的调用条件,用递归的方法可以实现斐波那契数列,虽然效率低,但是写法最简洁。

【例 4-17】 在印度,有这么一个古老的传说:开天辟地的神勃拉玛在一个庙里留下了三根金刚石的棒,如图 4-34 所示。第一根上面套着 64 个圆的金片,最大的一个金片在最底部,上面的金片一个比一个小,依次叠上去,庙里的众僧不倦地把它们一个个地从这根棒搬到另一根棒上,规定可利用中间的一根棒作为帮助,但每次只能搬一个,而且大的金片不能放在小的上面。移动圆片的次数非常惊人,高达18 446 744 073 709 551 615 次。

图 4-34 汉诺塔原型

定义函数 hannoi(n,A,B,C) 表示把 A 上的 n 个盘子移动到 C 上,其中可以用到 B。游戏分解过程如图 4-35 所示。

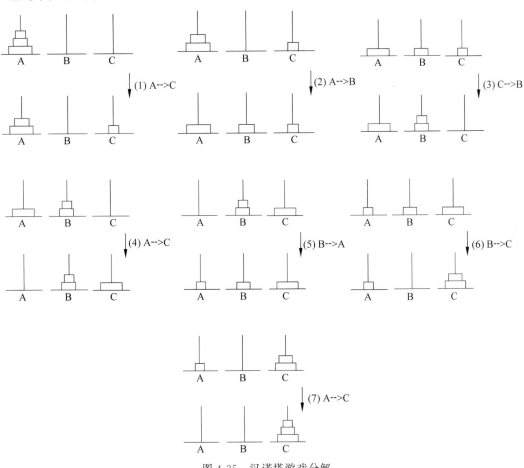

图 4-35 汉诺塔游戏分解

代码如下：

```
#第 4 章/4-17.py
#汉诺塔递归函数

def Hanoi(n,A,B,C):
    if n == 1:
        print(A ," -->" ,C)
    else:
        Hanoi(n-1,A,C,B)        #将前 n-1 个盘子从 A 移动到 B 上
        print(A ," -->" ,C)     #将最底下的最后一个盘子从 A 移动到 C 上
        Hanoi(n-1,B,A,C)        #将 B 上的 n-1 个盘子移动到 C 上
n = int(input("请输入层数: "))
Hanoi(n,"A","B","C")
```

```
请输入层数：3
A --> C
A --> B
C --> B
A --> C
B --> A
B --> C
A --> C
```

图 4-36   汉诺塔递归函数

上述代码的执行结果如图 4-36 所示。

上述代码执行的结果对应了图 4-35 的游戏分解过程，当 A 上有 3 个盘子时，想要移动到 C 上，分为 7 步：先把 A 最上面的第 1 个小盘子移动到 C 上，再把 A 上的第 2 个中等盘子移动到 B 上，接下来将 C 上的小盘子移动到 B 上，此时 C 上面是空的，然后把 A 上的第 3 个大盘子移动到 C 上，此时 A 上面是空的，并且这时 C 上就有了第 1 个大盘子，接着把 B 上的小盘子移回 A，再把 B 上的中等盘子移动至 C 上，最后把 A 上的小盘子移动到 C 上，游戏结束。

4.6   异常处理

异常指的是意外事件，在程序执行的过程中，如果出现一些意外情况，则会导致程序无法正常执行下去，称为程序异常。异常是 Python 中的一个对象，表示一个错误。一般情况下，在 Python 无法正常处理程序时就会发生一个异常，例如正在进行网络文件传输，突然断网了，这就是个异常，是个意外的情况，因此，异常是不可能避免的。当 Python 脚本发生异常时需要捕获并处理它，否则程序会终止执行。

Python 提供了强大的异常处理机制，程序员对程序在执行过程中出现的异常正确捕获并处理后，可以使程序继续执行下去，常见的错误异常见表 4-2。

表 4-2   常见的错误异常

异 常 名 称	异 常 描 述
BaseException	异常的基类
SystemExit	系统退出
KeyboardInterrupt	键盘中断执行(用户使用快捷键 Ctrl+C 中断程序)

异 常 名 称	异 常 描 述
IOError	输入/输出操作异常
IndexError	序列中没有此索引
KeyError	映射中没有这个键
SyntaxError	Python 语法错误
IndentationError	缩进错误
TypeError	对类型无效的操作
ValueError	传入无效的参数
ZeroDivisionError	除以(获取模)零(所有数据类型)

捕捉异常可以使用 try-except 语句。try-except 语句用来检测 try 语句块中的错误,从而让 except 语句捕获异常信息并处理。如果不想在异常发生时结束程序,则只需在 try 里捕获它。以下为简单的 try-except-else 的语法:

```
try:
    <语句>
except <名字>:
    <语句>        # 如果在 try 子句引发了'name'异常
except <名字>,<数据>:
    <语句>        # 如果引发了'name'异常,则获得附加的数据
else:
    <语句>        # 如果没有异常发生
```

当开始执行 try 语句后,Python 就在当前程序的上下文中作标记,当异常出现时就可以回到这里,try 子句先执行,接下来会发生什么依赖于执行时是否出现异常。

如果 try 子句在执行时发生异常,则 Python 将执行第 1 个匹配该异常的 except 子句,异常处理完毕,控制流就通过整个 try 语句。

如果 try 子句在执行时发生异常,却没有与之匹配的 except 子句,异常将被递交到上层的 try,或者到程序的最上层,这样将结束程序,并打印默认的出错信息。

如果在 try 子句执行时没有发生异常,又存在 else 语句,则 Python 将执行 else 语句后的语句,然后控制流通过整个 try 语句。

【例 4-18】 从键盘输入两个数,定义一个函数,分别对这两个数进行加、减、乘、除运算,把运算的结果显示在屏幕上,代码如下:

```
# 第 4 章/4 - 18.py
# 异常处理

def arithmetic(a,b):
    try:
        print("这两个数的和:", a + b)
        print("这两个数的差:", a - b)
        print("这两个数的积:", a * b)
        print("这两个数的商:", a / b)
```

```
        except(ZeroDivisionError):
            print('异常: 0 不能作为分母!')
        else:
            print(' ====== end ====== ')

    a = int(input("请输入第 1 个数 a= "))
    b = int(input("请输入第 2 个数 b= "))
    arithmetic(a,b)
```

请输入第 1 个数 a= 6 　　请输入第 1 个数 a= 6
请输入第 2 个数 b= 2 　　请输入第 2 个数 b= 0
这两个数的和: 8 　　这两个数的和: 6
这两个数的差: 4 　　这两个数的差: 6
这两个数的积: 12 　　这两个数的积: 0
这两个数的商: 3.0 　　异常: 0不能作为分母!
====== end ======

图 4-37　异常处理

上述代码的执行结果如图 4-37 所示。

当函数参数 b 接收的数不为 0 时,try 子句顺利执行,未发生异常,当 try 子句完全执行以后,接着执行 else 子句。当函数参数 b 接收的数为 0 时,在执行到 a/b 时,发生了异常,因此语句 print("这两个数的商: ",a/b)并未执行成功,程序捕捉到该异常,并找到匹配的 except 执行。当该异常处理完毕,程序将跳过整个 try 语句,不去执行 else 语句。

上述代码对 ZeroDivisionError 进行了异常捕获,需要注意的是,如果发生了非 ZeroDivisionError 异常错误,则程序将终止执行。为捕获多种异常,可以使用多个 except 方法进行异常监测。

注意:在高级编程语言中,一般有错误和异常的概念,异常是可以捕获的,并可以被处理,但是错误是不能被捕获的。

4.7　综合案例:三国演义节选关键字统计

▶ 6min

《三国演义》描写了从东汉末年到西晋初年之间近 105 年的历史风云,以描写战争为主,反映了东汉末年的群雄割据混战和魏、蜀、吴三国之间的政治和军事斗争,以及最终司马炎一统三国,建立晋朝的故事。这本书塑造了一批叱咤风云的三国英雄人物,其中,刘备、张飞、关羽虽然生活经历不同,但却有一个共同的志向,那就是要想用自己的能力改变国家的现状。于是,他们仨就在关羽的桃园中结成了兄弟。节选内容的英文版见《桃源三结义》。

【要求】

统计文档中 3 个人物出现的次数,包括 LiuBei、GuanYu 和 ZhangFei。

【目标】

通过该案例的训练,熟悉 Python 中字符串、列表、字典等特性,掌握 range()、len()、count()、dict()、update()、sorted()等常用函数的基本操作和应用场景,掌握自定义函数的创建流程,培养实际动手能力和解决问题的能力。

【步骤】

(1) 打开文本文件,并把内容存入字符串,代码如下:

```
# 从文本文档中读取待检索文档并将读取的文字保存为变量,解码方式选择 utf8
f = open('桃源三结义.txt', encoding = 'utf8')
content = f.read()
```

(2) 用列表存储待检索的关键字,定义一个空的字典,代码如下:

```
# 定义空字典
d = dict()
# 初始化待检索关键字列表
words = ['LiuBei', 'ZhangFei', 'GuanYu']
```

(3) 创建自定义函数,接收两个参数,一个是待检索的关键字列表,另一个是搜索内容。
遍历 words 中待检索的关键字,通过调用 content.count(words[i]) 函数得到每个关键
字在字符串 content 中出现的次数,并把每个关键字和出现次数存入字典。这里需要用到
for 循环进行遍历,代码如下:

```
# 遍历 words 中的每个关键字
    for i in range(len(words)):
        # 将每个关键字和出现的次数作为键 - 值对更新到字典 d 中
        d.update({words[i]:content.count(words[i])})
```

(4) 按字典的 value 值进行降序排序,不仅可以看到每个关键字出现的次数,还能方便
地看到出现次数最多的关键字。

(5) 编写程序,代码如下:

```
# 第 4 章/countKeywords.py
# 统计关键字函数
# 参数 words 为待检索的关键字列表
# 参数 content 为搜索内容
def countKeywords(words,content):
    # 定义字典,存放每个关键字和其出现的次数
    d = dict()
    # 遍历 words 中的每个关键字
    for i in range(len(words)):
        # 将每个关键字和出现的次数作为键 - 值对更新到字典 d 中
        d.update({words[i]:content.count(words[i])})
    # 对字典 d 按 value 值进行降序排序,得到新的字段 d_sorted
    d_sorted = sorted(d.items(),key = lambda x:x[1],reverse = True)
    print(dict(d_sorted))

# 从文本文档中读取待检索文档,解码方式选择 utf8
f = open('桃源三结义.txt', encoding = 'utf8')
# 将文本内容存入字符串
```

```
content = f.read()
♯初始化待检索关键字列表
words = ['LiuBei', 'ZhangFei', 'GuanYu']
♯调用函数,统计待检索关键字在文档中出现的次数,并按照出现次数的降序打印
countKeywords(words,content)
```

上述代码的执行结果如图 4-38 所示。

{'LiuBei': 24, 'ZhangFei': 12, 'GuanYu': 7}

图 4-38 自定义函数实现文本关键字统计

注意：Python 中的 lambda 表达式 key＝lambda x：x[1]表示如果有函数 f(1,2)返回 2,针对这里的 d.item(),key 就为每一键-值对中的"值",即排序时按"值"来排序。

4.8 小结

本章首先介绍了 Python 程序编程中常用的内置函数,然后从函数的格式定义出发,对函数的 3 种参数形式(位置参数、默认参数和可变长度参数)一一做了详细讲解和举例说明,接下来讲授了 Python 中函数的变量、递归函数和异常处理部分的知识,最后以一个综合案例(三国演义节选)关键字统计来对本章的知识进行巩固和理解训练。

本章的知识结构如图 4-39 所示。

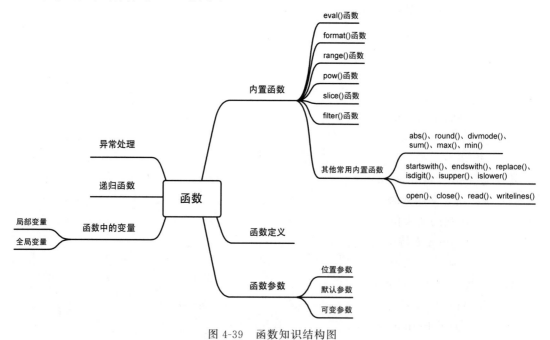

图 4-39 函数知识结构图

4.9 习题

1. 选择题

（1）关于函数的描述，错误的选项是（　　　）。

    A. Python 使用 del 保留字定义一个函数

    B. 函数能完成特定的功能，对函数的使用不需要了解函数的内部实现原理，只要了解函数的输入/输出方式即可

    C. 函数是一段具有特定功能的可重用的语句组

    D. 使用函数的主要目的是降低编程难度和代码重用

（2）以下关于函数参数和返回值的描述，正确的是（　　　）。

    A. 采用名称传参时，实参的顺序需要和形参的顺序一致

    B. 可选参数传递指的是没有传入对应参数值时，就不使用该参数

    C. 函数能同时返回多个参数值，需要形成一个列表来返回

    D. Python 支持按照位置传参，也支持名称传参，但不支持地址传参

（3）以下关于 Python 函数使用的描述，错误的是（　　　）。

    A. 函数定义是使用函数的第 1 步

    B. Python 程序里一定要有一个主函数

    C. 函数执行结束后，程序执行流程会自动返回函数被调用的语句之后

    D. 函数被调用后才能执行

（4）以下关于函数的描述，正确的是（　　　）。

    A. 当函数的全局变量是列表类型时，函数内部不可以直接引用该全局变量

    B. 如果函数内部定义了跟外部的全局变量同名的组合数据类型的变量，则函数内部引用的变量不确定

    C. 如果 Python 的函数中引用一个组合数据类型变量，就会创建一个该类型对象

    D. 函数的简单数据类型全局变量在函数内部使用时，需要显式声明为全局变量

（5）以下关于函数参数传递的描述，错误的是（　　　）。

    A. 当定义函数时，可选参数必须写在非可选参数的后面

    B. 函数的实参位置可变，需要在形参定义和实参调用时都要给出名称

    C. Python 支持可变数量的参数，实参用"＊参数名"表示

    D. 在调用函数时，可变数量参数被当作元组类型传递到函数中

（6）Python 中，函数定义可以不包括以下（　　　）选项。

    A. 可选参数列表　　B. 函数名　　　　　C. 关键字 def　　　　D. 一对圆括号

（7）以下关于 Python 函数对变量的作用，错误的是（　　　）。

    A. 简单数据类型在函数内部用 global 保留字声明后，函数退出后该变量保留

    B. 全局变量指在函数之外定义的变量，在程序执行的全过程有效

C. 简单数据类型变量仅在函数内部创建和使用,函数退出后变量被释放

D. 对于组合数据类型的全局变量,如果在函数内部没有被真实创建的同名变量,则函数内部不可以直接使用并修改全局变量的值

(8) 关于形参和实参的描述,以下选项中正确的是(　　)。

A. 参数列表中给出要传入函数内部的参数,这类参数称为形式参数,简称形参

B. 函数调用时,实参默认采用按照位置顺序的方式传递给函数,Python 也提供了按照形参名称输入实参的方式

C. 程序在调用时,将形参复制给函数的实参

D. 函数定义中参数列表里面的参数是实际参数,简称实参

(9) 关于 Python 函数,以下选项中描述错误的是(　　)。

A. 函数是一段具有特定功能的语句组

B. 函数是一段可重用的语句组

C. 函数通过函数名进行调用

D. 每次使用函数时需要提供相同的参数作为输入

(10) 关于函数作用的描述,以下选项中错误的是(　　)。

A. 复用代码　　　　　　　　　　B. 增强代码的可读性

C. 降低编程复杂度　　　　　　　D. 提高代码执行速度

(11) 在 print 函数的输出字符串中可以将(　　)作为参数,代表后面指定要输出的字符串。

A. %d　　　　　　B. %c　　　　　　C. %t　　　　　　D. %s

(12) Python 语言中,以下表达式输出结果为 11 的选项是(　　)。

A. print("1+1")　　　　　　　　B. print(1+1)

C. print(eval("1+1"))　　　　　　D. print(eval("1"+"1"))

(13) Python 语言中用来定义函数的关键字是(　　)。

A. return　　　　B. def　　　　C. function　　　　D. define

(14) 假设函数中不包括 global 保留字,对于改变参数值的方法,以下选项中错误的是(　　)。

A. 当参数是 int 类型时,不改变原参数的值

B. 当参数是组合类型(可变对象)时,改变原参数的值

C. 参数的值是否改变与函数中对变量的操作有关,与参数类型无关

D. 当参数是 list 类型时,改变原参数的值

(15) 一些重要的程序语言(例如 C 语言和 Python 语言)允许过程的递归调用,而实现递归调用中的存储分配通常用(　　)。

A. 栈　　　　　　B. 堆　　　　　　C. 链表　　　　　　D. 数组

(16) Python 中,若有 def f1(a,b,): print(a+b),则语句序列"nums=(1,2,3); f1(*nums)"的运行结果是(　　)。

A. 语法错   B. 6   C. 3   D. 1

(17) 构造函数是类的一种特殊函数,在 Python 中,构造函数的名称为( )。

    A. 与类同名   B. construct   C. _init_   D. init

(18) ( )函数是指直接或间接调用函数本身的函数。

    A. 递归   B. 闭包   C. lambda   D. 匿名

(19) 以下关于函数的描述,错误的是( )。

    A. 函数是一种功能抽象

    B. 使用函数的目的只是为了增加代码复用

    C. 函数名可以是任何有效的 Python 标识符

    D. 使用函数后,代码的维护难度降低了

(20) 若 a="abcd",想将 a 变为"ebcd",则下列语句正确的是( )。

    A. a[0] = "e"   B. a.replace("a", "e")

    C. a[1] = "e"   D. a = "e" + "bcd"

2. 判断题

(1) 局部变量指在函数内部使用的变量,当函数退出时,变量依然存在,下次函数调用时可以继续使用。   ( )

(2) 函数是一段具有特定功能的语句组,通过函数名进行调用。   ( )

(3) 每次使用函数时需要提供相同的参数作为输入。   ( )

(4) 全局变量指在函数之外定义的变量,一般没有缩进,在程序执行的全过程有效。   ( )

(5) 函数是一种功能抽象,使用函数后,代码的维护难度降低了。   ( )

(6) Python 实行按值传递参数。值传递指调用函数时将常量或变量的值(实参)传递给函数的参数(形参)。   ( )

(7) 在参数内部改变形参的值,实参的值一般是不会改变的。实参与形参的名字必须相同。   ( )

(8) 实参与形参存储在各自的内存空间中,是两个不相关的独立变量。   ( )

(9) 在每个 Python 类中都包含一个特殊的变量 self。它表示当前类自身,可以使用它来引用类中的成员变量和成员函数。   ( )

(10) 函数可以没有参数,但必须有 return 语句。   ( )

(11) 在定义函数时,即使该函数不需要接收任何参数,也必须保留一对空的圆括号来表示这是一个函数。   ( )

(12) 一个函数如果带有默认值参数,则必须为所有参数都设置默认值。   ( )

(13) 不同作用域中的同名变量之间互相不影响,也就是说,在不同的作用域内可以定义同名的变量。   ( )

(14) 全局变量会增加不同函数之间的隐式精合度,从而降低代码的可读性,因此应尽量避免过多地使用全局变量。   ( )

（15）在函数内部，既可以使用 global 声明使用外部全局变量，也可以使用 global 直接定义全局变量。　　　　　　　　　　　　　　　　　　　　　　　　　　　　　（　　）

（16）在函数内部直接修改形参的值并不影响外部实参的值，但是在函数内部没有办法定义全局变量。　　　　　　　　　　　　　　　　　　　　　　　　　　　　　　（　　）

（17）形参可以看作函数内部的局部变量，函数运行结束后形参就不可访问了。（　　）

（18）在函数内部没有任何声明的情况下直接为某个变量赋值，这个变量一定是函数内部的局部变量。　　　　　　　　　　　　　　　　　　　　　　　　　　　　　（　　）

（19）在 Python 中定义函数时不需要声明函数参数的类型，也不需要声明函数的返回值类型。　　　　　　　　　　　　　　　　　　　　　　　　　　　　　　　（　　）

（20）在定义函数时，某个参数名字前面带有一个 * 符号表示可变长度参数，可以接收任意多个普通实参并存放于一个元组之中。　　　　　　　　　　　　　　　　　　（　　）

3. 写出下列程序的运行结果

（1）

```python
def func(num):
    num *= 2
    x = 20
func(x)
print(x)
```

（2）

```python
def calu(x = 3, y = 2, z = 10):
    return(x ** y * z)
h = 2
w = 3
print(calu(h,w))
```

（3）

```python
def func(a, * b):
    for item in b:
        a += item
    return a
m = 0
print(func(m,1,12,3,5,7,12,21,33))
```

（4）

```python
def fact(n):
    if n == 8:
        return 1
    else:
```

```
        return n * fact(n - 1)
num = eval(input("请输入一个整数:"))
print(fact(abs(int(5))))
```

（5）

```
la = 'python '
try:
  s = eval(input("请输入整数":)
  ls = s * 2
  print(ls)
except:
  print("请输入整数")
```

（6）

```
s = 0
def fun(num):
  try:
    s += num
    return s
  except:
    return 0
  return 5
print(fun(2))
```

（7）

```
def test (b = 2, a = 4):
  global z
  z += a * b
  return z
z = 10
print(z, test())
```

（8）

```
def hub(ss, x = 2.0, y = 4.0):
  ss += x * y
  ss = 10
print(ss, hub(ss, 3))
```

（9）

```
ab = 4
def myab(ab, xy):
  ab = pow(ab, xy)
  print(ab, end = "")
```

```
myab(ab,2)
print(ab)
```

（10）

```
img1 = [12,34,56,78]
img2 = [1,2,3,4,5]
def display ():
    print(img1)
def modify ():
    img1 = img2
modify()
display()
```

4. 编程题

（1）编写一个函数,它有一个名为 num 的参数,如果参数是偶数,则函数打印出 num 的一半,如果参数是奇数,则函数打印出 2 * num－1。

（2）定义一个函数,向函数内传入形参 username 和 password,当 username 的值为 admin 且 password 的值为字符串 123456 时,返回"登录成功",否则返回"用户名或密码错误"。

（3）定义函数 count(),统计一个字符串中大写字母、小写字母、数字的个数,并以字典为结果返给调用者。

（4）定义一个函数,接收两个整数,分别代表年份和月份,返回这个月的最后一天是星期几,其中,0 代表星期日。

（5）定义一个函数,要求从键盘输入两个数,调用该函数得出两个数的最大公约数,并显示在屏幕上。

（6）编写函数,接收整数参数 t,返回斐波那契数列中大于 t 的第 1 个数。

（7）编写函数 $f(n)$,实现输入 n 的值,求出 n 的阶乘,然后调用此函数计算 1!＋2!＋3!＋…10! 的结果,输出到屏幕上。

（8）定义一个函数 is_prime(n),判断输入的 n 是不是素数,如果是素数,则返回值为 True,否则返回值为 False。通过键盘输入两个整数 x 和 y,调用此函数输出两数范围之内素数的个数(包括 x 和 y)。

（9）一个数如果从左往右读和从右往左读数字是相同的,则称这个数是回文数,如 121、1221、15651 都是回文数。现在写出一个函数 $h(n)$,判断 n 是否为回文数,如果是回文数,则返回值为 True,否则返回值为 False。利用上面的判断素数函数,找出所有既是回文数又是素数的 3 位十进制数。

（10）猴子吃桃:猴子第一天摘下若干个桃子,当即吃了一半,不过瘾就多吃了一个。第二天又将剩下的桃子吃了一半,不过瘾又多吃了一个。以后每天都吃前一天剩下的一半再加一个。到第 10 天刚好剩下一个。问猴子第一天摘了多少个桃子。

第 5 章

面向对象基础

面向对象编程（Object Oriented Programming，OOP）是现代软件工程领域中的一项重要技术，能很好地支撑软件工程的 3 个主要目标：重用性、灵活性和扩展性。

Python 是完全支持面向对象的动态型语言，其完全支持面向对象的封装、继承、多态等特性。Python 中"一切皆对象"，即一切数据类型都被视为对象。本章将介绍面向对象的基础概念及其在 Python 中的具体体现和应用。

5.1　面向对象概念

在介绍面向对象编程概念之前，先介绍与之相对应的另一种程序设计思想：面向过程编程。面向过程编程的开发思想在早期的开发中被大量应用，所谓过程即步骤，在解决问题时通过各种变量存储需加工的数据，同时对解决问题的步骤进行分析，并将重复的步骤提取后封装在函数中，然后根据解决问题的步骤依次调用相关的函数来达到解决问题的目的，一切行为都以函数为基础。

而面向对象编程思想更接近人类的思维方式。在生活中我们经常接触不同特征的事物，如学生、老师等，这些事物之间也存在着各种各样的联系。使用面向对象思想解决问题时是在需解决的问题中抽取出多种不同类型的事物，在程序中使用类来抽象表达同类的事物，在类中描述出同类事物共同的数据和行为，通过类产生不同的对象来映射现实世界中的具体事物，并将事物数据及对数据操作的方法与对象绑定在一起，通过对象间的关系映射事物之间的联系，通过对象之间的互动达到解决问题的目的。

5.2　类和对象

类是具有相似特征和行为的事务的抽象表达，例如无论是小米手机还是华为手机都具有相似的特征（如外观尺寸、颜色、质量等）和行为（如打电话、拍照、上网等功能），可以抽象表达为手机类；对象则是现实世界中该类事物的具体个体，例如各位读者手中的一个个具体的手机个体。

　　在面向对象编程设计中首先将现实同类事物抽象映射为类,如上述的手机类,在类中描述同一类事物的共同特征和行为,这些特征(如手机的颜色、屏幕大小等)被称为事物的属性,由于手机都有打电话、拍照等功能行为,所以被称为方法,然后根据类来创建具体的一个个实例对象。

3min

5.2.1　类定义和对象创建

1. 类定义

类的定义,语法格式如下:

```
class 类名[(基类)]:
    类成员定义
```

其中,class 为定义类的关键字,"类名"由用户自定义,须符合标识符的命名要求。一般行业规范要求类名采用大驼峰命名法,即类名中每个单词的首字母都大写,名称中不使用下画线,如 StudentAnswer。"基类"用来声明当前类的直接继承基类,可省略,省略表示直接继承 object 类,关于继承参见本章 5.3.2 节内容。

　　类成员包括各种属性和方法。在类中属性用变量形式表示,用来存储对象的特征数据;方法用函数形式表示,表达事物的某一项功能。

　　下面来看一简单的 Person 类的定义,代码如下:

```
class Person:                          ＃定义类 Person
    count = 1                          ＃属性: 数量
    def sayHello(self):                ＃实例方法: 打招呼的功能
        print("你好!")
```

　　以上代码定义了 Person 类,该类没有定义直接基类,类名后的括号省略不写。该类有数量 count 属性,有实例方法 sayHello(),能够输出"你好!"。

2. 创建对象

　　对象是类的实例。若 Person 类代表具有共同特征和行为的抽象人类,则对象就是根据 Person 类创建的某个具体的人。

　　创建对象的语法格式如下:

```
对象变量名 = 类名([参数列表])
```

　　下面根据 Person 类创建一实例对象,该过程称为类的实例化,代码如下:

```
p1 = Person()                          ＃实例化对象并将引用赋值给 p1
print("p1 对象: ",p1)                  ＃显示对象 p1
print("p1 对象的 count 属性: ",p1.count)  ＃显示 p1 对象的 count 属性值
p1.sayHello()                          ＃调用 p1 对象的 sayHello()方法
```

　　上述第 1 行代码通过 Person()方法创建一个 Person 的实例对象并将其引用赋值给 p1,第 2 行、第 3 行分别打印显示 p1 引用的对象和该对象的 count 属性值,第 4 行调用 p1

对象的 sayHello()方法。运行结果如图 5-1 所示。

```
p1对象：<__main__.Person object at 0x000002830E620988>
p1对象的count属性：1
你好！
```
图 5-1　输出 p1 引用对象

第 1 行输出结果中的 0x000002830E620988 表示 p1 引用对象的内存地址，在程序运行期间，每个对象的内存地址都不一样，注意此处地址因个人机器环境的不同会有所不同。

在程序中通过以上语法格式可以继续创建多个 Person 类的实例对象，每个对象都会有 count 属性和 sayHello()方法。Person 类就像建造房屋时设计的图纸，有了这张图纸之后，就可以根据这张图纸创建多个相似的实体房屋对象。

5.2.2　属性

14min

1．实例属性

假若设计一学生管理程序，在现实中，每名学生都有名字、年龄、分数等特征，这些特征对应的数据属于个体对象自身，这些特征在类中被称为实例属性，有时也简称为属性，对应的数据称为属性值。

定义实例属性的方式有两种：一是在类的初始化方法 __init__()中定义实例属性，二是在使用实例对象时动态添加。

在类内部调用实例属性时需要加上 self 前缀，其调用语法格式如下：

self.属性名

在外部调用时由对象调用，其调用语法格式如下：

对象名.属性名

（1）在初始化方法 __init__()中添加实例属性。

【例 5-1】　创建一个 Student 类，并增加姓名和年龄两个实例属性，实例化 Student 类进行测试，代码如下：

```python
# 第 5 章/5 - 1.py
class Student:                          # 定义 Student 类
    def __init__(self, name, age):      # 定义初始化方法
        self.name = name                # 定义实例属性 name
        self.age = age                  # 定义实例属性 age
    def introduce(self):                # 实例方法
        print(f"我的名字是：{self.name}，我今年{self.age}岁")
# 主程序
stu = Student("郭靖", 22)               # 实例化对象并赋值给 stu
print("name 属性值：",stu.name)         # 使用对象名访问实例属性 name
print("age 属性值：",stu.age)           # 使用对象名访问实例属性 age
stu.introduce()                         # 使用对象调用 introduce()方法
huangrong = Student("黄蓉", 18)
huangrong.introduce()
```

上述代码运行的结果如图 5-2 所示。

name属性值： 郭靖
age属性值： 22
我的名字是：郭靖,我今年22岁
我的名字是：黄蓉,我今年18岁

图 5-2 例 5-1 实例属性测试的
运行结果

案例代码 Student 类的__init__()方法用于完成实例对象的初始化工作,并在此方法中给该类对象添加 name 和 age 属性,其中的 self 关键字代表当前对象。

主体代码 stu＝Student("郭靖",22)对 Student 类进行实例化,在实例化时自动调用__init__()方法,并传入实际参数值"郭靖"和 22,在 __init__()方法中使用 self.name＝name 给当前对象添加了实例属性 name 并进行初始化赋值操作,实例化完成后将实例对象引用赋值给 stu。

从 print("name 属性值：",stu.name)语句的执行结果可以看出上例代码中使用 stu.name 成功地访问了 stu 对象的实例属性 name 的值。

本案例代码中实例化了两个对象 stu 和 huangrong,通过两个对象调用 introduce()方法时的输出结果可以看出,两个对象各自访问了自己的 name 和 age 属性,即实例属性值属于实例对象本身,同一类的不同对象其属性值之间各自独立,互不影响。

在上述案例的基础上在主体代码后面添加一行代码,尝试由类 Student 调用实例属性 name,代码如下：

```
print(Student.name)        ♯使用类调用对象属性
```

重新运行程序,运行结果如图 5-3 所示。

```
Traceback (most recent call last):
  File "E:/pythonWork/pythonbookProject/ch5/5-1.py", line 17, in <module>
    print(Student.name) # 使用类调用对象属性
AttributeError: type object 'Student' has no attribute 'name'
```

图 5-3 使用类访问对象属性的运行结果

错误提示说明 Student 没有 name 属性,因为 name 属性是属于具体的实例对象而不属于类,只有实例对象才能调用实例属性。

注意：Python 中系统为每个类提供一个默认的__new__()方法,称为构造方法,主要负责对象的创建,该方法至少有一个参数 cls,代表要实例化的类,此参数在实例化时由 Python 解释器自动提供。__new__()方法有一个返回值,即实例化后的实例对象。

同时,系统为每个类提供了另一个默认方法__init__(),该方法通常用于进行对象的初始化工作,__init__()方法的第 1 个参数为 self 关键字,该关键字表示实例对象本身,该参数在方法被调用时不需要进行传参操作,会将当前调用方法的对象作为参数传递给 self,用户可根据需要重写__init__()方法完成属性添加及初始化工作。

当实例化对象时,系统首先自动调用__new__()方法构建对象,构建完成后自动调用__init__()方法,并对 self 参数进行赋值操作,自动传入__new__()方法返回的实例对象,完成实例对象的构造及初始化工作。由于最常使用__init__()方法给实例对象添加实例属性及对属性进行数据初始化,因此也将__init__()方法称为构造方法。

(2)在对象使用中添加实例属性。

Python 语言是动态语言,在对象使用过程中也可以动态地给对象添加成员。

【例 5-2】 创建一个 Car 类,并给该类动态地增加属性 name、speed 和成员方法 setSpeed(),代码如下:

```
#第5章/5-2.py
import types                        #导入 types 模块
class Car:
    price = 10000                   #定义公有类属性 price
    def __init__(self,color):
        self.color = color          #定义公有实例属性 color
    def setAddress(self):
        self.address = "成都"        #在其他方法中给实例对象添加属性,一般不提倡此方法
#主程序
car1 = Car("blue")
car2 = Car("red")
print(car1.color,car1.price,Car.price)
print(car2.color,car2.price,Car.price)
print(" - " * 8)
car1.color = "yellow"               #修改实例属性值
car1.name = "Geely"                 #动态地为实例对象添加属性 name
print(car1.color,car1.name,car1.price,Car.price)
print(car2.color,car2.price,Car.price)
print(" - " * 8)
#定义函数
def setSpeed(self,speed):
    self.speed = speed
car1.setSpeed = types.MethodType(setSpeed,Car)      #动态地为对象添加方法
car1.setSpeed(50)
print(car1.color,car1.speed,car1.name,car1.price,Car.price)
print(car2.color,car2.speed,car2.price,Car.price)
```

上述代码运行的结果如图 5-4 所示。

在案例代码中,在 Car 类的构造方法定义中只定义了实例属性 color,在类外部主程序中通过给对象名. 属性名赋值的方式,给 car1 对象添加了一个 name 属性并赋初值为"Geely"。

另外在主程序中定义了一个函数 setSpeed,注意此函数的第 1 个参数为 self 关键字,在函数中通过给 self. 属性名赋值的方式给当前对象添加了一个 speed

```
blue 10000 10000
red 10000 10000
--------
yellow Geely 10000 10000
red 10000 10000
--------
yellow 50 Geely 10000 10000
red 50 10000 10000
```

图 5-4 动态添加属性的运行结果

属性。在通过调用 setSpeed()方法传入实际参数值 50 后,从后两行代码的显示结果可以看出,对象都具有了 speed 属性。

继续添加代码,显示 car2 的 name 属性,代码如下:

```
print(car2.name)
```

重新运行代码程序,会在刚添加的代码行上报错误信息,错误提示如图 5-5 所示。

```
Traceback (most recent call last):
  File "E:/pythonWork/pythonbookProject/ch5/5-2.py", line 27, in <module>
    print(car2.name)
AttributeError: 'Car' object has no attribute 'name'
```

图 5-5　显示 car2 的 name 属性错误的提示图

错误提示 car2 对象没有 name 属性,说明动态添加的属性只属于当前对象所有,同类的其他对象没有此属性,无法进行访问。

注意:对象的实例属性也可以动态地删除,删除命令的格式为 del 对象名.实例属性。

2. 类属性

类属性定义在类的内部,所有方法的外部。类属性定义类的特征,由类的所有对象共有。在类内部用类名.类属性名访问类属性,在类外部通过类或类的实例对象访问类属性,但对类属性值的修改只能由类访问来修改。

【例 5-3】　定义 Student 类,并定义一类属性 number_of_schools 表示在校学生人数,代码如下:

```
#第 5 章/5-3.py
class Student:                                  #定义类
    numberOfSchool = 10000                      #定义类属性学校人数

    def __init__(self, name, age):              #构造方法
        self.name = name                        #定义实例属性 name
        self.age = age                          #定义实例属性 age
#主体程序
stu1 = Student("郭靖", 22)                       #实例化对象
stu2 = Student("黄蓉", 20)                       #实例化对象
#使用对象访问实例属性 name、age 和类属性 number_of_schools
print(stu1.name, stu1.age, stu1.numberOfSchool)
print(stu2.name, stu2.age, stu2.numberOfSchool)
print(Student.numberOfSchool)                   #使用类名访问类属性
print("-" * 8)
Student.numberOfSchool += 1                     #使用类对类属性进行修改
print(stu1.name, stu1.age, stu1.numberOfSchool)
Student.numberOfSchool += 1                     #使用类对类属性进行修改
print(stu2.name, stu2.age, stu2.numberOfSchool)
print(Student.numberOfSchool)                   #使用类名访问类属性
```

上述代码运行的结果如图 5-6 所示。

从显示结果可以看出,通过类名和实例对象都可以访问类属性。通过类 Student 对类属性 numberOfSchool 进行修改后,通过实例对象 stu1、stu2 和类 Student 对该属性的访问都为修改之后的数据,说明类的所有对象共有此类属性数据。

```
郭靖 22 10000
黄蓉 20 10000
10000
--------
郭靖 22 10001
黄蓉 20 10002
10002
```

图 5-6　例 5-3 的运行结果

【例 5-4】　测试是否可以由实例对象修改类属性值,代码如下:

```
# 第 5 章/5 - 4.py
class Student:                                # 定义类 Student
    numberOfSchool = 10000                    # 类属性
    def __init__(self, name, age):            # 构造方法
        self.name = name                      # 实例属性 name
        self.age = age                        # 实例属性 age
# 主体程序
stu1 = Student("郭靖", 22)                     # 实例化对象
stu1.numberOfSchool += 1                      # 尝试使用实例对象对类属性进行修改
# 使用对象名访问实例属性和类属性
print(stu1.name, stu1.age, stu1.numberOfSchool, Student.numberOfSchool)
stu2 = Student("黄蓉", 20)                     # 实例化对象
stu2.numberOfSchool += 1                      # 尝试使用实例对象对类属性进行修改
print(stu2.name, stu2.age, stu2.numberOfSchool, Student.numberOfSchool)
print(Student.numberOfSchool)                 # 使用类名访问类属性
```

上述代码运行的结果如图 5-7 所示。

```
郭靖 22 10001 10000
黄蓉 20 10001 10000
10000
```

图 5-7　例 5-4 的运行结果

从显示结果可以看出,通过实例对象试图改变类属性 numberOfSchool 的值并没有成功,通过类 Student 访问 numberOfSchool 的值依然是 10000。从 stu1.numberOfSchool 和 stu2.numberOfSchool 的显示结果都为 10001 可以看出,实例对象 stu1、stu2 各自独立有一个 numberOfSchool 值,其实 stu1.numberOfSchool＋＝1 的含义是为 stu1 对象增加一个新的实例属性 numberOfSchool,此属性覆盖了同名的类属性,此处访问 stu1.numberOfSchool 的值时显示的是实例属性 numberOfSchool 的值,所以对类属性的修改通常由类调用进行修改,不能由实例对象调用修改。

注意:在编写应用程序时,对类属性进行修改时需要特别谨慎,因为所有的类实例对象都共享类属性,对类属性的修改将影响所有该类的实例;应尽量避免实例属性和类属性使用相同的名字,因为名称相同时,使用实例对象访问时实例属性将屏蔽掉类属性,但是当删除实例属性后,再使用相同的名称,访问的将是类属性。

Python 内置了对属性进行访问操作的函数。

(1) getattr(object,attribute,default):从指定的对象返回指定属性的值。object 是必需的,用于访问对象;attribute 是属性的名称;default 可选,当属性不存在时返回指定值。

（2）setattr(object,attribute,value)：指定对象的指定属性的值。前两个参数同上，value参数是必需的，指定赋予属性的值。

（3）hasattr(object,attribute)：如果指定的对象拥有指定的属性，则函数返回True，否则返回False。

（4）delattr(object,attribute)：从指定对象中删除指定属性。

示例代码如下：

```
getattr(stu,'id')              # 返回 stu 对象 id 属性值,若无该属性,则会报异常
setattr(stu,'id',1001)         # 给 stu 对象添加 id 属性,其值为 1001
hasattr(stu,'name')            # 如果 stu 存在 name 属性,则返回值为 True,否则返回值为 False
delattr(stu,'name')            # 删除 stu 对象的 name 属性
```

本节介绍了两种属性：实例属性和类属性，这里对它们的特征进行归纳，具体见表5-1。

表5-1　实例属性和类属性的特征

属　　　性	定　义　位　置	类和实例对象操作	访　问　方　式
实例属性	__init__()方法(常用) 实例对象使用过程中 成员方法中(不建议用)	实例对象可以访问修改	self.属性名
类属性	类中	类和实例对象都可访问 类访问可以修改	类.属性名 对象.属性名

5.2.3　方法

1. 实例方法

实例方法是描述同一类对象的共同行为功能，如每名学生都有介绍自己个人信息的功能，这些共同的行为称为实例方法。

实例方法的定义和函数相同。实例方法在定义时第1个参数为self关键字，表示对象自身，在调用方法时，可以不用传入此参数值，系统会自动将调用此方法的实例对象作为self参数的值传入。

实例方法属于对象，通常通过实例对象来调用，调用命令的格式如下：

对象.方法名([参数列表])

【例5-5】　定义Student类，添加一个实例方法showinfo()，用于显示相应的属性，代码如下：

```
# 第 5 章/5 - 5.py

class Student:                          # 定义类 Student
    number_of_schools = 10000           # 类属性
    def __init__(self, id,name, age):   # 构造方法
        self.name = name                # 实例属性 name
```

```
        self.age = age                    #实例属性 age
        self.__id = id                    #私有实例属性 id
        Student.number_of_schools += 1    #使用类名修改类属性
    def showInfo(self):                   #公开的实例方法
        print("我的名字是:{name},我今年{age}岁!"\
                        .format(name = self.name,age = self.age))
        print("我们学校共有{0}人.".format(Student.number_of_schools))
    def __showId(self):                   #私有实例方法
        print(f"我的学号是{self.__id}")
    def showAllInfo(self):                #公开的实例方法
        self.__showId()                   #访问内部私有方法
        print(f"姓名是:{self.name},年龄是:{self.age}")
#主程序
stu = Student(1001,"郭靖", 22)            #实例化对象
stu.showInfo()                            #通过实例对象访问实例方法
stu.showAllInfo()
# stu.__showId()                          #错误:'Student' object has no attribute '__showId'
# print(stu.__id)                         #错误:'Student' object has no attribute '__id'
```

上述代码运行的结果如图 5-8 所示。

上例代码在 Student 类中定义了实例方法 showInfo(),该方法的功能是格式化显示实例对象自身的 name、age 实例属性值和类属性值。主程序中通过实例化对象 stu 调用实例方法 showInfo()。

```
我的名字是:郭靖,我今年22岁!
我们学校共有10001人.
我的学号是1001
姓名是:郭靖,年龄是: 22
```
图 5-8 例 5-5 的运行结果

实例方法是否可以用类名访问呢?在上例主体代码后加入如下测试代码,代码如下:

```
Student.showInfo()    #通过类名访问实例方法
```

运行代码程序,运行结果如图 5-9 所示。

```
Traceback (most recent call last):
  File "E:/pythonWork/pythonbookProject/ch5/5-5.py", line 26, in <module>
    Student.showInfo() # 通过类名访问实例方法
TypeError: showInfo() missing 1 required positional argument: 'self'
```
图 5-9 测试用类访问实例方法的运行结果

错误提示说明在调用方法 showInfo()时缺少参数 self 实参值,即缺少对象,因此不能用类直接调用对象方法。如果在调用时传入 self 参数呢?保持 Student 类定义不变,测试如下代码:

```
stu1 = Student(1002,"黄蓉", 18)          #实例化对象
Student.showInfo(stu1)                    #通过类名访问实例方法,传入对象参数
```

测试代码运行的结果如图 5-10 所示。

我的名字是：黄蓉，我今年18岁！

我们学校共有10002人.

图 5-10　测试用类访问实例方法的
运行结果

从运行结果可以看出，类也可以调用实例方法，只是需要在调用时传入该类的实例对象，一般不建议使用此种方式调用实例方法。

注意：案例 5-5 代码中有两个下画线开头的属性或者方法是类的私有成员，私有成员在类的外部是不能直接访问的，需要通过特殊方式访问，一般在类的内部访问使用，参见案例中注释有错误的主体语句。没有下画线开头的属性或者方法称为公开的成员，在类的外部可以正常访问。更多相关内容参见本章 5.3.1 节封装性。

2. 类方法

类方法是在类中定义的使用装饰器@classmethod 修饰的方法。一般情况下，第 1 个参数命名为 cls，该参数在方法被调用时不用传入数据，系统会自动将调用该方法的类作为参数值传入。

类方法内不可以访问实例属性，但可以访问类属性，访问时用 cls.类属性或者类名.类属性方式访问。

类方法的调用方式有两种。

(1) 用类名调用，调用命令的格式如下：

类名.类方法名([参数列表])

(2) 用实例对象调用，调用的命令格式如下：

对象.类方法名([参数列表])

【例 5-6】　在 Student 类中定义一个类方法 class_showInfo()，代码如下：

```python
# 第5章/5-6.py
class Student:                              # 定义类
    number_of_schools = 10000               # 类属性
    def __init__(self, name, age):          # 构造方法
        self.name = name                    # 实例属性 name
        self.age = age                      # 实例属性 age
        Student.number_of_schools += 1      # 使用类名修改类属性
    def showInfo(self):                     # 实例方法
        print(f"我的名字是：{self.name}，今年{self.age}岁！")
        print(f"我们学校共有{Student.number_of_schools}人.")
    @classmethod
    def class_showInfo(cls):                # 类方法
        cls.number_of_schools += 1
        print("我们学校共有{0}人.".format(cls.number_of_schools))
# 主体程序
stu = Student("郭靖", 22)                   # 实例化对象
stu.showInfo()                             # 使用实例对象调用实例方法
print("-" * 8)
```

```
stu.class_showInfo()              #使用实例对象调用类方法
Student.class_showInfo()          #使用类调用类方法
```

上述代码运行的结果如图 5-11 所示。

上述代码在 Student 类中定义了一个使用装饰器 @classmethod 修饰的类方法 class_showInfo(),在该类方法中使用 cls.number_of_schools 方式访问类属性,分别用实例对象和类名调用该类方法,从运行结果看都能正确调用该类方法的功能。

```
我的名字是:郭靖,今年22岁!
我们学校共有10001人.
--------
我们学校共有10002人.
我们学校共有10003人.
```

图 5-11 例 5-6 的运行结果

注意:在 Python 中,cls 代表类本身,self 代表类的一个实例对象。

3. 静态方法

静态方法是在类中定义的使用装饰器 @staticmethod 修饰的方法。该方法没有 self、cls 这样的特殊参数,只有普遍参数列表,与类没有很强的联系,更适合进行一些与类内数据关联性不强的操作,如在一些工具类中使用该方法,只需对方法传入的参数进行操作。

静态方法可以通过类名或实例对象调用。在静态方法中不能直接访问属于实例对象的实例属性或实例方法,只能访问属于类的类属性或类方法,访问类成员时需用类名访问。

【例 5-7】 在 Student 类中定义一个静态方法 static_showInfo(),代码如下:

```
#第5章/5-7.py
class Student:                          #定义类
    numberOfSchool = 10000              #定义类属性
    def __init__(self, name, age):      #构造方法
        self.name = name                #定义实例属性 name
        self.age = age                  #定义实例属性 age
        Student.numberOfSchool += 1     #使用类名修改类属性
    def showInfo(self):                 #定义实例方法
        print(f"我的名字是:{self.name},今年{self.age}岁!")
        print(f"学校共有{Student.numberOfSchool}人.")
    @classmethod
    def class_showInfo(cls):            #定义类方法
        print(f"学校共有{cls.numberOfSchool}人.")
    @staticmethod
    def static_showInfo(teststr):       #定义静态方法
        Student.numberOfSchool += 1     #使用类名访问类属性
        print(f"由{teststr}调用:学校共有{Student.numberOfSchool}人.")
#主体程序
stu = Student("郭靖", 22)                #实例化对象
stu.showInfo()
print("-" * 8)
stu.static_showInfo("实例对象")          #使用实例对象调用静态方法
Student.static_showInfo("类")           #使用类调用静态方法
```

上述代码运行的结果如图 5-12 所示。

我的名字是：郭靖，今年22岁！
学校共有10001人。

由实例对象调用：学校共有10002人。
由类调用：学校共有10003人。

图 5-12　例 5-7 的运行结果

案例代码在 Student 类中定义了一个静态方法 static_showInfo()，该方法有一个普通参数 teststr，该方法内部使用类名.类属性访问类属性 numberOfSchool。在主体程序中分别使用实例对象 stu 和类名 Student 调用 static_showInfo()静态方法，从运行结果看均能成功调用。

本节介绍了 3 种方法：实例方法、类方法和静态方法，这里对它们的特征进行归纳，具体见表 5-2。

表 5-2　实例方法、类方法和静态方法的特征

方法	特 殊 参 数	装饰器	可被调用者	方法内部可访问的成员
实例方法	第 1 个参数为 self，表示实例对象本身	无	实例对象可以直接调用类，调用时需传入实例对象参数	实例属性、实例方法、类属性、类方法、静态方法
类方法	第 1 个参数为类，一般命名为 cls	@classmethod	类和实例对象都可调用	类属性、类方法、静态方法
静态方法	无	@staticmethod	类和实例对象都可调用	类属性、类方法、静态方法

5.3　面向对象三大特征

5.3.1　封装性

4min

封装是面向对象的一个重要原则，其包含着两层含义：

(1) 将与对象相关的数据和对数据操作的方法抽象表达在类中，即体现了封装的概念。

(2) 封装在类中的属性或方法在外部是可以随意访问的，如何保证类内部成员的安全性，即希望将类内部的某些细节隐藏在类里，只对外公开需要公开的类内部成员。例如不希望实例对象的某些属性数据被外界随意访问和修改，某些方法只是用于内部数据处理，不希望被外部随意调用，即将类内部的某些细节隐藏在类里，只对外公开需要公开的类内部成员，也达到了隔离复杂度的目的。

【例 5-8】　公开成员访问测试，代码如下：

```
#第 5 章/5 - 8.py
class Student:                              #定义类
    def __init__(self, name, age):         #构造方法
        self.name = name                   #定义实例属性 name
        self.age = age                     #定义实例属性 age
    def innerfun(self):
        print(f"我的名字是：{self.name},今年{self.age}岁!")
#主体程序
stu = Student("郭靖", 22)                   #实例化对象
stu.innerfun()                             #使用实例对象调用实例方法
print("-" * 8)
```

```
stu.age = 10000                    ♯在类外部随意修改实例属性 age 的值
stu.innerfun()                     ♯使用实例对象调用实例方法
```

上述代码运行的结果如图 5-13 所示。

上述代码在类 Student 中定义了两个实例属性 name 和
age,在类外部的主体程序中通过 Student 类的实例化对象
stu 将实例属性 age 的值修改为 10000,age 的值 10000 明显
是一个不合理的数据,但依然传入了对象的内部,对于对象

我的名字是: 郭靖,今年22岁!

我的名字是: 郭靖,今年10000岁!

图 5-13　例 5-8 的运行结果

的内部数据来讲存在着一定的安全隐患。如何实现对类内部成员访问的可控性,提高数据
的安全性?

Python 中一般的处理方式是把类内部的某些属性和方法隐藏起来,即将这些成员定义
成私有的,采用的方式是在准备私有化的属性或方法名字的前面加两个下画线。

若需要对私有成员进行访问,则可添加一个公开方法,在方法中添加对属性数据或方法
的访问代码,以便达到过滤控制的目的。

【例 5-9】　私有成员访问测试,代码如下:

```
♯第 5 章/5 - 9.py
class Student:                              ♯定义类
    def __init__(self, name, age):          ♯构造方法
        self.__name = name                  ♯定义私有实例属性 name
        self.__age = age                    ♯定义私有实例属性 age
    def set_age(self, age):                 ♯定义公开的实例方法,实现对实例属性 age 访问的控制
        if 18 < age <= 25:                  ♯如果年龄值在 18~25 的合理数据,则更新属性值
            self.__age = age
        else:                               ♯如果年龄值是不合理数据,则将默认值设置为 20
            self.__age = 20
    def innerfun(self):
        print(f"公开方法:名字是:{self.__name},今年{self.__age}岁!")
    def __privatefun(self):
        print(f"私有方法:名字是:{self.__name},今年{self.__age}岁!")
♯主体程序
stu1 = Student("郭靖", 22)                   ♯实例化对象
stu1.innerfun()                             ♯使用实例对象调用实例方法
stu1.__age = 20                             ♯在外部修改私有实例属性 age 的值
stu1.innerfun()                             ♯使用实例对象调用实例方法
♯ stu1.__privatefun()                       ♯错误: 'Student' object has no attribute '__privatefun'
print(" - " * 8)
stu2 = Student("黄蓉", 22)                   ♯实例化对象并赋值给 stu1
stu2.innerfun()                             ♯使用实例对象调用实例方法
stu2.set_age(10000)                         ♯通过公开的方法实现对属性 age 值的修改控制
stu2.innerfun()                             ♯使用实例对象调用实例方法
♯ stu2.__privatefun()                       ♯错误: 'Student' object has no attribute '__privatefun'
```

上述代码运行的结果如图 5-14 所示。

公开方法：名字是：郭靖，今年22岁！
公开方法：名字是：郭靖，今年22岁！
——————
公开方法：名字是：黄蓉，今年22岁！
公开方法：名字是：黄蓉，今年20岁！

图 5-14　例 5-9 的运行结果

从运行结果可以看出,在将 name、age 实例属性设置为私有属性后,在类外部试图将 stu1 对象的 age 值修改为 20 时没有达到目的,stu1 对象的 age 属性值依然为 22,尝试访问私有方法时也会报错 'Student' object has no attribute '__privatefun'.

如果希望实现在外部对私有属性 age 的值进行修改,同时又希望对这个修改操作具有一定的控制性,则可在上述代码中定义一个公开的方法 set_age(),以便实现对 age 属性值修改的控制,在此方法中对传入的 age 值做一判断控制,在合理范围内将 age 值赋值给相应私有实例属性 age,若不符合要求,则将私有实例属性 age 值设置为默认值20。从 stu2 对象调用 set_age()方法后的数据结果可以看出,程序将 age 属性的值设置为默认值 20,不合理数据得到了一定的控制。

在业务设计时,除非有公开的必要,通常实例属性被设计为私有的,然后通过设置公开的方法实现对这些实例属性的访问和控制,具体需要根据实际业务场景加以实践。

注意：Python 语言为动态语言,不存在严格的私有成员,类中的私有成员在对象的外部可以通过"对象名._类名__成员名"进行访问。

5.3.2　继承性

在现实世界中,事物与事物之间存在着多种关系,从属关系就是其中的一种,如交通工具可以分为车、飞机等,车又分为小轿车、公交车、卡车等,飞机又分为民航飞机、战斗机等,通过一张图来描述交通工具事物之间的层次关系,如图 5-15 所示。

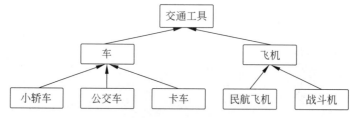

图 5-15　交通工具的层次关系

从图 5-15 可以看出,从交通工具到车再到小轿车,经历了 3 个层级,底层的具体交通工具具有高层交通工具的特征和行为,同时也可以增加高层交通工具不具备的特征和行为。如交通工具都具有品牌、最高时速等属性,具有加速、停止的行为,对于小轿车来讲,它在拥有交通工具的属性和行为的基础上,还可以增加自己特殊的属性和行为,如载客量和播放视频功能等。从高层级交通工具到低层级交通工具,事物越来越具体,从低层级交通工具到高层级交通工具,事物越来越抽象。这是继承在现实世界的直观体现。

在程序设计中,继承既可表达类与类之间的关系,也是一种创建新类的方式,是面向对象编程的另一个重要功能,它可以在原有类的基础上方便地创建新的类,新类既可以拥有原有类的功能,同时又可以增加自己新的功能或者改写原有功能的实现方式,实现对原有类功能的扩展。继承实现了代码的重用,提高了开发的效率和扩展性,为后期代码的维护提供了便利。

1. 继承实现

Python 中一个类可以继承自一个类或者多个类,新建的类被称为子类或派生类,被继承的类被称为父类或基类、超类。若一个类只继承自一个基类,则称为单继承,若一个类继承自多个基类,则称为多继承。

Python 中继承关系的语法格式如下:

```
class 子类(基类1,基类2…,基类n):
    子类成员
```

在继承关系中存在以下特点:

(1) 子类可以继承基类公开的成员,子类不能继承基类的私有属性和私有方法,也不能在子类中直接访问。

(2) 如果多个基类中具有同名成员,则子类在继承基类时默认按继承顺序表从左向右搜索,执行第1个搜索到的基类中的同名成员。若有需要,则子类中可以指定使用某个父类的成员以覆盖默认继承顺序。

【例 5-10】 单继承关系示例,代码如下:

```
# 第5章/5-10.py
class Car():                              # 定义父类
    def __init__(self, brand, speed):
        self.brand = brand               # 定义公开品牌属性
        self.speed = speed               # 定义公开速度属性
    def showInfo(self):                  # 定义一个公开方法
        print(f"{self.brand}车正以{self.speed}km/h 的速度在行驶!")
    def __privateFun(self):              # 定义一个私有方法
        print("私有方法")

class Sedan(Car):                        # 定义一个轿车类 Sedan 继承自 Car 类
    def childShowInfo(self):             # 定义子类方法
        print(f"{self.brand}车正以{self.speed}km/h 的速度在行驶!")
# 主体程序
car = Car("吉利", 100)
car.showInfo()
print(" - " * 8)
sedan = Sedan("五菱宏光",80)
print("子类 brand 属性: ",sedan.brand)      # 子类继承基类公开属性
sedan.showInfo()                         # 子类继承基类公开方法
sedan.childShowInfo()                    # 子类自有的方法
# 尝试调用私有方法出错: 'Sedan' object has no attribute '__privateFun'
# sedan.__privateFun()
# 错误: 'Sedan' object has no attribute '__privateFun'
# sedan._Sedan.__privateFun()
```

运行程序,观察继承的特点。代码运行的结果如图 5-16 所示。

吉利车正以**100** km/h的速度在行驶!

子类**brand**属性: 五菱宏光
五菱宏光车正以**80** km/h的速度在行驶!
五菱宏光车正以**80** km/h的速度在行驶!

图 5-16 例 5-10 的运行结果

案例代码中定义了类 Sedan 继承自 Car 类,在这个继承关系中,Car 类被称为父类,Sedan 类被称为子类。在定义 Car 类时没有列出其父类名字,默认继承自 object 类。

从运行结果中可以看出,子类 Sedan 由于继承自 Car 类,所以拥有了父类 Car 中公开的实例属性 brand 和 showInfo()方法,同时子类也扩展了自己的方法 childShowInfo(self)。

主体代码最后两句尝试用不同的方式访问私有方法,运行时会报错误 'Sedan' object has no attribute '__privateFun',因为子类不能继承父类的私有成员。

【例 5-11】 多继承关系示例,创建类 C,并让它继承自基类 A、B,代码如下:

```
#第 5 章/5 - 11.py

class A():  #定义父类 A
    def afun(self):
        print("A 类方法")
    def show(self):
        print("A 类 show()方法")
class B():  #定义父类 B
    def bfun(self):
        print("B 类方法")
    def show(self):
        print("B 类 show()方法")
class C(A, B):                    #定义子类 C,继承基类 A 和 B
    pass
#主体程序
c = C()
c.afun()
c.bfun()
c.show()
```

上述代码运行的结果如图 5-17 所示。

案例代码中子类 C 继承基类 A、B,类体中没有增加任何定义。运行结果显示,子类 C 继承了两个基类中的公开方法 afun()和 bfun(),即子类对象继承了多个基类中可以继承的方法和属性。

A类方法
B类方法
A类show()方法

图 5-17 例 5-11 的运行结果

案例代码中基类 A 和基类 B 有一个同名方法 show(),那么子类继承时会继承哪个基类的方法呢?从案例代码的运行结果来看,此处子类 C 继承的是基类 A 中的 show()方法。将案例中子类 C 定义时的基类列表顺序调整一下,其他代码保持不变,调整后子类 C 的代码如下:

```
class C(B, A):                    ♯定义子类C,继承基类B和A
    pass
```

重新运行案例代码,运行结果如图 5-18 所示。

运行结果显示此处子类 C 继承的是基类 B 中的
show()方法。Python 中当多个基类都有一个同名方法
时,子类在继承基类方法时默认按继承顺序表从左向右搜
索,执行第 1 个搜索到的基类中的同名方法。

A类方法
B类方法
B类show()方法

图 5-18　例 5-11 修改继承顺序
后的运行结果

【例 5-12】　指定继承成员示例,代码如下:

```
♯第 5 章/5 - 12.py
class A():                        ♯定义基类 A
    value1 = "A value1"
    value2 = "A value2"
    def afun(self):
        print("A类方法")
    def show(self):
        print("A类 show()方法")
class B():                        ♯定义父类 B
    value1 = "B Value1"
    value2 = "B value2"
    def bfun(self):
        print("B类方法")
    def show(self):
        print("B类 show()方法")
class C(A, B):                    ♯定义子类 C,继承基类 B 和 A
    value2 = B.value2             ♯显式指定继承某个基类的属性
    show = B.show                 ♯显式指定继承某个基类的方法
    def cfun(self):               ♯C类扩展功能,增加方法
        print("C 类独有的方法")
♯主体程序
c = C()
c.afun()
c.bfun()
c.show()
print("c 的 value1 属性: ",c.value1)
print("c 的 value2 属性: ",c.value2)
c.cfun()                          ♯调用 C 类独有的方法
```

A类方法
B类方法
B类show()方法
c的value1属性: A value1
c的value2属性: B value2
C类独有的方法

图 5-19　例 5-12 的运行结果

上述代码运行的结果如图 5-19 所示。

案例代码中基类 A 和 B 中存在同名的属性 value1、
value2 和同名的方法 show()。在子类 C 定义中使用
value2＝B.value2 语句显式指定继承基类 B 中的 value2,
使用 show＝B.show 语句显式指定继承基类 B 中的 show()

方法。

运行结果显示,由于子类 C 中未显式指定 value1 属性的继承情况,所以按继承列表顺序继承自基类 A,由于 value2 显式指定继承基类 B,所以忽略继承顺序,按指定基类继承。同样地,show()方法也是如此。

通过继承关系,子类既具有父类的可继承功能,同时又可以扩展自身的功能,实现了代码的可扩展性。

2. 方法重写

子类可以继承基类能够继承的属性和方法。在某些情况下,子类需要对继承来的方法根据实际应用,对其进行修改,此时需要对子类中继承来的方法进行重写(Overriding)。

子类重写基类方法的方式是在子类中定义一个和父类需重写的方法的同名方法,要求参数也必须相同。

子类若重写基类的方法,子类所创建的实例对象在调用该方法时,优先调用子类重写后的方法,基类中的同名方法被覆盖隐藏。

【例 5-13】 方法重写示例,代码如下:

```python
# 第 5 章/5 - 13.py

class Animal():                          # 定义父类 Animal
    def shout(self):
        print("动物叫")

class Dog(Animal):                       # 定义子类 Dog,继承自 Animal
    def shout(self):                     # 重写基类 shout()方法
        print("狗汪汪地叫")
# 主体程序
animal = Animal()
dog = Dog()
animal.shout()                           # 基类调用 shout()方法
print(" - " * 8)
dog.shout()                              # 子类调用 shout()方法
```

上述代码运行的结果如图 5-20 所示。

```
动物叫
--------
狗汪汪地叫
```

图 5-20 例 5-13 的运行结果

例 5-13 代码中,父类 Animal 有一个动物叫的方法 shout(),子类 Dog 也属于动物,也有 shout()方法叫的功能,但狗叫的方式和动物叫的实现方式不同,所以在子类 Dog 中将自基类继承的 shout()方法进行重写,重新定义 shout()方法并重写实现代码。运行结果显示子类实例对象 c 在调用 shout()方法时,调用的是子类中重写的 shout()方法。

3. 魔术方法

Python 中所有的类都直接或间接继承自 object 类,object 类是所有类的直接或间接父类,在 object 类中有一类以两个下画线开头、两个下画线结尾的方法,如前面曾提过的

__new__()方法和__init__()等,这些方法被称为"魔术方法(Magic Methods)",在 object 类的直接子类或间接子类中对这些方法进行重写,可以给这些子类增加特殊功能。

1) __str__()方法

此方法是用来描述对象信息的方法,当在进行项目开发时,为了便于记录日志信息,希望对象能输出自己的字符性描述信息,此时就可以在定义类时重写__str__()方法,如果没有重写该方法,则该方法会默认返回对象的类名、内存地址等信息,如本章 5.2.1 节中图 5-1 输出对象时输出的信息即为对象的类名和内存地址。

【例 5-14】 重写__str__()方法示例,代码如下:

```
♯第 5 章/5-14.py
class Student:                          ♯定义类
    def __init__(self, name, age):      ♯构造方法
        self.__name = name              ♯定义私有实例属性 name
        self.__age = age                ♯定义私有实例属性 age
    def __str__(self):                  ♯重写__str__()方法,返回当前对象自定义的字符串描述信息
        return "我的名字是{0},今年{1}岁".format(self.__name, self.__age)
♯主程序
stu = Student("郭靖", 22)               ♯实例化对象并赋值给 stu
print(stu)                              ♯输出对象时,自动调用__str__()方法
```

上述代码运行的结果如图 5-21 所示。

我的名字是郭靖,今年22岁

图 5-21 例 5-14 的运行结果

在上述代码中,在 Student 类中重写了__str__()方法,返回一个自定义字符串,当使用 print()方法输出对象时,自动调用__str__()方法,打印该方法返回的字符串。

2) __eq__()方法

定义一 Student 类,包含两个属性 name 和 age,代码如下:

```
class Student:                          ♯定义类 Student
    def __init__(self, name, age):      ♯定义初始化方法
        self.__name = name              ♯定义私有实例属性 name
        self.__age = age                ♯定义私有实例属性 age
```

创建两个 Student 类的实例对象,代码如下:

```
stu1 = Student("郭靖", 22)             ♯实例化对象并赋值给 stu1
stu2 = Student("郭靖", 22)             ♯实例化对象并赋值给 stu2
```

当使用比较运算符"=="比较 stu1 和 stu2 时,代码如下:

```
print(stu1 == stu2)                    ♯返回值为 False
```

判断两个对象是否相等,返回的结果为 False,因为 stu1 和 stu2 所引用的对象虽然名字和年龄相同,但在内存中属于两个不同的对象。

stu1 和 stu2 对象的名字和年龄都相同,如果希望在判断是否相等时返回的结果为 True,则需要对两个对象是否相等的含义进行重新定义,需要重写__eq__()方法。

【例 5-15】 重写__eq__()方法示例,代码如下:

```
#第 5 章/5-15.py
class Student:                              #定义类 Student
    def __init__(self, name, age):         #构造方法
        self.__name = name                 #定义私有实例属性 name
        self.__age = age                   #定义私有实例属性 age
    #重写__eq__()方法,定义当前对象和 other 对象相等的规则
    def __eq__(self, other):
        #当当前对象和 other 对象名字相同时即认为这两个对象相等,返回值为 True
        if self.__name == other.__name:
            return True
        return False
#主程序
stu1 = Student("郭靖", 22)                  #实例化对象并赋值给 stu1
stu2 = Student("郭靖", 25)                  #实例化对象并赋值给 stu2
stu3 = Student("黄蓉", 22)                  #实例化对象并赋值给 stu3
print("stu1 和 stu2 是否相等: ",stu1 == stu2)   #输出对象用 == 运算符进行是否相等判别的结果
print("stu1 和 stu3 是否相等: ",stu1 == stu3)   #输出对象用 == 运算符进行是否相等判别的结果
```

上述代码运行的结果如图 5-22 所示。

stu1和stu2是否相等: True
stu1和stu3是否相等: False

图 5-22 例 5-15 的运行结果

从运行结果可以看出 stu1 和 stu2 对象符合__eq__()方法中对象相等的判断逻辑,即两个对象的 name 属性值相等,所以用"=="运算符判定二者是否相等时的结果为 True,而 stu1 和 stu3 不符合__eq__()方法中相等的判定规则,即两个对象的 name 属性值不相等,所以判定二者是否相等时的结果为 False。

3) 运算符重载

在 Python 中,也可以通过重写一些魔术方法实现将自定义的实例对象像内建对象一样进行运算符操作,并能够对自定义对象进行新的运算符规则定义,实现运算符的重载。以下列出了部分运算符重载的方法,具体见表 5-3。

表 5-3 运算符重载方法(部分)

运 算 符	对应的魔术方法	说 明
+	__add__(self,other)	对象加法运算
-	__sub__(self,other)	对象减法运算
*	__mul__(self,other)	对象乘法运算
/	__truediv__(self,other)	对象除法运算
//	__floordiv__(self,other)	对象地板除法
%	__mod__(self,other)	对象求余
**	__pow__(self,other)	对象次方

【例 5-16】　定义一 MyCalculator 类,并实现对其实例对象进行运算符"＋""－""＊"
"/"运算重载定义,代码如下:

```
#第5章/5-16.py
class MyCalculator:                    #创建一个自定义的计算器类
    def __init__(self,data):           #构造方法
        self.data = data
    def __add__(self, other):          #重写__add__()方法,对+运算符进行重载
        return self.data + other.data
    def __sub__(self, other):          #重写__sub__()方法,对-运算符进行重载
        return self.data - other.data
    def __mul__(self, other):          #重写__mul__()方法,对*运算符进行重载
        return self.data * other.data
    def __truediv__(self, other):      #重写__truediv__()方法,对/运算符进行重载
        return self.data/other.data
#主程序
calculator1 = MyCalculator(20)         #定义一计算器 calculator1
calculator2 = MyCalculator(10)         #定义一计算器 calculator2
print(calculator1 + calculator2)       #输出两个 MyCalculator 对象的加法操作结果
print(calculator1 - calculator2)       #输出两个 MyCalculator 对象的减法操作结果
print(calculator1 * calculator2)       #输出两个 MyCalculator 对象的乘法操作结果
print(calculator1/calculator2)         #输出两个 MyCalculator 对象的除法操作结果
```

上述代码运行的结果如图 5-23 所示。

案例代码中,在 MyCalculator 类中重写了__add__()
方法、sub__()方法、mul__()方法和__truediv__()方法,分
别对应当对 MyCalculator 类的实例对象使用运算符"＋"
"－""＊""/"进行运算时,对应的自定义运算规则,读者可
根据结果一一分析验证。

```
30
10
200
2.0
```

图 5-23　例 5-16 的运行结果

4. super()函数

子类重写父类的方法后,若需要在子类中访问父类被覆盖隐藏的同名方法,则可以使用
super()函数。

【例 5-17】　super()函数的应用,代码如下:

```
#第5章/5-17.py

class Animal():                   #定义父类 Animal
    def shout(self):
        print("动物叫")

class Dog(Animal):                #定义子类 Dog,继承自 Animal
    def shout(self):              #重写基类 shout()方法
        print("狗汪汪地叫")
        super().shout()          #使用 super()函数调用父类方法
```

```
#主体程序
animal = Animal()
dog = Dog()
animal.shout()                          #基类调用 shout()方法
print("-" * 8)
dog.shout()                             #子类调用 shout()方法
```

上述代码运行的结果如图 5-24 所示。

动物叫

狗汪汪地叫
动物叫

图 5-24   例 5-17 的运行结果

运行结果显示,子类实例 dog 在调用 shout()方法时,使用 super()函数实现调用父类 shout()方法,使子类不仅具有父类 shout()方法的功能,同时根据需要增添自己的功能。

5.3.3 多态性

5min

多态指同一类事物能呈现出多种形态,是面向对象编程的核心特征。

在第 2 章我们学习了列表、字符串等各种内置类型,实际上当定义一个类时也是定义一种新的数据类型。

【例 5-18】   对象类型判断示例,代码如下:

```
#第5章/5-18.py
class Animal():                         #定义父类
    def shout(self):
        print("动物叫")
class Dog(Animal):                      #定义子类
    def shout(self):                    #重写父类 shout()方法
        print("狗汪汪地叫")
#主体程序
animal = Animal()                       #animal 引用 Animal 类的实例对象
dog = Dog()                             #dog 引用 Dog 类的实例对象
#测试变量 animal 是否是 Animal 类型
print("animal 是否是 Animal 类型:",isinstance(animal,Animal))
print("dog 是否是 Dog 类型:",isinstance(dog,Dog))              #测试变量 dog 是否是 Dog 类型
print("-" * 8)
print("dog 是否是 Animal 类型:",isinstance(dog,Animal))        #测试 dog 是否是 Animal 类型
print("animal 是否是 Dog 类型:",isinstance(animal,Dog))        #测试 animal 是否是 Dog 类型
```

animal是否是Animal类型: True
dog是否是Dog类型: True
----
dog是否是Animal类型: True
animal是否是Dog类型: False

图 5-25   例 5-18 的运行结果

上述代码运行的结果如图 5-25 所示。

isinstance()函数用于测试一个变量是否是某种类型。从运行结果可以看出 animal 变量是 Animal 类型,dog 变量是 Dog 类型。当测试变量 dog 是否是 Animal 类型时,

结果为 True,当测试变量 animal 是否是 Dog 类型时,结果为 False,即在继承关系中,一个子类实例对象的引用变量其数据类型也可以看作父类类型,但一个父类实例对象不能看作一个子类类型。

注意:isinstance()函数的语法:

isinstance(object, classinfo)

参数:

object 为实例对象。

classinfo 可以是直接或间接的类名、基本类型或者由它们组成的元组。

返回值:

如果对象的类型与参数二的类型(classinfo)相同,则返回 True,否则返回 False。计算时应考虑继承关系。

【例 5-19】 函数多态应用,代码如下:

```
#第5章/5-19.py
class Animal():                    #定义父类
    def shout(self):
        print("动物叫")
class Dog(Animal):                 #定义子类
    def shout(self):               #重写父类 shout()方法
        print("狗汪汪地叫")
#主体程序
def testfun(animal):               #测试函数
    animal.shout()                 #调用传入对象的 shout()方法
animal = Animal()
dog = Dog()
testfun(animal)                    #将 Animal 类型变量传入测试函数
print(" - " * 8)
testfun(dog)                       #将 Dog 类型变量传入测试函数
```

上述代码运行的结果如图 5-26 所示。

运行结果显示,当给测试函数 testfun() 传入 Animal 类型变量或者其子类(如 Dog 类型变量)时,该函数都能正常运行,并且传入变量类型不同,呈现结果也不同,如若传入的是 Animal 类型,则函数实现 Animal

```
动物叫
--------
狗汪汪地叫
```

图 5-26 例 5-19 的运行结果

类的 shout()方法,若传入的是 Dog 类型,则函数实现 Dog 类的 shout()方法,同一个函数 testfun()在不改变函数的定义及实现状态下,根据传入参数类型的不同执行结果会呈现出不同的形态。实际上,任何依赖 Animal 类型作为参数的函数或方法都可以在不做任何修改的情况下,在传入 Animal 类对象或其子类对象时,根据传入参数的不同呈现出不同的形态。

由于 Python 属于动态语言,实际上在传入参数时不一定必须传入 Animal 类对象或其

子类对象,只需保证传入的对象有一个 shout()方法,例如在上例中增加 Car 类的定义,在
Car 类中也有一个 shout()方法,其声明和 Animal 类中 shout()方法一致,代码如下:

```
class Car():
    def shout(self):
        print("汽车会发出声音")
```

Car 类和 Animal 类没有任何继承关系,但在 Car 类也有一 shout()方法。此时将 Car
类型实例对象传入函数 testfun()会如何呢? 修改主体测试代码,代码如下:

```
car = Car()
testfun(car)    ♯将 Car 类型变量传入测试函数
```

运行以上测试代码,运行结果如图 5-27 所示。

汽车会发出声音

图 5-27　例 5-19 测试 Car 类的运行结果

从运行结果可以看出,虽然 Car 类和 Animal 类没有任何继承关系,但在 Car 类也有一
个 shout()方法,当使用 Car 类型变量传入函数 testfun()时,函数依然能正常运行且实现的
是 Car 类的 shout()方法。

这是动态语言支持的"鸭子类型",相比与强类型静态语言(如 Java),Python 动态语言
并不要求严格的继承关系,一个对象只要走起来像鸭子,叫起来像鸭子,那么它就可以被当
作鸭子,即在函数或方法中传入参数时,不需要关注对象的类型,更需要关注对象的行为是
否有同样的行为。

总之,多态的特征主要体现在 3 个方面:

(1) 重写方法的多态。在上面的案例中 Animal 类的子类都可以对父类 shout()方法重
新定义,体现方法的多态性。

(2) 变量类型的多态性。在继承关系中,一个子类实例对象 dog 其数据类型可以看作
Dog 类型,也可以看作其父类类型 Animal 类,注意反过来不成立。

(3) 参数类型多态性。对于函数或方法的参数而言,不需要关注参数对象的类型,更需
要关注参数对象的行为,只要有同类行为,如 Car 类和 Animal 类均有 shout()方法,就可以
作为函数 testfun()的参数,实现参数的多态性。

5.4　综合案例:编写程序模拟士兵突击任务

士兵突击原型钢七连的"不放弃,不抛弃!"的战斗精神,在今天的年轻士兵身上依然继
续继承。我们的武器也在继承以往功能的基础上有了突飞猛进的发展。相信我们勇于继承
前辈精神,再配上功能更强大的武器,一定能战胜一切来犯的敌人。

请结合本章所学内容,使用面向对象编程中的封装、继承、多态等概念模拟士兵突

击任务。

【要求】

(1) 封装设计一个枪类武器 Gun,主要描述枪类的属性(如名称和子弹数量)及枪支的功能(如装填子弹功能和射击功能)。

(2) 封装设计一个新式枪类武器 G95,继承自 Gun 类,添加新的夜视功能,并改进原有的射击功能。

(3) 封装设计一个士兵 Soldier 类,主要描述士兵的属性,如姓名及装配武器和冲锋射击功能。

(4) 编写主程序,初始化一名士兵,模拟装备上不同武器时冲锋射击的效果。

【目标】

(1) 通过该案例的训练,熟悉 Python 中面向对象的封装、继承、多态等概念及语法知识,掌握在实际应用中使用封装、继承等实现代码的重用和扩展,培养抽象表达能力、分析问题、解决问题能力及实际动手能力。

(2) 在编程的同时,深刻理解"不放弃,不抛弃!"的精神。

【步骤】

(1) 设计一个 Gun 类,代表枪类武器。

(2) 添加 model 和 buttet_count,代表枪的两个属性:枪的名称和子弹数量。

(3) 在 Gun 类的初始化方法__init__()中根据参数实现枪的名称和子弹数量的初始化工作。

(4) 编写 add_bullet()方法,模拟实现装填子弹功能。

(5) 编写 shoot()方法,模拟实现枪的射击功能。

(6) 重写__str__()方法,生成枪型号的字符描述。

(7) 编写程序,代码如下:

```python
#第5章/Soldier.py
class Gun:
    def __init__(self,model,bullet_count):
        #枪的型号
        self.model = model
        #子弹数量
        self.bullet_count = bullet_count
    #模拟装填子弹功能
    def add_bullet(self,count):
        self.bullet_count += count;
    #模拟射击功能
    def shoot(self):
        #判断子弹数量
        if self.bullet_count <= 0:
            print("{0}没有子弹了".format(self.model))
            return;
```

```
    #发射子弹
    self.bullet_count -= 1
    #提示发射信息
    print("{0}射击哒哒哒... 还有子弹{1}发
".format(self.model,self.bullet_count))
    #生成枪型号的字符描述
    def __str__(self):
        return self.model
```

（8）设计一个 G95 类，代表新式武器。该类继承自 Gun 类。

（9）编写 add_night_vision()方法，模拟新式武器增加的夜视功能。

（10）重写 shoot()方法，增强射击功能，在射击时自动使用夜视功能。

（11）编写程序，代码如下：

```
#第5章/Soldier.py

class G95(Gun):
    #派生新功能
    def add_night_vision(self):
        print("{0}打开夜间瞄准装置".format(self.model))
    #重写新的 shoot()方法
    def shoot(self):
        self.add_night_vision()
        super().shoot()
```

（12）编写一个 Soldier 类，代表士兵，并具有姓名 name 和武器 gun 两个实例属性。

（13）在 Soldier 类的初始化方法__init__()中通过参数初始化士兵的名字，默认士兵没有配备武器。

（14）编写方法 fire()，模拟实现冲锋射击。

（15）编写方法 gunfix(self,gun)，模拟实现装配武器。

（16）编写程序，代码如下：

```
#第5章/Soldier.py
class Soldier:
    def __init__(self,name):
        #姓名
        self.__name = name
        #默认士兵没有配备武器
        self.__gun = None
    #模拟实现冲锋射击
    def fire(self):
        if self.__gun is None:
            print("{0}还没有枪".format(self.__name))
            self.__gun = Gun("56式半自动步枪",10)
            print("{0}自动装配枪支: {1}".format(self.__name,self.__gun))
```

```
        else:
            print("{0}装配枪支：{1}".format(self.__name, self.__gun))
        # 喊口号
        print("{0}冲啊...".format(self.__name))
        # 发射子弹
        self.__gun.shoot()
    # 装配武器
    def gunfix(self, gun):
        self.__gun = gun
```

（17）编写主函数 main()，初始化一名士兵，模拟装备上不同的武器，并测试运行冲锋射击的效果。

（18）编写程序，代码如下：

```
# 第 5 章/Soldier.py

def main():
    # 实例化士兵
    solider = Soldier("许三多")
    solider.fire()
    # 分割线
    print(" - " * 10)
    # 给士兵配装新式武器
    solider.gunfix(G95("95 式自动步枪", 30))
    solider.fire()
if __name__ == '__main__':
    main()
```

（19）程序调试运行，通过运行结果可以看出当士兵配备上新的武器时，冲锋射击时武器的 shoot() 方法调用的是子类重写的 shoot() 方法，增加了子类扩展的武器功能。运行结果如图 5-28 所示。

思考： 从图 5-28 的运行结果可以看出新式武器射击时和老式武器一样，每次发射一发子弹，如何改写代码实现新式武器每次射击时发射五发子弹？如何增加新的武器功能？在上述代码的基础上进行改写，设计自己的武器系列和功能。

许三多还没有枪
许三多自动装配枪支：56式半自动步枪
许三多冲啊...
56式半自动步枪射击哒哒哒... 还有子弹9发

许三多装配枪支：95式自动步枪
许三多冲啊...
95式自动步枪打开夜间瞄准装置
95式自动步枪射击哒哒哒... 还有子弹29发

图 5-28　程序的运行结果

5.5　小结

本章主要介绍了面向对象编程的基础概念和思想，首先简要地介绍了面向对象编程概念，接下来重点介绍了类、属性、方法的基础概念和编写语法，通过案例介绍了面向对象的封装性、继承性和多态性的体现及实现方式。最后通过一个综合案例对本章知识点进行巩固和实际应用。

本章的知识结构如图 5-29 所示。

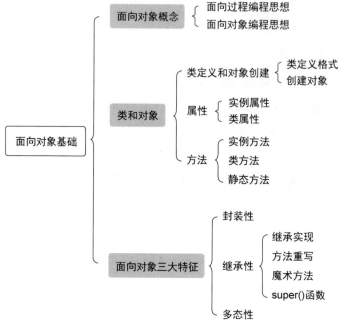

图 5-29　面向对象基础知识结构图

5.6　习题

1. 填空题

(1) 面向对象的程序设计具有 3 个基本特征：_____、_____和_____。

(2) 在 Python 中创建对象后，可以使用_____运算符来调用其成员。

(3) 在 Python 中，实例变量在类的内部通过_____访问，在外部通过对象实例访问。

(4) 创建一个类需要用关键字_____。

(5) 下列 Python 语句的运行结果为_____。

```python
class Point():
    x = 100
    y = 100
    def __init__(self,x,y):
        self.x = x
        self.y = y
```

```
point = Point(50,50)
print(point.x,point.y)
```

（6）下列 Python 语句的运行结果为_____。

```
class Account:
    def __init__(self, id, balance):
        self.id = id;
        self.balance = balance
    def deposit(self, amount):
        self.balance += amount
    def withdraw(self, amount):
        self.balance -= amount

acc1 = Account('郭靖', 1000);
acc1.deposit(500)
acc1.withdraw(200);
print(acc1.balance)
```

（7）下列 Python 语句的运行结果为_____。

```
class Person():
    age = 20
class Student(Person):
    pass

print(Person.age, Student.age)
```

（8）下列程序的运行结果是_____。

```
class Car:
    __distance = 0
    def __init__(self,name):
        self.name = name
        Car.__distance = Car.__distance + 1
    def show(self):
        print('Car.__distance:',Car.__distance)

car1 = Car("Geely")
car2 = Car("极氪 001")
car3 = Car("领克 01")
car3.show()
```

（9）下列程序的运行结果是_____。

```
class A:
    @staticmethod
```

```
    def getSum(numbers):
        return sum(numbers)

a = A()
resultOne = a.getSum([1,2,3,4,5])
resultTwo = a.getSum([6,7,8,9,10])
print(resultOne,resultTwo)
```

（10）下列程序的运行结果是_____。

```
class Cirle:
    def __init__(self):
        self.__radius = 1
    def setRadius(self,radius):
        if radius > 0:
            self.__radius = radius
    def getRadius(self):
        return self.__radius

class Geometry:
    def __init__(self):
        self.__circle = Cirle()
    def setCircle(self,c):
        c.setRadius(10)
        self.__circle = c
    def getCircle(self):
        return self.__circle

c = Cirle()
c.setRadius(100)
g = Geometry()
r = c.getRadius()
g.setCircle(c)
print(r,g.getCircle().getRadius(),c.getRadius())
```

2. 选择题

（1）Python 定义私有变量的方法为（　　）。

    A. 使用__private 关键字   B. 使用 public 关键字

    C. 使用__xxx__定义变量名   D. 使用__xxx 定义变量名

（2）在面向对象思想中,继承是指（　　）。

    A. 类之间共享属性和操作的机制   B. 各对象之间的共同性质

    C. 一组对象所具有的相似性质   D. 一个对象具有另一个对象的性质

（3）下列选项中,符合类的命名规范的是（　　）。

    A. HolidayResort   B. Holiday Resort

    C. hoildayResort   D. hoilidayresort

（4）下列说法中不正确的是（　　　）。

    A. 类是对象的模板，对象是类的实例

    B. 在 Python 中一切皆对象，类本身也是对象

    C. 属性名如果以"__"开头，就变成了一个私有属性

    D. 在 Python 中，一个子类只能有一个父类

（5）下列 Python 语句的运行结果为（　　　）。

```python
class Swordsman:
    def __init__(self,name = "李寻欢"):
        self.name = name
    def show(self):
        print(self.name)

s = Swordsman("沈浪")
s.show()
```

    A. 李寻欢   B. 沈浪   C. None   D. 错误

（6）下列 Python 语句的运行结果为（　　　）。

```python
class Person:
    def __init__(self,name = "傅红雪"):
        self.name = name

class Swordsman(Person):
    def __init__(self,s = "female"):
        self.sex = s
    def show(self):
        print(self.name,self.sex)

s = Swordsman("male")
s.show()
```

    A. 傅红雪   B. female   C. 错误   D. 傅红雪 male

（7）下列 Python 语句的运行结果为（　　　）。

```python
class Person:
    def __init__(self,name = "傅红雪"):
        self.name = name

class Swordsman(Person):
    def __init__(self,s = "female"):
        super().__init__()
        self.sex = s
    def show(self):
        print(self.name,self.sex)
```

```
s = Swordsman("male")
s.show()
```

    A. 傅红雪   B. female   C. 错误   D. 傅红雪 male

(8) 下列 Python 语句的运行结果为(　　)。

```
class Animal:
    def get(self,n):
        return n

class Dog(Animal):
    def get(self,n):
        return n + super().get(n)

a = Animal()
m = a.get(10)
a = Dog()
n = a.get(10)
print(m,n)
```

    A. 10 10   B. 10 20   C. 20 10   D. 20 20

3. 编程题

(1) 定义一个人类 Person,该类中有两个私有属性,即姓名 name 和年龄 age。定义初始化方法,用来初始化属性数据。定义 showinfo()方法,以便将姓名和年龄打印出来。在 main()方法中创建人类的实例并显示个人信息。

(2) 定义一个交通工具 Vehicle 类,该类有 3 个属性,即名称 name、速度 speed 和容量 capacity,方法有加速 speedUp()、减速 speedDown()。在 main()方法中实例化一个交通工具类实例,在实例化时对 3 个属性值进行初始化并打印出来,另外调用加速和减速的方法对速度进行改变并显示改变后的状态值。

(3) 定义一个类 QuadraticEquation,求解一元二次方程 $ax^2+bx+c=0$ 的根,该类包括 a、b、c 共 3 个属性,分别表示方程的 3 个系数,方法 getRoot()用于返回方程的两个根。在 main()方法中提示用户输入 a、b、c 的值,打印显示方程的根。

(4) 定义一个食物类 Food,该类有一属性,即名称 name,定义 showinfo()方法,以便打印显示名称。定义一个水果类 Fruits,继承自 Food,并给水果类添加新的属性,即颜色 color,重写父类 showinfo()方法,以便显示水果的名称和颜色。在 main()方法中创建苹果对象、西瓜对象,给水果添加质量 weight 属性,并显示水果信息。

(5) 设计一个名为 Stock 的类,以此来表示一个公司的股票,包括以下内容:

① 股票代码、股票名称、前一天股票价格、当前股票价格共 4 个属性。

② 构造方法用于初始化股票代码、股票名称、前一天股票价格、当前股票价格等属性。

③ 用于返回股票名称的公开方法。

④ 用于返回股票代码的公开方法。

⑤ 获取或设置前一天股票价格的公开方法。

⑥ 获取或设置当前股票价格的公开方法。

⑦ 名为 getChangePercent() 的方法,返回前日收市价至当前价格的变化百分比。

(6) 编写一个程序,创建一个 Stock 对象,它的代码是 00175,名称为吉利汽车,前一天价格为 10.72 港元,当前价格为 10.82 港元,输出显示该股票的信息及价格变化百分比。

第 6 章

模　　块

在实际的 Python 项目中,程序基本由函数、类和变量组成。为了更好地管理和组织函数、类和变量,引入了模块组织方式。Python 将相关代码放到同一个模块中,可提供给其他程序调用,使 Python 代码更简单、易懂。Python 提供的很多方法,以及大量功能强大的第三方库都是通过模块的方式,面向全球用户开源免费,为 Python 程序的开发提供了极大的便利。

5min

6.1　模块的创建

Python 中包含了函数或者类的. py 程序文件都可以作为一个模块来使用,通常将不同功能的代码放到不同的程序文件中,这样在其他的程序中就可以以模块的形式进行调用了,所以创建模块其实就是创建. py 文件,模块名称就是. py 文件名。

【例 6-1】　创建一个模块,求一个数的 4 次方,代码如下:

```
＃第 6 章/ch6 - 1.py

＃模块名称:ch6_1
＃在模块中定义函数 PowerOfFour,用于求一个数的 4 次方,并返回结果

def PowerOfFour(x):
    s = x * x * x * x
    return s
```

模块 ch6_1 创建之后,其他的模块就可以调用它,通常情况下,写完一个模块后都会测试该模块的功能是否达到预期,编写测试代码进行调试,测试代码如下:

```
＃测试代码
a = (int)(input("请输入要求 4 次方的数: "))
print(PowerOfFour(a))
```

在这种情况下,每次运行 ch6_1. py 都会执行该段测试代码,当 ch6_1 被其他程序当作

模块调用时每次都会执行该段测试代码,所以模块功能测试完成后需要将测试代码删除。

而事实上,该测试代码调试后可以不删除,保留在模块中。可以使用 Python 系统变量 __name__ 判断 ch6_1 是作为模块被调用,还是自己独立运行,如果是被调用,则 __name__ 存储的是 py 文件名(模块名称),而独立运行时存储的是"__main__",所以加上判断 __name__ 是否等于"__main__"即可。改写测试代码,修改后的代码如下:

```
# 测试代码
# 判断是否是独立运行,只有独立运行时才执行
if __name__ == "__main__":
    a = (int)(input("请输入要求 4 次方的数:"))
    print(PowerOfFour(a))
```

独立运行测试代码,执行的结果如图 6-1 所示。

请输入要求4次方的数:3
81

进程已结束,退出代码0

图 6-1　独立运行模块 ch6_1 的运行结果

6.2　模块的导入

模块导入之后,才可以使用模块中的函数、类和变量。Python 中可以使用 3 种方式导入模块,不同的导入方式对于模块内的方法和属性的调用方式是有区别的。3 种方式如下:

```
import 模块名
import 模块名 as 模块别名
from 模块名 import 函数名/子模块名/属性
```

6.2.1　import 模块名

通常使用 import 模块名的方式导入模块,以这种方式导入的模块,在调用方法和属性时需要加上“模块名.”。

【例 6-2】　以调用模块 ch6_1 为例,代码如下:

```
# 第 6 章/6-2.py
# 导入模块 ch6_1
import ch6_1

# 调用 ch6_1 模块中的 PowerOfFour()方法,求 4 的 4 次方
print(ch6_1.PowerOfFour(4))

# 调用 ch6_1 模块中的属性 a
print(ch6_1.a)
```

上述代码的执行结果如图 6-2 所示。

```
256
100
```

进程已结束，退出代码0

图 6-2　调用 ch6_1 模块的运行结果

6.2.2　import 模块名 as 模块别名

有时模块名称不能很好地表达意思，或者模块名称太长不好操作，在这种情况下，通常采用 import 模块名 as 模块别名的方式导入模块，给导入的模块取一个别名，以 ch6_1 为例，代码如下：

```
# 导入模块 ch6_1
import ch6_1 as Power4
# 用别名调用 ch6_1 模块中的 PowerOfFour()方法和属性 b
print(Power4.PowerOfFour(4))
print(Power4.b)
```

上述代码的执行结果如图 6-3 所示。

```
256
200
```

进程已结束，退出代码0

图 6-3　使用别名调用 ch6_1 模块的运行结果

6.2.3　from 模块名 import 函数名/子模块名/属性

以前面两种方式导入模块都必须以模块名或者模块别名调用模块中的函数或者属性，通常也可以有针对性地导入模块中的某个函数或者子模块，此时就可以使用 from 模块名 import 函数名/子模块名/属性的方式进行导入。通过这种方式导入的函数和属性，调用时不需要使用模块名，而是直接调用。以 ch6_1 模块为例，代码如下：

```
# 导入模块 ch6_1 中的 PowerOfFour()方法
from ch6_1 import PowerOfFour
# 直接调用
print(PowerOfFour(4))
# b 没有被导入，所以不能调用，报错
print(b)
```

上述代码的执行结果如图 6-4 所示。

Python 中也可以一次性导入模块中的全部内容，那么使用 * 代替即可导入。以 ch6_1 模块为例，代码如下：

```
256
Traceback (most recent call last):
  File "/Users/bingtangxueli/Documents/科研项目/教材编写/Python/教材源码/ch6/ch6_2_3.py", line 7, in <module>
    print(b)
NameError: name 'b' is not defined
```

图 6-4　有针对性地导入模块函数的运行结果

```
#导入模块 ch6_1 中的全部内容
from ch6_1 import *
#直接调用
print(PowerOfFour(4))
print(b)
print(a)
```

上述代码的执行结果如图 6-5 所示。

```
256
200
100
```

进程已结束,退出代码0

图 6-5　导入模块全部内容的运行结果

6.3　内置模块

除了可以导入自己创建的模块,更多时需要导入 Python 内置的模块,Python 的内置标准库中内置了很多模块,标准库中的模块在安装 Python 时就安装好了,导入之后,就可以直接使用了。Python 标准库中有几百个内置模块,其中常用的部分内置模块见表 6-1。

表 6-1　常用的内置模块

模 块 名 称	说 　 明
math	math 模块实现了很多数学计算函数和常量的定义。例如 abs()、max()、min()等函数和常量 pi 和 e 等
random	random 模块中实现了生成随机数等函数,如 random()、choice()、randrange()等
time	time 模块中定义了和时间相关的一些函数,如 time()、localtime()等
datetime	datetime 模块中定义了处理时间和日期的函数,如 now()、today()、date()等
calender	calender 模块用于生成日历
os	os 模块是和操作系统相关的模块,定义了 open()、file()、system()等函数
sys	sys 模块用于处理 Python 运行时等环境,如 path 属性和 exit()函数
threading	threading 模块用于处理线程相关功能等接口,如创建线程和关闭线程等
urllib	urllib 是内置的 HTTP 请求库,是基于爬虫的模块,包含 request、error、parse、robotparser 共 4 个模块

16min

6.3.1 math 模块

在 Python 的内置 math 模块中,提供了非常多常用的数学函数,例如正弦函数 sin()、余弦函数 cos()、绝对值 abs()等。

math 模块中还定义了最常用的两个数学常量:圆周率 PI 和自然常数 E。

【例 6-3】 编写程序,有一个三角形的两条边的长度分别为 4cm 和 5cm,夹角为 60°,计算三角形的面积,代码如下:

```python
# 第 6 章/6 - 3.py
import math

# 假设沿 5cm 的边 a 做垂直于它的垂线,得到高 h
a = 5
# 由 h 和 a 的一部分,以及 4cm 的边 b 组成的是一个夹角为 60°的直角三角形
# sin(60°的弧度值) = h/b,可以求出 h = sin(60°的弧度值) * b
b = 4
# 这里 math.sin()括号中是弧度而不是角度,需要通过 math.radians()先将角度转换为弧度
print(math.sin(math.radians(60)))
h = math.sin(math.radians(60)) * b
# 要求的三角形的面积为 s = 1/2 * a * h
s = 1/2 * a * h
print(s)
```

上述代码的执行结果如图 6-6 所示。

```
0.8660254037844386
8.660254037844386

进程已结束,退出代码0
```

图 6-6 例 6-3 的运行结果

注意:math. sin(x)函数是以弧度作为参数的,即 x 是弧度值,所以需要将 60°先转换为弧度,math 模块中提供了 math. radians(x)函数,可将角度转换为弧度。

6.3.2 random 模块

在 Python 的内置 random 模块中,提供了很多跟随机数相关的函数。常用的 random 函数见表 6-2。

表 6-2 random 模块的常用函数

函　　数	描　　述
random()	用于生成一个 0~1 的随机浮点数
randint(a,b)	用于生成一个指定范围的整数
randrange([start],stop[,step])	从指定范围,按指定基数递增的集合中获取一个随机数
choice(sequence)	从序列中获取一个随机元素。参数 sequence 表示一个有序类型

续表

函　　数	描　　述
sample(sequence,k)	从指定序列中随机获取指定长度的片段。sample 函数不会修改原有序列
shuffle(x[,random])	用于将一个列表中的元素打乱
uniform(a,b)	用于生成一个指定范围的随机浮点数

1. random()函数

Python 中 random 模块中的 random()函数用于生成一个 0~1 的随机浮点数,生成的数是一个左闭右开区间,即生成一个[0,1)的随机浮点数。

【例 6-4】 随机生成 10 个[0,1)的随机浮点数,代码如下:

```
# 第 6 章/6-4.py

import random
# 随机生成 10 个[0,1)的随机浮点数
for i in range(10):
    print(random.random())
```

上述代码的执行结果如图 6-7 所示。

```
0.9248182819962614
0.16879429736336793
0.4059085700024567
0.422904837258547
0.8581216164489728
0.32704066114369734
0.7519370839802917
0.065600036009941195
0.564907364255283
0.48160497872026864
```

图 6-7　随机生成 10 个[0,1)随机数的运行结果

2. uniform()函数

Python 中 random 模块中的 uniform(a,b)函数用于生成一个指定范围 a~b 的随机浮点数,生成的数是一个闭区间,即生成一个[a,b]的随机浮点数。

【例 6-5】 随机生成 10 个[5,12]的随机浮点数,代码如下:

```
# 第 6 章/6-5.py

import random
# 随机生成 10 个[5,12]的随机浮点数
for i in range(10):
    print(random.uniform(12,5))
```

上述代码的执行结果如图 6-8 所示。

9.179040968659953

11.85787991335538

8.854393005235519

9.62350996070224

7.268636686963121

5.8955247160210345

6.831576204817107

9.51351968019625

5.506360953353902

5.801248628113276

图 6-8　随机生成 10 个[5,12]随机浮点数的运行结果

注意：random 模块中的 uniform(a,b)函数，这两个参数中的一个是上限，另一个是下限。

\# 如果 a<b,则生成的随机数 n：b≥n≥a

\# 如果 a>b,则生成的随机数 n：a≥n≥b

3. randint()函数

Python 中 random 模块中的 randint(a,b)函数用于生成一个指定范围 a～b 的随机整数，生成的数是一个闭区间，即生成一个[a,b]的随机整数。

【例 6-6】　随机生成 10 个[5,20]的随机整数，代码如下：

```
# 第 6 章/6-6.py

import random
# 随机生成 10 个[5,20] 的随机整数
for i in range(10):
    print(random.randint(5,20),end = ' ')
```

上述代码的执行结果如图 6-9 所示。

11 16 13 15 13 9 12 17 16 17

进程已结束,退出代码0

图 6-9　随机生成 10 个[5,20]随机整数的运行结果

4. randrange()函数

Python 中 random 模块中的 randrange([start],stop[,step])函数，用于从指定范围内按指定基数递增的集合中获取一个随机数。

【例 6-7】　random.randrange(10,100,3),结果相当于从 10 开始以步长 3 生成的序列([10,13,16,19,22,25,…]序列)中随机选取一个数，代码如下：

```
# 第 6 章/6-7.py
```

```
import random
#[10,100,3)表示从 10 开始以步长 3 生成的序列([10,13,16,19,22,25,…序列)中随机选取一个数
for i in range(10):
    print(random.randrange(10,100,3),end = ' ')
```

上述代码的执行结果如图 6-10 所示。

5. choice()函数

Python 中 random 模块中的 choice(sequence)函数,其参数 sequence 表示一个有序序列类型(例如 list、tuple、字符串等),从序列中获取一个随机元素。

```
64 58 46 43 10 88 22 10 67 55
进程已结束,退出代码0
```

图 6-10　randrange()运行结果

【例 6-8】 从序列类型数据中随机获取一个元素,代码如下:

```
#第 6 章/6 - 8.py

import random
#从字符串中随机获取元素
print(random.choice("Python"))
#从 list 中随机获取元素
print(random.choice(["Geely","Volvo","Lynk&Co","Audi","Benz"]))
#从元组中随机获取元素
print(random.choice(("Geely","Volvo","Lynk&Co","Audi","Benz")))
```

上述代码的执行结果如图 6-11 所示。

```
y
Volvo
Geely
```

图 6-11　choice()的运行结果

【例 6-9】 random 综合案例:微信发红包。

微信发红包的规则:每个当前红包的金额为 0.01 元到红包平均值的两倍之间的随机数,即红包金额为[0.01,(目前总金额/红包个数)*2]的随机数。

如 100 元钱给 10 个人发随机红包,第 1 个人的红包为[0.01,(100/10)*2]的随机数。假定第 1 个人随机得到的数是 10 元,那么第 2 个人的红包为[0.01,((100-10)/9)*2]的随机数。按此算法依次分下去,直到倒数第 2 个人,最后剩下的钱为第 10 个人应得到的红包,代码如下:

```
#第 6 章/6 - 9.py
import random

#定义发红包函数
def redPackage(total,n):
    li = []
    k = 0
    while(k < n - 1):
        #计算平均值
        temp = total/(n - k)
```

```
        max = 2 * temp
        #round()函数四舍五入,保留两位小数
        #get 为每次得到的红包的数值
        get = round(random.uniform(0.01,max),2)
        total = total - get
        k = k + 1
        #将每次的红包数值存放到 li 中
        li.append(get)
     #将最后一个红包数值存到 li 中
    li.append(round(total,2))
    return li


#调用发红包函数
print(redPackage(100,10))
```

上述代码运行的结果如图 6-12 所示。

```
[13.78, 11.1, 9.06, 8.78, 1.83, 7.76, 18.65, 15.41, 7.99, 5.64]
```

进程已结束,退出代码0

图 6-12 随机红包案例的运行结果

注意:round()函数用于对 uniform()得到的数值进行四舍五入,保留几位小数,例如 round(3.141592,2)表示采用四舍五入法取两位小数得到 3.14。

【例 6-10】 random 综合案例:猴子排序。

猴子排序的名字主要来自一个笑话,一只猴子在键盘面前敲击,总有可能敲出一部莎士比亚文集。把猴子排序的思想用于排序,首先判断列表是否有序,如果有序,则排序完成,如果无序,则使用 random 模块进行随机打乱,直到排序完成为止。

以 10 个数排序为例模拟猴子排序的思想,代码如下:

```
#第 6 章/6 - 10.py
import random

#以下方法用于判断列表是否有序
def judge(li):
    for i in range(len(li) - 1):
        if li[i] > li[i + 1]:
            return False
    return True
li = [random.randint(0,100) for x in range(10)]
print("原始序列为")
print(li)
while judge(li) == False:
    random.shuffle(li)        #重新混乱排序
print("排序后的序列为")
print(li)
```

上述代码运行的结果如图 6-13 所示。

原始序列为
[27, 86, 26, 3, 31, 97, 84, 76, 2, 71]
排序后的序列为
[2, 3, 26, 27, 31, 71, 76, 84, 86, 97]

进程已结束,退出代码0

图 6-13 猴子排序的运行结果

6.3.3 time 模块

在实际应用中,涉及处理时间的场景非常多,Python 的内置 time 模块,在处理与时间相关方面有强大的函数支持。

1. time()函数

time 模块中的 time()函数用于返回从标准时间 1970 年 1 月 1 日 0 时 0 分 0 秒到当前系统时间的总秒数,精确到微秒。

【**例 6-11**】 编写代码计算该段代码的执行时间,代码如下:

```
# 第 6 章/6 - 11.py

import time
# 从标准时间 1970 年 1 月 1 日 0 时 0 分 0 秒到当前系统时间的总秒数
print(time.time())
# 程序运行开始时间 start
start = time.time()
# # # # # # # #
print("Python is cool")
time.sleep(5)
print("I like Python!")
# # # # # # # #
# 运行结束时间 end
end = time.time()
print("程序执行时间为",(end - start))
```

上述代码的执行结果如图 6-14 所示。

1675693955.6021361
Python is cool
I like Python!
程序执行时间为 5.005138874053955

图 6-14 计算程序运行时间的运行结果

2. localtime()函数

time 模块中的 localtime()函数用于获取当前系统时间,返回的时间为一个时间元组,代码如下:

```
import time

#获取当前时间元组
print(time.localtime())
for i in time.localtime():
    print(i,end = " ")
```

上述代码的执行结果如图 6-15 所示。

```
time.struct_time(tm_year=2023, tm_mon=2, tm_mday=6, tm_hour=22, tm_min=32, tm_sec=40, tm_wday=0, tm_yday=37, tm_isdst=0)
2023 2 6 22 32 40 0 37 0
```

图 6-15　localtime()函数的运行结果

3. sleep()函数

开发中,经常会使用 time 模块中的 sleep()函数,把程序在执行过程中的进行时间往后延迟,sleep(seconds)函数的参数是秒,代码如下:

```
import time

#sleep(5)暂停 5s
print("Python is cool")
time.sleep(5)
print("I like Python!")
```

上述代码的执行结果如图 6-16 所示。

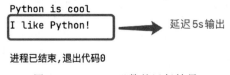

图 6-16　sleep()函数的运行结果

6.3.4　sys 模块

Python 的内置 sys 模块主要针对 Python 解释器相关的变量和方法。

Python 在安装时,系统自动将内置模块的路径存储在 sys.path 列表中,在安装第三方库时也会自动将第三方模块的路径存储到已经存在的 sys.path 列表中。Python 解释器会根据 sys.path 记录的路径(环境变量)去寻找要导入的模块。查看 sys.path,返回路径列表,代码如下:

```
import sys
#获取 Python 的环境变量后存放到列表中
print(sys.path)
```

上述代码的执行结果如图 6-17 所示。

`['/Users/bingtangxueli/Documents/科研项目/教材编写/Python/教材源码/ch6', '/Users/bingtangxueli/Documents/科研项目/教材编写/Python/教材源码/ch6', '/Library/Fra`

进程已结束,退出代码0

图 6-17 获取环境变量的运行结果

要让 Python 解释器知道自己创建的模块的路径,也需要将自己创建的模块的路径添加到 sys. path 列表中,或者将自己创建的模块的路径添加到环境变量中。

【例 6-12】 如要导入并使用自己创建的 ch6_1 模块。

如果 ch6_1.py 跟当前 Python 程序在同一个路径下,则可以直接导入使用;如果 ch6_1. py 放在另外一个路径("/Users/bingtangxueli/Documents/自定义模块")下,则需要通过列表的 append()方法将 ch6_1. py 所在的路径添加到 sys. path 列表中才能导入使用,代码如下:

```python
#第 6 章/6 - 12. py

import sys

#获取 Python 的环境变量后存放到列表中
print(sys.path)

sys.path.append("/Users/bingtangxueli/Documents/自定义模块")
#在运行时才会导入 append 的路径,编译时有报错正常
import ch6_1
print(sys.path)
```

上述代码的执行结果如图 6-18 所示。

`ad', '/Users/bingtangxueli/Documents/科研项目/教材编写/Python/教材源码/ch6/venv/lib/python3.8/site-packages']`

`ad', '/Users/bingtangxueli/Documents/科研项目/教材编写/Python/教材源码/ch6/venv/lib/python3.8/site-packages', '/Users/bingtangxueli/Documents/自定义模块']`

图 6-18 获取环境变量的运行结果

注意:dir()方法可以查看所有模块具有的属性和方法,如 dir(sys)。

6.3.5 os 模块

Python 的内置 os 模块和 sys 模块的区别是:os 负责程序与操作系统的交互,sys 负责程序与 Python 解释器的交互。os 模块主要是对进程和进程运行环境进行管理,os 模块还可以处理大部分文件系统操作,如删除、重命名、遍历目录、管理文件访问权限等。

1. os 模块常用属性和函数

虽然有不同的操作系统,但 os 模块会自动处理,程序设计人员只需调用 os 模块的函数和属性,而不需关心操作系统。常见的 os 模块属性见表 6-3。

os 模块常用的函数见表 6-4。

表 6-3　os 模块的常用属性

属　性	描　述
name	正在使用的操作系统
curdir	当前目录
pardir	上一级目录

表 6-4　os 模块的常用函数

函　数	描　述
getcwd()	得到当前工作路径,即当前 Python 脚本运行的路径
chdir(path)	将 path 设置为当前工作路径
listdir(path=)	返回的列表为指定目录下的所有文件和目录名,但不区分目录和文件
mkdir(path)	创建目录
remove(path)	删除指定的文件
rmdir(path)	删除指定的空文件夹
removedirs(path)	删除多级目录,不能有文件
rename(old,new)	重命名文件或者文件夹
walk(path)	文件目录遍历器,返回一个三元组(path、子目录和文件)

【例 6-13】　os 模块常用属性和函数的应用,代码如下:

```
#第 6 章/6-13.py
import os
#操作系统
print(os.name)
#当前目录.
print(os.curdir)
#上一级目录..
print(os.pardir)


#当前工作路径
print(os.getcwd())
#将当前路径设置为/Users/bingtangxueli/Documents
os.chdir('/Users/bingtangxueli/Documents')
print(os.getcwd())


#返回指定目录下的所有文件和目录名的列表
print(os.listdir(path = '/Users/bingtangxueli/Documents/科研项目/教材编写/Python'))
#在/Users/bingtangxueli/Documents/科研项目/教材编写/Python/教材源码/ch6路径下创建新
#的文件夹 new
os.mkdir('/Users/bingtangxueli/Documents/科研项目/教材编写/Python/教材源码/ch6/new')
```

上述代码的执行结果如图 6-19 所示。

```
/Users/bingtangxueli/Documents/科研项目/教材编写/Python/教材源码/ch6/venv/bin/python /Users/bingtangxueli/Documents/科研项目/教材编写/Python/教材源码/ch6/ch6_3_5_1.py
posix
.
..
/Users/bingtangxueli/Documents/科研项目/教材编写/Python/教材源码/ch6
/Users/bingtangxueli/Documents
['.DS_Store', '【51Talk-英文介绍中国非遗文化】中国非物质文化遗产:二十四节气.docx', 'Python编程 -第六章-姚明菊.docx', '章节示范.docx', '24节气英文介绍.txt', '教材源码', 'Untitled.t
```

图 6-19　os 常用属性和方法的运行结果

os 模块下的 walk(path)函数,用于遍历文件目录,返回的是一个三元组(path、子目录和文件)。/Users/bingtangxueli/Documents/Python 文件夹的树形结构如图 6-20 所示。

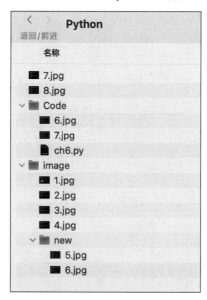

图 6-20　/Users/bingtangxueli/Documents/Python 文件夹的树形结构

【例 6-14】　通过 os. walk('/Users/bingtangxueli/Documents/Python')遍历 Python 目录下的文件及文件夹,代码如下:

```
# 第 6 章/6 - 14.py

import os
# 遍历 Python 目录结构
p = os.walk('/Users/bingtangxueli/Documents/Python')
print(p)
# 遍历三元组
for i in p:
    print(i)
```

上述代码的执行结果如图 6-21 所示。

```
<generator object walk at 0x7f7ad016e7b0>
('/Users/bingtangxueli/Documents/Python', ['Code', 'image'], ['.DS_Store', '8.jpg', '7.jpg'])
('/Users/bingtangxueli/Documents/Python/Code', [], ['.DS_Store', 'ch6.py', '7.jpg', '6.jpg'])
('/Users/bingtangxueli/Documents/Python/image', ['new'], ['.DS_Store', '4.jpg', '2.jpg', '3.jpg', '1.jpg'])
('/Users/bingtangxueli/Documents/Python/image/new', [], ['.DS_Store', '5.jpg', '6.jpg'])
```

图 6-21　walk()函数遍历文件目录的运行结果

2. os. path 子模块

os 模块下有 path 子模块,os. path 子模块主要用于文件和路径名的操作,常用的操作函数见表 6-5。

表 6-5　os.path 子模块的常用函数

函　　　数	描　　　述
abspath(path)	返回 path 的绝对路径
split(path)	将 path 分割成目录和文件名二元组并返回
join(path1[,path2[,…]])	返回将多个路径组合后的新路径
exists(path)	判断 path 是否存在,如果存在,则返回值为 True;如果 path 不存在,则返回值为 False
isabs(path)	如果 path 是绝对路径,则返回值为 True,否则返回值为 False
isfile(path)	如果 path 是一个存在的文件,则返回值为 True,否则返回值为 False
isdir(path)	如果 path 是一个存在的目录,则返回值为 True,否则返回值为 False
splitext(path)	分离文件名与扩展名;默认返回(路径和扩展名)的二元组
getsize(file)	获取给定 file 的大小
getctime(file)	获取 file 的创建时间

【例 6-15】　os.path 子模块的函数应用,代码如下:

```python
# 第 6 章/6 - 15.py
import os
# 当前文件的绝对路径
print(os.path.abspath('ch6_3_5_3.py'))
# 分割(文件路径,文件)
print(os.path.split('/Users/ch6/ch6_3_5_3.py') )
# 分割(文件名,扩展名)
print(os.path.splitext('ch6_3_5_3.py'))
# 判断 path 存在且是文件
print(os.path.isfile('/Users/ch6/'))
print(os.path.isfile('/Users/ch6/ch6_3_5_3.py'))
# 判断是目录
print(os.path.isdir('/Users/ch6/'))
print(os.path.isdir('/Users/ch6/ch6_3_5_3.py'))
# 拼接路径
print(os.path.join('/Users/bingtangxueli/','1.py'))
```

上述代码的执行结果如图 6-22 所示。

```
/Users/bingtangxueli/Documents/科研项目/教材编写/Python/教材源码/ch6/ch6_3_5_3.py
('/Users/ch6', 'ch6_3_5_3.py')
('ch6_3_5_3', '.py')
False
False
False
False
/Users/bingtangxueli/1.py
```

图 6-22　os.path 子模块函数的运行结果

【例 6-16】 os 综合案例：文件名批量重命名。

假定当前在目录/Users/bingtangxueli/Documents/Python 下有较多的文件夹和文件，其中各个目录下都有一些后缀为.png 的图片，目录结构如图 6-23 所示。

图 6-23　Python 文件夹下的目录结构

采用 os 模块的函数和方法实现将 Python 文件夹下所有后缀为.png 的文件批量重命名为.jpg 后缀的文件，代码如下：

```
#第 6 章/6 - 16.py

import os
w = os.walk('/Users/bingtangxueli/Documents/Python')
#i 为路径
for i,k,v in w:
    #f 得到文件名, i 和 f 组合起来为新的文件路径下的文件
    for f in v:
        #得到最初所有路径下的文件
        oldpath = os.path.join(i,f)
        #将文件名和文件后缀分离,splitext(f)[0]文件名, splitext(f)[1]取文件后缀
        ex = os.path.splitext(f)[1]
        if(ex == '.png'):
            ex = '.jpg'
            f = os.path.splitext(f)[0] + ex
            #新的文件
            print(f)
            #新的路径文件
            newpath = os.path.join(i,f)
            os.rename(oldpath,newpath)
```

上述代码的执行结果如图 6-24 所示。

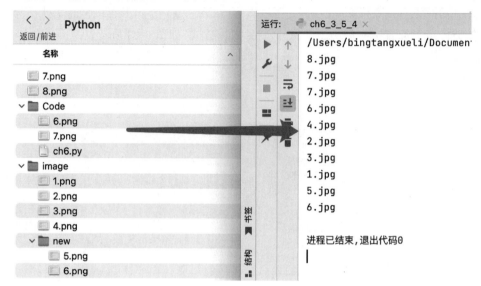

图 6-24 批量重命名文件的运行结果

6.3.6 turtle 模块

Python 中的 turtle 模块,又叫海龟绘图模块,是一个内置模块,它是一个简单的绘图工具,使用海龟绘图可以编写重复执行简单动作的程序,画出精细复杂的形状。

1. turtle 模块常用函数

使用 turtle 模块绘制图形主要需要以下几个步骤。

(1) 导入 turtle 模块,代码如下:

```
from turtle import *
```

(2) 设置画笔的属性,如画笔的颜色、粗细、填充颜色等,代码如下:

```
pensize()               # 设置画笔的宽度
pencolor('black')       # 设置画笔的颜色
fillcolor('pink')       # 设置形状填充色
```

(3) 绘制海龟图,代码如下:

```
forward(200)            # 绘制 200px 的线段
right(90)               # 右转 90°
forward(200)            # 绘制 200px 的直线
```

turtle 模块提供了很多函数,可以调用这些函数直接绘制图形,常用的绘制海龟图的函数见表 6-6。

表 6-6 turtle 模块的常用函数

函 数	描 述
forward()	向前移动
backward()	向后移动
right(90)	海龟方向向右转 90°
left(90)	海龟方向向左转 90°
circle()	画圆
fillcolor('red')	将填充颜色设置为 red
turtle.color(color1,color2)	将画笔颜色设置为 color1,将填充颜色设置为 color2
begin_fill()	开始填充颜色
end_fill()	填充完成
speed()	画笔移动速度,画笔绘制的速度范围为[0,10]的整数,数字越大越快
done()	函数用于启动事件循环,调用 Tkinter 的主循环函数,它不需要任何参数,但必须是 turtle 图形程序中的最后一条语句

2. 使用海龟图绘制长方形

Python 中使用海龟图可以快速方便地绘制一个长方形,由 4 条直线,通过 90° 的转角回到原点,构成一个长 200px,宽 100px 的长方形,如图 6-25 所示。

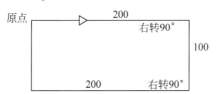

图 6-25 海龟图绘制长方形示例

【例 6-17】 使用海龟图绘制一个 200×100 的长方形,代码如下:

```
#第 6 章/6-17.py
#长方形
#导入
from turtle import *

pensize(2)
pencolor('blue')

forward(200)          #长 200px 的线段
right(90)             #右转 90°
forward(100)          #长 200px 的线段
right(90)             #再右转 90°
forward(200)          #长 200px 的线段
right(90)             #再右转 90°
forward(100)          #回到原点,构成一个 200×100 的长方形
done()
```

上述代码运行的结果如图 6-26 所示。

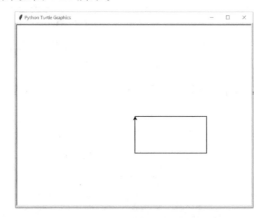

图 6-26　海龟图绘制长方形的运行结果

3. 使用海龟图绘制圆形和正多边形

使用海龟图的 circle( )函数可以快速方便地绘制一个圆形,circle( )函数可以带 3 个参数:

circle(radius, extent = None, steps = None)

其中,radius 表示圆的半径,可以为正数,也可以为负数。当 radius 的值为正数时,顺时针绘制;当 radius 的值为负数时,顺时针绘制。

extent 表示弧度,即弧形所对的圆心角,可以是一个数值,此参数也可以省略,省略时默认为 360,即绘制整个圆形。弧度可以是正数,也可以为负数。为负数时顺画笔当前方向绘制弧形;当为负数时,逆画笔当前方向绘制弧形。

steps 表示边数,是一个整型数(或 None),值越大边数越多,此参数可以省略,当此参数省略或者为 None 时,画的就是一个圆形。当 steps 的值为正整数时,绘制 steps＝N 条边的内切正多边形。当 steps 的值为负整数时,不绘图。

注意:当 circle( )函数中的参数 steps 值过大时,将绘制无限近似圆的图形,并且绘制速度会变慢。

【**例 6-18**】　绘制半径为 20px 的圆,代码如下:

```
#第 6 章/6 - 18.py
#圆形
#导入
from turtle import *

setup(400,400)
pensize(2)
pencolor('red')
circle(50)        #修改为 - 20 看一看区别
done()
```

上述代码运行的结果如图 6-27 所示。

【例 6-19】 使用 circle()函数绘制边长为 20px 的等边三角形,代码如下:

```
# 第 6 章/6 - 19.py
# 等边三角形
# 导入
from turtle import *

setup(400,400)
pensize(2)
pencolor('blue')
circle(50,steps = 3)
done()
```

上述代码运行的结果如图 6-28 所示。

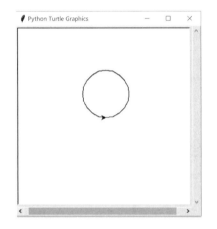

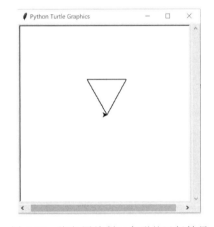

图 6-27 海龟图绘制长方形的运行结果 　　图 6-28 海龟图绘制三角形的运行结果

思考:使用 circle()函数如何绘制正方形、正五边形等规则的正内切多边形。

【例 6-20】 turtle 模块综合案例,海龟图绘制爱心。

使用海龟图绘制一个粉红色的爱心,代码如下:

```
# 第 6 章/6 - 20.py

# 绘制爱心
from turtle import *

setup(width = 600,height = 600,startx = 100,starty = 100)
pensize(5)
pencolor('pink')

fillcolor('pink')
begin_fill()
```

```
lt(50)
circle( - 100,180)

rt(10)
forward(200)

rt(80)
forward(200)

rt(10)
circle( - 100,180)

end_fill()
```

上述代码运行的结果如图 6-29 所示。

图 6-29　海龟图绘制爱心图的运行结果

6.4　常用外置模块

Python 除了有丰富的内置模块外,还可以使用第三方库,即外置模块,使 Python 功能非常强大并且容易操作和使用。常用的外置模块有 faker 模块、jieba 模块、wordcloud 模块、matplotlib 模块、NumPy 模块和 Pandas 模块等,本章重点介绍 faker、jieba 和 wordcloud 模块的功能和使用。外置模块在导入之前,必须先安装。

6.4.1　faker 模块

在实际项目中经常不会使用真实数据,而是会采用测试数据进行演示,对于大量的数据,如果通过人工的方式构造,则工作量很大,并且造出的数据显得太假,不够类似真实数据。Python 可以使用第三方模块 faker 构造模拟数据,faker 模块又叫伪装者模块。

1. faker 的安装

在 PyCharm 解释器中,提供了很多第三方模块库的安装包,在 PyCharm 中找到 settings,在弹出的设置窗口中选择 Python 解释器,再单击"+"添加可用软件,在弹出的可用软件包列表窗口中的搜索框中输入 faker 后按 Enter 键搜索,找到 Faker 安装包,右边是软件包的版本等信息,单击"安装软件包"按钮,开始安装 faker 模块,如图 6-30 所示。

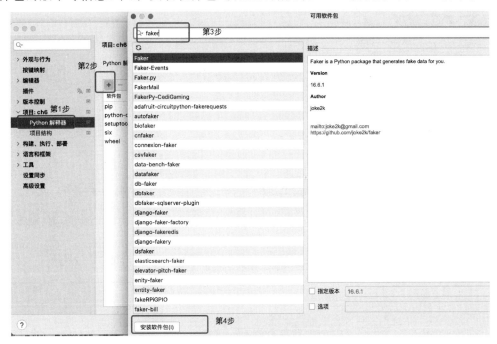

图 6-30 安装 faker 模块的步骤

安装完成后,在解释器的软件包列表中可以看到已经成功安装的第三方模块,单击"确定"按钮关闭窗口就可以使用该第三方的模块了,如图 6-31 所示。

2. faker 的常用函数

faker 模块安装完成后,在 Python 文件中就可以使用 import 的方式导入使用了。构造测试数据需要使用的是 faker 模块中的 Faker 类,所以可以直接从 faker 中导入 Faker,并通过 Faker 类的构造函数生成 Faker 实例,在生成 Faker 实例时,可以输入语言的国家代码,例如'zh_CN'表示生成中文格式的数据,代码如下:

```
# 导入
from faker import Faker

# 创建 faker 实例
faker = Faker('zh_CN')
```

通过 faker 的函数可以构造出各种用户需要的测试数据,常用的一些函数和功能见表 6-7。

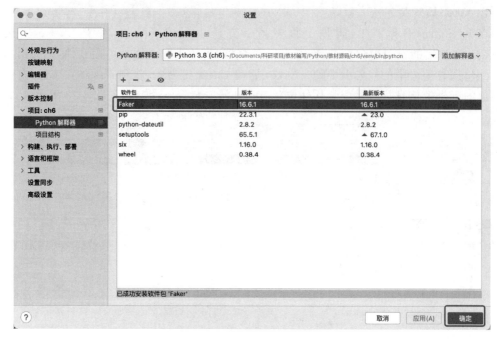

图 6-31　完成 faker 模块的安装

表 6-7　faker 模块的常用函数

函　　数	生成数据描述
name()	随机生成全名
name_female()	男性全名
name_male()	女性全名
country()	国家
province()	省份
city()	城市
postcode()	邮编
random_digit()	0~9 随机数
random_int()	随机数字,默认为 0~9999,可以通过 min 和 max 设置
color_name()	随机颜色名
random_number(digits)	随机数字,参数 digits 用于设置生成的数字位数
latitude()	地理坐标(纬度)
longitude()	地理坐标(经度)
company()	随机公司名(长)
email()	电子邮箱
password()	随机密码
phone_number()	随机生成手机号
job()	随机职位

【例 6-21】 使用 faker 模块生成 100 个人的信息，包含姓名、籍贯、职位、手机号码、邮箱等个人信息，代码如下：

```
#第6章/6-21.py

#导入
from faker import Faker

#创建 faker 实例
faker = Faker('zh_CN')
print("姓 名" + "\t" + "籍 贯" + "\t" + "职 位" + "\t" + "手机号码" + "\t" + "邮 箱")
for i in range(100):

    print(faker.name() + "\t" + faker.city() + "\t" + faker.job() + "\t" + faker.phone_number()
    + "\t" + faker.email())
```

上述代码的执行结果如图 6-32 所示。

```
姓 名    籍 贯    职 位    手机号码 邮 箱
杨莹 丽市 渠道/分销经理 13868013133 wuna@example.com
刘凯 冬梅市    砌筑工    15692835433 juan93@example.org
颜秀梅    桂香市    司仪 15837130420 jingqiao@example.net
穆丽丽    贵阳市    公关经理 15689821185 leigang@example.org
焦玉 杭州市    氩弧焊工 18960138328 rlong@example.net
闻玉 健县 漆工 15019008841 jun51@example.com
李刚 璐县 通信技术开发及应用 15913300532 zhaoyan@example.org
谢桂荣    建华县    餐饮服务 18701438053 yongshi@example.com
胡鹏 丽县 客服总监 14764723692 gangxiang@example.org
王倩 俊市 奢侈品业务    13678039616 huming@example.org
李琳 乌鲁木齐市    储备经理人    14586440433 jlai@example.com
徐亮 太原市    锅炉工 15014379015 lei36@example.net
```

图 6-32 faker 模块生成个人信息的运行结果

6.4.2 jieba 模块

由于中文文本之间每个汉字都是连续书写的，如果需要获得连续书写的中文文本中的常用词语，就需要通过特定的手段获取文本中的每个词组，这种手段就称为分词，Python 中 jieba 模块是非常优秀的中文分词第三方库。

jieba 模块的分词原理是利用它的中文词库，通过将待分词的内容与分词词库做对比，通过图结构和动态规则划分的方法找到最大概率的词组，再将各个词组获取出来。

1. jieba 的安装

jieba 模块在使用前也必须先完成安装，这样才能进行导入使用。在 PyCharm 中安装 jieba 模块的方法如下：PyCharm→settings→Python 解释器→＋号，然后在弹出的可用软件包窗口的搜索框内输入 jieba，操作过程如图 6-33 所示。

单击左下角的安装软件包开始进行安装，如图 6-34 所示。

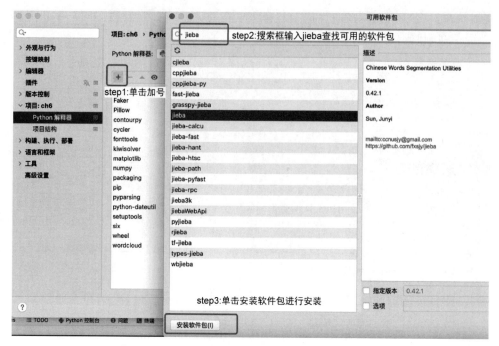

图 6-33　PyCharm 中查找 jieba 软件包的操作步骤

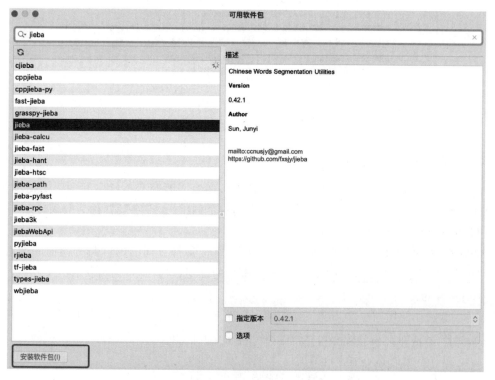

图 6-34　PyCharm 中安装 jieba 软件包

安装需要一点时间,安装完成后,在解释器的窗口中可以看到已成功安装的字样,此时 jieba 已经存在于软件包列表中,并且有相应的 jieba 软件版本信息,如图 6-35 所示。

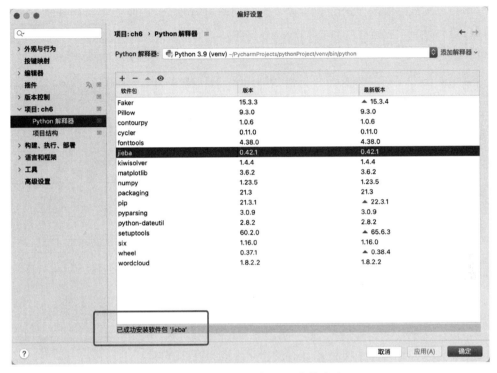

图 6-35　PyCharm 中 jieba 安装成功

2．jieba 的常用函数

jieba 模块中提供了常用函数,方便进行分词和词库的管理,常用的 jieba 模块函数见表 6-8。

表 6-8　jieba 模块的常用函数

函　　数	功　能　描　述
lcut(s)	精确模式,返回一个列表值,存放 s 分词结果
lcut(s,cut_all=True)	全模式,返回一个列表值,存放 s 分词结果
lcut_for_search(s)	搜索引擎模式,返回一个列表值,存放 s 分词结果
add_word(w)	向分词库中增加新词 w

jieba 模块根据分词的能力,通常支持 3 种分词模式,分别是全模式、精确模式和搜索引擎模式。

全模式:全模式的分词使用 lcut(s)函数对 s 进行分词,并带一个参数值 cut_all=True,这种模式的分词会将所有可能的分词都列出来,应该说全模式的分词最全,但是分出来的词语可能存在很多冗余。

　　精确模式：精确模式的分词使用 lcut(s)函数对 s 进行分词，这种模式将中文文本最精确地分开，通常使用精确模式进行文本分析的分词。

　　搜索引擎模式：根据搜索引擎经常搜索的词语进行划分，一般会在精确模式的基础上将长词再进行分割。

【例 6-22】　使用几种分词模式，对西游记中经典的一句话进行分词，代码如下：

```
#第 6 章/6-22.py

from jieba import *
s = "同学们,这是西游记中最经典的话,大师兄师傅被妖怪抓走了"
#全模式分词
print(lcut(s,cut_all = True))
#精确模式分词
print(lcut(s))
#搜索模式分词
print(lcut_for_search(s))
```

上述代码运行的结果如图 6-36 所示。

```
Building prefix dict from the default dictionary ...
Loading model from cache /var/folders/vg/7wlvtc0d17sbx8sg89x0lpgr0000gn/T/jieba.cache
Loading model cost 0.418 seconds.
Prefix dict has been built successfully.
['同学', '同学们', ',', ',', '这', '是', '西游', '西游记', '游记', '中', '最', '经', '典', '的话', ',', ',', '大师', '师兄', '师傅', '被', '妖怪', '抓走', '了']
['同学', '们', ',', ',', '这是', '西游记', '中', '最经典', '的话', ',', ',', '大', '师兄', '师傅', '被', '妖怪', '抓走', '了']
['同学', '们', ',', ',', '这是', '西游', '游记', '西游记', '中', '最经典', '的话', ',', ',', '大', '师兄', '师傅', '被', '妖怪', '抓走', '了']
```

图 6-36　jieba 几种模式分词的运行结果

　　jieba 词库中词汇都是常规词汇，可能对某些新词语无法辨别，在这种情况下，也可以手动先向词库中添加新词，再进行分词，代码如下：

```
from jieba import *

#先向词库中添加新词
add_word("同学们")
add_word("大师兄")
#全模式分词
print(lcut(s,cut_all = True))
#精确模式分词
print(lcut(s))
#搜索模式分词
print(lcut_for_search(s))
```

向词库中添加词语后，再次运行上面的几种模式进行分词，运行结果图 6-37 所示。

```
['同学', '同学们', ',', ',', '这', '是', '西游', '西游记', '游记', '中', '最', '经', '典', '的话', ',', ',', '大师', '大师兄', '师兄', '师傅', '被', '妖怪', '抓走', '了']
['同学们', ',', ',', '这是', '西游记', '中', '最经典', '的话', ',', ',', '大师兄', '师傅', '被', '妖怪', '抓走', '了']
['同学', '同学们', ',', ',', '这是', '西游', '游记', '西游记', '中', '最经典', '的话', ',', ',', '大师', '师兄', '大师兄', '师傅', '被', '妖怪', '抓走', '了']
```

图 6-37　jieba 新增词语后分词的运行结果

6.4.3　wordcloud 模块

Python 中有一个优秀的词云展示的第三方库,即 wordcloud 模块。根据文本中不同词的出现频率,对文本内容进行可视化汇总展示。

1. wordcloud 的安装

使用 wordcloud 模块,首先需要安装该模块,在 PyCharm 中安装 wordcloud 模块与安装 jieba 模块类似,选择"Python 解释器",单击"＋"号,在弹出的可用软件包的列表中搜索 wordcloud,找到安装包,右侧显示的是模块安装包的版本号信息,单击左下角的"安装软件包"按钮进行安装,如图 6-38 所示。

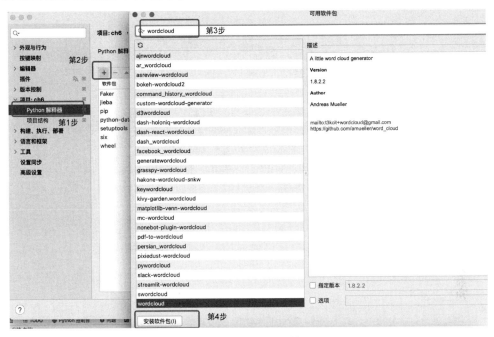

图 6-38　Python 解释器中安装 wordcloud

安装完成后,在解释器的窗口中,可以看到已成功安装的字样,此时在软件包列表中 wordcloud 已经存在,并且有相应的版本信息,如图 6-39 所示。

词云的特点是出现频率越高的单词,字体越大,并且直观艺术地展示,在分析文本中的关键词时有重要作用。wordcloud 生成词云图,需要依赖很多其他第三方库,例如 matplotlib 库,用于绘制生成的词云图,一般在 PyCharm 中安装 wordcloud 时会默认一并安装相关依赖库,如果在已经安装的软件列表中没有,则说明没有安装,需要单独安装。

注意:如果 pip 的版本较低,则可能导致 wordcloud 模块安装失败,此时需要在命令行中先升级 pip,再重新安装 wordcloud。

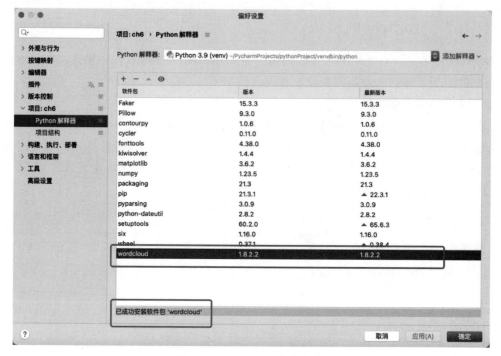

图 6-39   wordcloud 安装成功

2. wordcloud 的常用参数和函数

1) 参数

wordcloud 模块为每个词云生成一个 WordCloud 对象,即 WordCloud()代表一个词云对象,可以在 WordCloud()括号里填入各种参数,控制词云的字体、字号、字的颜色、背景颜色等,WordCloud 对象如果不配置参数,则将完全使用默认的参数样式。WordCloud 对象的主要参数见表 6-9。

表 6-9   WordCloud 对象的主要参数

参　　数	描　　述
font_path	词云的字体样式文件的完整路径,默认为 None
background_color	图片的背景颜色,默认为黑色
width	图片的宽度,默认为 400 像素
height	图片的高度,默认为 200 像素
min_font_size	词云中最小字的字体,默认为 4 号
max_font_size	词云中最大字的字体,根据高度自动调节
max_words	词云显示最大单词数量,默认为 200
stopwords	词云的排除词列表,即不显示的单词列表
mask	词云形状,默认为长方形
font_step	词云中字号步进间隔,默认为 1
repeat	是否重复单词

font_path：参数值为字符串类型，用于设置生成词云的字体样式文件的完整路径，默认为 None，词云图默认不支持中文，所以一般要设置该参数。设置字体路径有两种方案，第 1 种：找到需要使用的字体文件 Songti.ttc 所在的完整路径，如"C:\Windows\Fonts\Songti.ttc"，另外一种：将需要使用的字体文件 Songti.ttc 复制到该案例代码所在的同一个文件夹下，然后直接设置 font_path= 'Songti.ttc'即可。

background_color：参数值为颜色值，设置生成的词云图片的背景颜色，默认为黑色背景，如 background_color= 'pink'。

stopwords：参数值为字符串集合，某些词语没有意义或者不希望在词云图上显示，可以通过该参数进行排除，如果为空，则使用内置的 stopwords。

mask：词云的遮罩，使用指定图片形状作为词云的形状，如果参数为空，则使用长方形的词云。如果 mask 非空，则设置的宽和高值将被忽略。使用此参数需要用到 NumPy 模块将图片生成多维数组，图片的读取又需要依赖 PIL 模块下的 Image 子模块读取图片信息，如 mask = np.array(Image.open('tuoyuan.jpg'))。

font_step：参数值为整型数值，表示词云字体的步长，默认值为 1，如果步长大于 1，则会加快运算，但是可能导致结果出现较大的误差。

repeat：参数值为 bool 类型，默认值为 False，表示生成的词云中是否重复单词或者短语，直到满足 max_words 和 min_font_size，当文本内容较少时建议设置为 True。

2）函数

WordCloud 对象除了可以通过参数设置词云的样式外，wordcloud 模块还提供了方法来方便地生成和输出词云图，常用的函数见表 6-10。

表 6-10　wordcloud 模块常用函数

函　　数	描　　述
generate(text)	根据 text 文本生成词云
recolor([random_state,color_func,colormap])	对现有输出重新着色
to_file(filename)	输到文件
generate_from_frequencies(dict)	根据词频生成词云

generate()函数：参数配置好后，WordCloud 对象就可以调用 generate(text)函数，根据 text 文本按样式生成词云。通常 text 可以是字符串文本，也可以是从文本文件读取的文本内容。

例如将"同学们，这是西游记中最经典的话，大师兄师傅被妖怪抓走了"这句文本内容通过 generate()函数生成词云，代码如下：

```
WordCloud().generate("同学们,这是西游记中最经典的话,大师兄师傅被妖怪抓走了")
```

to_file()函数：generate(text)生成的词云，因为没有输到文件，所以用户无法看到已经生成的词云，此时 WordCloud 对象还需要调用 to_file(filename)函数，将生成的词云输到文

件,通过输出的文件就能看到生成的词云,代码如下:

```
WordCloud().to_file('1.png')
```

recolor()函数:对于已经生成的词云,如果想对已有的词云重新配色,则可以使用recolor()函数,重新配色会比重新生成整个词云快很多。

generate_from_frequencies(dict)函数:如果已知词及其对应的词频,则可以根据词频生成词云,参数dict为字典格式的数据。

3. wordcloud 生成词云

总体来讲制作词云图一般需要以下几个步骤。

第1步:准备展示数据。

第2步:构建 WordCloud 对象 WordCloud()。

第3步:对 WordCloud 对象 WordCloud()配置对象参数,即在 WordCloud()括号里填入 font_path、background_color、mask 等各种参数。

第4步:通过 generate(text)函数加载生成词云。

第5步:通过 to_file(filename)函数输出词云文件。

【例6-23】 使用默认参数生成词云的过程,代码如下:

```
#第6章/6-23.py
from wordcloud import *
#1.构建 WordCloud 对象; 2.使用默认配置
w = WordCloud()

#3. 生成词云
w.generate("大师兄师傅被妖怪抓走了cdsjv")
#4. 输到文件
w.to_file('1.png')
```

上述代码运行的结果如图 6-40 所示。

图 6-40 使用默认参数生成的中文词云

从运行的结果可以看到,默认参数生成的词云存在一些问题,中文出现了乱码,词云背景为默认颜色,词云也没有根据中文词语分割,词云整体看起来也不美观,所以通常需要先配置参数。例如为中文配置中文字体,通过 jieba 模块对中文文本进行分词,给词云配置字体颜色和背景颜色等。

优化该案例的步骤如下:

(1)通过 jieba 对文本分词,分词过程中可能需要通过 add_word()函数向 jieba 词库添加一些词语。因为分词后的结果是存放在列表中的字符串,所以要将列表中的字符串全部通过 join()函数使用空格进行连接,作为词云对象的 text。

（2）构建 WordCloud 对象。

（3）为 WordCloud 对象配置参数，使用 stopwords 参数排除不希望展示的词语。

（4）通过 generate() 函数生成词云。

（5）通过 to_file() 函数保存生成的词云文件。

实现代码如下：

```python
import jieba
from wordcloud import *

#1.通过 jieba 对文本分词
s = "大师兄师傅被妖怪抓走了 cdsjv"
jieba.add_word('大师兄')
li1 = jieba.lcut(s)
print(li1)
#用空格连接分好的词语
li2 = ' '.join(li1)
print(li2)

#2.构建 WordCloud 对象; 3.使用默认配置
w = WordCloud(font_path = 'Songti.ttc',
              width = 800,
              height = 800,
              background_color = 'pink',
              stopwords = {'了','被'},
              font_step = 1
              )

#4. 生成词云
w.generate(li2)
#4. 输到文件
w.to_file('2.png')
```

优化后结果明显比之前好很多，代码运行的结果如图 6-41 所示。

图 6-41 优化后的词云的运行结果

12min

6.5 综合案例：词云展示 2022 年政府工作报告关键词

2022 年 3 月 5 日,第十三届全国人民代表大会第 5 次会议在北京人民大会堂举行开幕会,政府工作报告回顾了 2021 年工作,并对 2022 年各项工作做出了全面部署,是下一步开展各项工作的重要依据。报告内容见《2022 年政府工作报告》文件。

结合本章所学内容,使用 Python 词云直观地展示 2022 年政府工作报告中排名前 20 的关键词。

【要求】

(1) 读取《2022 年政府工作报告》中的文本内容。

(2) 使用 jieba 模块对中文文本内容进行分词。

(3) 创建字典,存放每个词语及其出现次数的统计。

(4) 使用 wordcloud 模块生成词云。

【目标】

(1) 通过该案例的训练,熟悉 Python 中读取文本、字典的用法,掌握 jieba、wordcloud 模块中常用函数和参数的用法,培养实际动手能力和解决问题的能力。

(2) 认真学习《2022 年政府工作报告》,深入了解国家重大事件和国家发展总体目标和方向,精准把握 2022 年经济社会发展的总体要求、政策取向和九方面工作任务,以学促思、以学促用,不断加强对经济社会发展中重大理论和实践问题的思考和研究,立足信息化各项工作实际,扎实推动党中央、国务院各项决策部署落地见效。

【步骤】

(1) 通过 open()函数打开 2022 年政府工作报告.txt 文件并使用 read()方法读取文件中的文本内容。

(2) 通过 jieba 模块的 lcut()函数对读取的中文文本进行精确模式分词。

(3) 创建空字典,用于存放关键词 word 和出现的次数 count。

(4) 遍历分词列表,通过 get()函数获取所有键(关键词)和键对应的值(关键词出现的次数)存放到字典中。

(5) 对字典按 value 值(出现的次数)进行降序排序,代码如下:

```
items = list(counts.items())                 # 将字典转换为列表
items.sort(key = lambda x:x[1], reverse = True)   # 按出现次数降序排序
```

(1) 创建词云对象 WordCloud()。

(2) 配置词云参数,设置词云对样式。

(3) 使用 generate_from_frequencies()函数按关键词出现次数的频率生成词云图。

(4) 将生成的词云图通过 to_file()函数保存到文件。

代码如下:

```
#第6章/6-24.py

import jieba
from wordcloud import *              #同时使用jieba和wordcloud模块,不能都用这一种方式导入
txt = open("2022年政府工作报告.txt",'r',encoding = 'UTF-8').read()
words = jieba.lcut(txt)              #精确模式分词,重点1
counts = {}                         #创建字典,存放关键词word和出现的次数count
for word in words:
  if len(word) == 1:                #排除一个字的
    continue
  else:
    counts[word] = counts.get(word,0) + 1 #获取所有键(关键词)和键对应的值(关键词出现的次数)
items = list(counts.items())                          #将字典转换为列表
items.sort(key = lambda x:x[1],reverse = True)       #重点2

#词云分析
#mask = numpy.array(Image.open('背景.jpg'))           #定义词频背景
#设置词云相关参数
wc = WordCloud(
  font_path = 'Songti.ttc',                          #设置字体(这里选择"仿宋")
  background_color = 'white',                         #背景颜色
  max_words = 30,                                     #显示排名前30的词
  max_font_size = 150,                                #最大字号
  )
wc.generate_from_frequencies(counts)
wc.to_file('词云.jpg')
```

上述代码的执行结果如图 6-42 所示。

图 6-42　2022 年政府工作报告关键词词云图的运行结果

思考：WordCloud()对象设置 mask 参数可以设置词云的形状,如何修改以上案例生成词云形状?并尝试一下。

6.6　小结

本章是 Python 的非常重要的常用内置模块和第三方库外置模块部分,首先简要介绍了自定义模块的创建和导入,接下来重点阐述了 Python 中的 math、random、time、sys、os 及 turtle 模块的常用方法和应用场景,然后介绍了应用非常广泛的 faker、jieba 和

wordcloud 外置模块的使用方法和应用。最后通过一个综合案例对本章知识点进行巩固和实际应用。

本章的知识结构如图 6-43 所示。

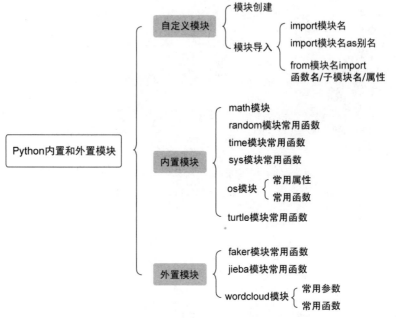

图 6-43　Python 内置和外置模块知识结构

6.7　习题

1. 填空题

（1）创建模块,其实就是创建一个后缀为_____的文件。

（2）math. cos(x)函数是以弧度作为参数的,即 x 是_____值。

（3）在 Python 的 random 模块中可以使用函数_____将一个列表中的元素打乱。

（4）通常可以使用 os. path 子模块中的_____函数分离文件名与扩展名,默认返回(路径和扩展名)的二元组。

（5）Python 解释器是根据_____记录的路径去寻找要导入的模块。

2. 判断题

（1）通过 import 模块名 as 模块别名的方式导入模块后,调用该模块函数和属性可以不带模块名。　　　　　　　　　　　　　　　　　　　　　　　　　　　　　（　　）

（2）Python 中可以通过 os 模块下的 removedirs()函数删除多级目录,包括文件夹中的文件。　　　　　　　　　　　　　　　　　　　　　　　　　　　　　　　　　（　　）

（3）Python 中内置模块不需要安装就可以使用,第三方的外置模块在使用前必须先

安装。 　　　　　　　　　　　　　　　　　　　　　　　　　　　　　　　　　(　)

（4）turtle 模块是 Python 的内置标准库,使用 turtle 模块时直接导入就可以使用,不需要安装。 　　　　　　　　　　　　　　　　　　　　　　　　　　　　　　(　)

（5）time 模块是 Python 的外置模块,用于处理与时间相关的功能。 　　　　(　)

3. 编程题

（1）编写程序,输出计算 30! 所需要的时间。计算 30! 的程序如下:

```
def factorial(n):
    if n == 1:
        return 1
    else:
        return (n * factorial(n - 1))

n = int(input("请输入一个整数: "))
print(factorial(30))
```

（2）编写程序,随机生成一副不包含大小王的扑克牌。一副扑克除去大王和小王后,剩下的 52 张纸牌按花色(梅花、方块、黑桃、红心)可分为 4 组,每组由 13 张牌组成。

（3）编写程序,使用 turtle 模块绘制一个五角星。

（4）编写程序,使用 faker 模块模拟生成 1000 条测试数据,每条测试数据包含姓名、性别、学号、联系方式和工作岗位。

第 7 章
网络数据爬取

当今社会是一个信息爆炸的社会,在互联网上每天都有海量数据产生,如何更好地自动化获取数据并进行存储处理,是很多读者非常感兴趣的问题。Python 在网络数据爬取方面具有先天的优势,有很多第三方模块可以快速且简便地得到数据。本章将主要介绍网络连接的 Requests 模块,HTML 文档处理的正则表达式和 BeautifulSoup 模块。

5min

7.1 爬虫原理

在进行网络数据爬取前,必须先知道现实生活中使用计算机访问网页数据时,到底进行了操作。

7.1.1 网络请求

当使用计算机访问存储在远端服务器上的网页数据时,计算机需要进行一次 Request 请求,这个 Request 请求有可能是用户在浏览器网址栏输入的一个网址,也有可能是用户单击了网页中的一个超链接。远端服务器收到计算机的 Request 请求后,立即进行响应,这个所谓的响应就是 Response,Response 包含 HTML 文档、图片、声频、视频、JSON 数据等。一次完整的网络请求就是 Request 请求并得到 Response 的过程,如图 7-1 所示。

图 7-1　完整网络请求

7.1.2　Python 爬虫原理

Python 爬虫就是模拟网络请求,并对得到的数据进行处理的过程。现实的网页数据结构非常复杂,往往一次网络请求并不可以得到所需要的数据,这时就需要对要爬取的数据进行分析,得到其网页数据的规律,并构建多个符合一定规则的 Request,从而得到所需要的 Response 数据。

以得到吉利学院新闻网页数据为例,如果想得到第 1 页的新闻数据,在浏览器中打开 http://cd.guc.edu.cn/article/list/2/?page=1 后,则会显示如图 7-2 所示的新闻数据。

分析 URL 后,可以发现 URL 里 page 参数对应了需要打开的新闻的页码数,当 page=2

图 7-2 对应 URL 的新闻页面

时，将打开第 2 页的新闻数据，以此类推，如果想得到所有新闻页面，则可使用循环语句依次增加 page 值。

不停地改变 page 值得到的多个 URL 就对应了多个 Request 请求，每个 Request 打开的网页就是对应的 Response。

当然，上述提到的新闻网站的规律较为容易总结出，在具体工作中，Request 请求的规律可能没有那么明显，需要仔细分析。

Python 的爬虫工作流程如图 7-3 所示。

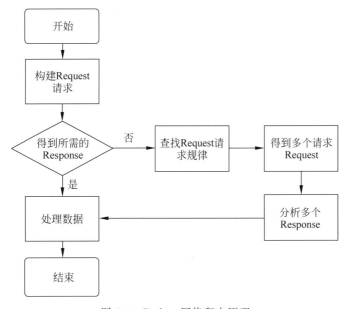

图 7-3 Python 网络爬虫原理

▶ 11min

7.2 Request 请求

从 7.1 节分析可知,上网获取数据时在浏览器的网址栏里输入网址 URL 后,这时计算机将把输入 URL 的这个过程当作一次 Request 请求,并返回对应的 Response 数据。使用 Python 该如何模拟这种 Request 请求呢?

7.2.1 requests 模块

大多数网站可以使用 Python 的第三方库 requests 来模拟 Request 请求。requests 库功能强大,并且使用简单,在其官方页面 http://python-requests.org/ 有具体的介绍,感兴趣的读者可以前去查阅。

requests 库在使用前必须先进行安装,读者既可以在 Python 的命令行界面输入 pip3 install requests 命令进行安装,也可以通过 PyCharm 的图形界面安装。

【例 7-1】 得到吉利学院的第 1 页新闻数据,代码如下:

```python
# 第 7 章/ch7 - 1.py
import requests  # 导入 requests
# 请求新闻数据
res = requests.get('http://cd.guc.edu.cn/article/list/2/?page = 1')
# 得到返回的结果代码,非 200 值表示没有得到数据
print(res)
# 得到具体的 HTML 代码
print(res.text)
```

运行上述代码后,得到如图 7-4 所示的结果。

```
<Response [200]>

<!DOCTYPE html>
<html lang="zh-CN">
<head>
    <meta charset="utf-8" />
    <meta http-equiv="X-UA-Compatible" content="IE=edge" />
    <title>吉利公告 - 吉利学院官网</title>
    <meta name="keywords" content="" />
    <meta name="description" content="" />
    <meta name="viewport" content="width=420px,user-scalable=no" />
    <meta name="format-detection" content="telephone=no,email=no" />
    <meta name="author" content="qianzhu,1000zhu.com" />
    <link href="/favicon.ico" rel="icon" type="image/x-icon" />
    <link href="/static/visitor/main/css/swiper.min.css" rel="stylesheet" type="text/css" />
    <link href="/static/visitor/main/css/css.css" rel="stylesheet" type="text/css" />
    <link href="/static/visitor/main/css/media.css" rel="stylesheet" type="text/css" />
```

图 7-4　部分运行结果

requests 库在使用时使用最多的是 GET 请求,除 GET 请求外,还有更多的方法可以使用,requests 库的主要的方法见表 7-1。

表 7-1　requests 库的主要方法

方　法　名　称	描　　　述
requests.get()	对应于 HTTP 的 GET 请求
requests.post()	对应于 HTTP 的 POST 请求
requests.put()	对应于 HTTP 的 PUT 请求
requests.delete()	对应于 HTTP 的 DELETE 请求

1. headers 头

使用 Python 进行爬取网站数据时,有些网站需要加入请求头才可以得到数据,每种浏览器都有特有的请求头。以 Chrome 浏览器为例,按 F12 键打开开发者工具,输入网址后,找到 User-Agent,此处的值就为对应的浏览器头,如图 7-5 所示。

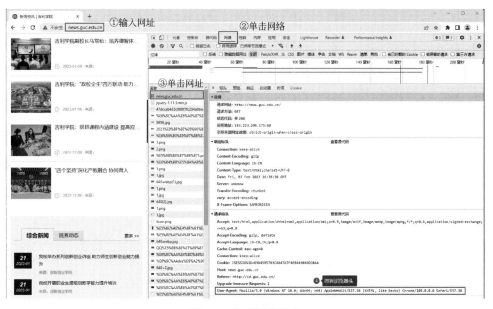

图 7-5　得到浏览器头

得到浏览器头后,Python 通过字典的形式传递给 headers 参数,代码如下:

```
import requests
header = {
    'User - Agent':'Mozilla/5.0 (Windows NT 10.0; Win64; x64) AppleWebKit/537.36'
            ' (KHTML, like Gecko) Chrome/109.0.0.0 Safari/537.36'
}
res = requests.get('http://news.guc.edu.cn/', headers = header)
print(res.text)
```

注意：requests 的 GET 请求中的字符串最好使用单引号进行变量定义，从而防止 URL 网址出现双引号参数而引起的字符串错误。

2. encoding 参数

requests 模块从远程服务器请求到数据后，requests 模块将以默认的 gbk 编码对返回的数据进行解析。如果数据显示为乱码，则可以通过设置 enconding = 'utf-8' 来得到正确的数据结果，代码如下：

```
res.encoding = 'utf - 8'
```

3. text 属性

text 属性可以把 requests 模块得到的数据以字符串的形式返回，这个属性适用于返回结果是文字和网页源代码的形式，代码如下：

```
print(res.text)
```

【例 7-2】 使用 requests 模块得到吉利学院前 3 页的新闻数据，并输出到控制台上，代码如下：

```
# 第 7 章/ch7 - 2.py
# 导入 requests 模块
import requests
# 定义浏览器头
header = {
    'User - Agent':'Mozilla/5.0 (Windows NT 10.0; Win64; x64) AppleWebKit/537.36'
              '(KHTML, like Gecko) Chrome/109.0.0.0 Safari/537.36'
}
# 构建 URL 网址列表
li = []
for i in range(1,4):
    li.append('http://cd.guc.edu.cn/article/list/2/?page = ' + str(i))
for l in li:
    # 得到请求
    res = requests.get(l,headers = header)
    # 设置编码
    res.encoding = 'utf - 8'
    # 输出到控制台
    print(res.text)
```

7.2.2 selenium 模块

随着网络上进行数据爬取的操作越来越多，对网站服务器的负载有了一定的影响，为了避免网站数据被爬取，很多网站运营者对 requests 库进行了屏蔽，使用 requests 库访问网站,很可能得不到正确的数据。

Selenium 是一个用在 Web 应用测试的自动化库,在软件测试行业有大量的应用,运行 Selenium 后,将自动打开一个浏览器,并可以模拟人进行页面单击、表单填写等操作,不支持 requests 库进行爬取的很多网站可以使用 Selenium 进行数据获取。

Selenium 提供了 3 个主要应用,分别是 Selenium WebDriver、Selenium IDE、Selenium Grid,其中 Selenium WebDriver 最适合使用 Python 进行爬虫编程,也是本节介绍的重点,其他两个应用,读者可以根据自己的需求进行选择。

使用 Selenium WebDriver 前必须在计算机上安装一个其支持的浏览器,目前支持的浏览器有 Chrome、Edge、IE、Safari 共 4 种,每种浏览器下的 WebDriver 的使用方法大同小异,本书将以 Chrome 浏览器为例进行讲解。其他浏览器的使用方法,读者可以根据其官方网站的文档说明进行学习。

1. Python 下安装 Selenium

和 requests 库一样,Selenium 也是一个第三方库,可以在命令提示符下通过 pip3 命令进行安装,命令如下:

```
pip3 install selenium
```

2. 安装浏览器支持的 WebDriver

下载 WebDriver 前,必须确定所使用的 Chrome 浏览器的版本,运行 Chrome 浏览器后,单击 Chrome 下的关于后可以得到当前的 Chrome 版本,操作方法如图 7-6 所示。

图 7-6　得到当前的 Chrome 版本

当前 Chrome 的版本为 109.0.5414.120,如图 7-7 所示。

得到 Chrome 版本后,就可以去下载其对应的 WebDriver 驱动了,打开网址 http://

图 7-7　当前的 Chrome 版本

npm.taobao.org/mirrors/chromedriver/，然后打开其对应版本的文件夹，需要注意的是，因为 Chrome 浏览器升级迭代较快，有可能无法找到其完全对应版本的 WebDriver 驱动，此时匹配前三段就可以了，例如此处打开的就是 109.0.5414.74 文件夹，在文件夹内共有 5 个文件，其中 notes.txt 文件为说明文件，chromedriver_linux64.zip 对应 Linux 操作系统、chromedriver_mac64.zip 对应使用 Intel 处理器的苹果 macOS 操作系统，chromedriver_mac_arm64.zip 对应使用 ARM 芯片的 macOS 操作系统，chromedirver_win32.zip 对应 Windows 操作系统，读者可以根据自己所使用的计算机系统选择对应的文件进行下载，并解压得到 chromedriver.exe 文件，如图 7-8 和图 7-9 所示。

Index of /chromedriver/109.0.5414.74/

Name	Last modified	Size
Parent Directory		-
chromedriver_linux64.zip	2023-01-11T05:40:13.961Z	6.96MB
chromedriver_mac64.zip	2023-01-11T05:40:17.245Z	8.72MB
chromedriver_mac_arm64.zip	2023-01-11T05:40:20.391Z	7.95MB
chromedriver_win32.zip	2023-01-11T05:40:23.841Z	6.79MB
notes.txt	2023-01-11T05:40:30.432Z	261

图 7-8　chromedriver 下载

chromedri
ver.exe

LICENSE.c
hromedriv
er

图 7-9　Windows 系统下得到的 chromedriver 文件

得到 chromedriver. exe 文件后,还需要将其放入 Chrome 浏览器安装的文件夹下,
Windows 系统下 Chrome 的默认安装目录为 C:\ Program Files \ Google \ Chrome \
Application,打开对应的目录后,将 chromedriver. exe 文件复制到其中,如图 7-10 所示。

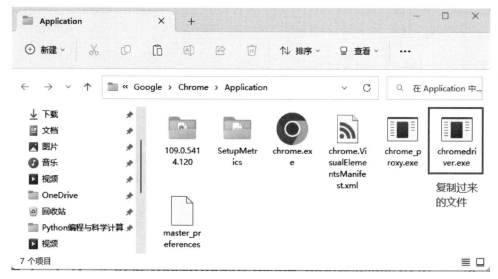

图 7-10　将 chromedriver. exe 复制到 Chrome 目录

3. 使用 selenium 模块爬取数据

到现在已经可以使用 selenium 模块进行数据爬取操作了,selenium 模块的使用和
requests 模块略有不同,首先需要得到一个 Browser 对象,并使用 Browser 的 GET 方法得
到对应的网络数据。

【例 7-3】　使用 selenium 和 time 模块打开吉利学院的二级学院 3 次,代码如下:

```
#第 7 章/ch7 - 3.py
#加载 selenium 和 sleep 模块
from selenium import webdriver
from time import sleep
#根据自己的 Chrome 路径填写
browser = webdriver.Chrome(executable_path = r'C:\Program Files\Google\Chrome\Application\
chromedriver')
for i in range(3):
    print("第 % d 次加载" % i)
    url = 'http://cd.guc.edu.cn/college/'
    browser.get(url)
    #browser.implicitly_wait(3)       #隐形等待 3s,如果没加载就等待 3s,如果加载了就不等
    info = browser.page_source        #得到网页的 HTML 信息
    print(info)
    sleep(2)                          #进程休眠 2s
```

28min

7.3 Response 响应

从网站得到数据后,根据得到的数据类型的不同,可分为 JSON 数据和 HTML 数据,接下来分别对这两种数据进行解析说明。

7.3.1 JSON 数据解析

JSON(JavaScript Object Notation)是一种轻量级的数据交换格式,其具有简洁和清晰的层次结构,便于人进行阅读和编写,同时也便于编程解析和生成。JSON 的这种特点,使在网络传输中被大量使用。

下面例子从汽车投诉网得到汽车的投诉 JSON 数据,并输出到屏幕。

【例 7-4】 使用 requests 模块从汽车投诉网得到 JSON 投诉数据并打印,代码如下:

```python
# 第 7 章/ch7 - 4.py
import requests
header = {
    'User - Agent':'Mozilla/5.0 (Windows NT 10.0; Win64; x64) AppleWebKit/537.36'
                '(KHTML, like Gecko) Chrome/109.0.0.0 Safari/537.36'
}
url = 'https://www.qctsw.com/api/webportal/base/complain/precinctComplainPage/1?currentPage =
2&pageSize = 10'
res = requests.get(url, headers = header)
res.encoding = 'utf - 8'
print(res.text)
```

运行例 7-4 后可得到如图 7-11 所示的结果。

Python 控制台
{"code":200,"msg":"成功","data":{"currentPage":2,"pageSize":10,"total":50,"pages":5,"list":[{"complainId"

图 7-11　得到 JSON 数据

从图 7-11 可知,爬取得到的 JSON 数据非常类似于 Python 里的字典数据类型,使用 Python 语言自带的 json 模块可以方便地将从网络上爬取的 JSON 数据解析成字典,解析成字典后,就可以轻松地对 JSON 数据进行编程操作了。

【例 7-5】 使用 requests 模块从汽车投诉网得到 JSON 数据,并使用字典形式输出,代码如下:

```python
# 第 7 章/ch7 - 5.py
# 导入 requests 和 json 模块
import requests
import json
url = 'https://www.qctsw.com/api/webportal/base/complain/precinctComplainPage/1?currentPage =
2&pageSize = 10'
```

```
res = requests.get(url)
res. encoding = 'utf - 8'
# 将 JSON 数据转换为字典格式
json_data = json. loads(res.text)
# 输出字典的键和值
for k, v in json_data. items():
    print(k, v)
```

运行上述代码，得到如图 7-12 的结果。

Python 控制台
code 200
msg 成功
data {'currentPage': 2, 'pageSize': 10, 'total': 50, 'pages': 5, 'list': [{'complainId': 315778

图 7-12　JSON 数据转字典并输出

注意：从网络爬取的 JSON 数据往往进行了多层嵌套，需要多次使用 json 模块的 GET 方法得到需要的字典数据。

7.3.2　BeautifulSoup 解析网页

BeautifulSoup 是目前较为广泛的用来解析网页内容的第三方库，其提供了很多种方法，可以方便地帮助用户提取 HTML 中所需求的数据。当用 BeautifulSoup 解析 HTML 文档时，会将网页转换成 Soup 文档，Soup 文档会自动按照标准缩进格式对 HTML 格式化，从而为数据的进一步提取打好基础。

每个网站都有对应的 HTML 文档，使用浏览器打开网页后，右击，并选择"查看网页源代码"就可以看到 HTML 文档所对应的源代码文件。

四川省教育厅网站所对应的源代码文件如图 7-13 所示。

```
<div class="header">
<div class="banner clearfix">
  <div class="logo fl">
    <img src="/scedu/xhtml/images/logo.png" width="550"/>
    <!--<img src="/scedu/xhtml/images/logo.png" width="550"/>
    <p class="fr phone_search">
    <a href="javascript:,"><img src="/scedu/xhtml/images/search_2.png"/></a>
  </p>-->
  </div>
  <div class="fr">
    <div class="top">
      <a id="toolbarCtrl" href="#" onclick="openToolbar();" title="无障碍">无障碍浏览</a>
      <!--<a href="/scedu/c100620/weibo.shtml" target="_blank" title="政务微博">政务微博</a>
      <a href="/scedu/c100621/cont.shtml" target="_blank" title="政务微信">政务微信</a>-->
      <a href="/scedu/c100622/cont.shtml" target="_blank" title="移动门户">移动门户</a>
      <a href="/scedu/c103038/media.shtml" target="_blank" style="position:relative;">
      新媒体矩阵
      <img src="/scedu/xhtml/./images/sy_xmt.png" alt="新媒体矩阵" style="position:absolute;top:-2px;">
    </a>
    <div class="search">
      <form name="searchForm" action="http://edu.sc.gov.cn/guestweb4/s?uc=1&siteCode=5100000016&column=%E5%85%A8%E9%83%A8" method="post" name="form1" target="_blank" id="form1">
        <input type="text" placeholder="请输入搜索关键字" class="searchText" name="searchWord"  id="searchWord"/>
        <input name="siteCode" type="hidden" id="siteCode" size="50" value="5100000016">
        <input name="column" type="hidden" id="column" size="50" value="全部" />
        <input name="uc" type="hidden" id="uc" value="1" />
        <input type="submit" name="button" id="button" value="搜索" class="searchBtn" />
      </form>
    </div>
  </div>
</div>
</div>
```

图 7-13　网页部分源代码

从图 7-13 也可以看出,HTML 文档的源代码都由一个个标签构成,标签都是成对出现的,并且标签允许嵌套。标签里可以有多个属性,属性的值跟在"＝"后。

下面代码是一个典型的 HTML 新闻公告的源代码,也清晰地说明了 HTML 的标签特点。

```
<li><a href = "http://edu.sc.gov.cn/" target = "_blank">新闻</a>
        <dl>
            <dd>教育要闻</dd>
            <dd>战线动态</dd>
            <dd>政策解读</dd>
            <dd专题专栏</a></dd>
            <dd><a href = "http://edu.sc.gov.cn/ xwzx_list.shtml">视频新闻
                </a></dd>
        </dl>
</li>
```

从上边的 HTML 代码可以看出,li 标签里嵌套了 dl 标签,dl 标签里又嵌套了 dd 标签,其中 a 标签里有 href 属性。

HTML 网页里的标签肯定不止上述这么简单,会有更多的嵌套,但文档特点都符合上述的描述。

使用 BeautifulSoup 库解析网页的过程,就是针对标签进行编程的过程,使用 BeautifulSoup 解析网页一般需要以下步骤。

(1) 通过 Request 请求得到具体的 Response 的 HTML 文档。

(2) 使用 BeautifulSoup 将 HTML 文档转换成具体的 BeautifulSoup 对象。

(3) 使用 find、find_all 等方法得到具体的标签对象。

(4) 用标签对象的属性或者方法得到需要的数据。

BeautifulSoup 对象的常用属性见表 7-2。

表 7-2　BeautifulSoup 常用属性

属 性 名 称	属 性 描 述
name	字符串类型,表示对象的标签名字
text	字符串类型,表示对象的标签中的字符串内容
atts	字典类型,表示对象的属性集,其中字典的键是属性名,值是属性值

使用 BeautifulSoup 前,需要先安装模块,其安装方法和安装 selenium 模块相似,在 Python 的命令行模式输入以下命令,即可完成安装。

```
pip3 install beautifulsoup4
```

【例 7-6】　使用 beautifulsoup 模块解析给出的 HTML 字符串,从而掌握其常用属性,代码如下:

```
# 第 7 章//ch7 - 6.py
# 导入 beautifulsoup 模块
import bs4
str = '''
<li><a href = "http://edu.sc.gov.cn/" target = "_blank" name = "1">新闻</a>
            <dl>
                <dd>教育要闻</dd>
                <dd>战线动态</dd>
                <dd>政策解读</dd>
                <dd 专题专栏</a></dd>
                <dd><a href = "http://edu.sc.gov.cn/ xwzx_list.shtml" name = "2">视频新闻
</a></dd>
            </dl>
</li>
'''
soup = bs4.BeautifulSoup(str,"html.parser")
tag = soup.find_all("dd")
print("栏目内容为")
for s in tag:
    print(s.text)                  # 掌握 text 属性
tag1 = soup.find_all("a")
print("链接地址为")
for s1 in tag1:
    print(s1["href"])              # 掌握属性名称对应的值
tag2 = soup.find("dl")
print("得到的标签为")
print(tag2.name)                   # 掌握 name 属性
```

运行上述代码,得到如图 7-14 所示的结果。

例 7-6 中 BeautifulSoup 对给定的 HTML 字符串进行了正确解析,在具体爬取工作中得到的 HTML 代码更为复杂,经常需要不停地使用 find 或 find_all 方法缩小标签范围,嵌套调用 find、find_all 方可得到所需要的数据。

find 和 find_all 方法支持指定属性的查找,例如下面的代码用于查找一个 div 标签,这个 div 标签的 id 属性值为 sample。

栏目内容为
教育要闻
战线动态
政策解读
视频新闻
链接地址为
http://edu.sc.gov.cn/
http://edu.sc.gov.cn/ xwzx_list.shtml
得到的标签为
dl

图 7-14　根据标签解析网页

```
soup.find("div",attrs = {"id":"sample"})
```

【例 7-7】 已知电影网站 https://www.yinfans.me/page/1,其网站内容如图 7-15 所示,请在控制台输入其所有的电影名称,代码如下:

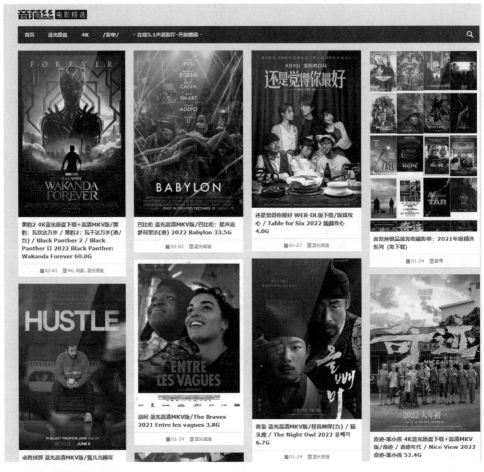

图 7-15 音范丝电影网站

图 7-15 的电影网站是一部电影的使用 div 块布局的网站,其每部电影的海报及名称都被 div 标签包围,而且每部电影的 div 布局类似,因此分析一个 div 电影块,就可以类推到其他 div 电影标签。

在网站的电影名称上右击,选择"检查"后得到的代码如图 7-16 所示。

从图 7-16 可以看出每部电影 div 都属于 li 标签,li 标签又属于 ul 标签,ul 标签的 id 值为 post_container,HTML 文档中 id 值必须唯一,因此使用 find 方法结合 attrs 属性值可以定位到最外层的唯一 ul 标签对象,ui 标签对象里的 a 标签有多个,仔细观察可以发现,可以通过 a 标签里的 class 属性确定所需要的对象。得到所需的 a 标签对象后,输出其 title 的值就可以得到电影的名称。

```
▼<div class="mainleft">
  ▼<ul id="post_container" class="masonry clearfix" style="position: relative; height: 6977px;">
    ▼<li class="post box row  masonry-brick" style="position: absolute; top: 0px; left: 0px;">
      ▼<div class="thumbnail">
        ▶<a href="https://www.yinfans.me/movie/36246" class="zoom" rel="bookmark" target="_blank" title="黑豹2 4K蓝光原盘下载+高
          清MKV版/黑豹: 瓦坎达万岁 / 黑豹2: 瓦干达万岁(港/台) / Black Panther 2 / Black Panther II 2022 Black Panther: Wakanda Forev
          er 60.0G">…</a>
        </div>
      ▼<div class="article" style="padding-top: 9px;">
        ▼<h2 style="font-size:15px;"> == $0
          ▶<a href="https://www.yinfans.me/movie/36246" rel="bookmark" target="_blank" title="黑豹2 4K蓝光原盘下载+高清MKV版/黑
            豹: 瓦坎达万岁 / 黑豹2: 瓦干达万岁(港/台) / Black Panther 2 / Black Panther II 2022 Black Panther: Wakanda Forever 60.0
            G">…</a>
          </h2>
        </div>
      ▶<div class="info">…</div>
        ::after
      </li>
    ▶<li class="post box row  masonry-brick" style="position: absolute; top: 406.5px; left: 0px;">…</li>
    ▶<li class="post box row  masonry-brick" style="position: absolute; top: 656px; left: 0px;">…</li>
    ▶<li class="post box row  masonry-brick" style="position: absolute; top: 905.5px; left: 0px;">…</li>
```

图 7-16　电影 div 对应的源代码

有了以上分析,可以得到如下的代码:

```python
# 第 7 章/ch7-7.py
import requests
import bs4
header = {
    'User-Agent':'Mozilla/5.0 (Windows NT 10.0; Win64; x64) AppleWebKit/537.36'
                 '(KHTML, like Gecko) Chrome/109.0.0.0 Safari/537.36'
}
# 得到网页源代码
res = requests.get(r"https://www.yinfans.me/", headers = header)
# 将网页源代码转换为 BeautifulSoup 对象
soup = bs4.BeautifulSoup(res.text, "html.parser")
# 根据 id 值,查找 ul 标签对象
u1 = soup.find("ul", attrs = {"id":"post_container"})
# 根据 class 属性值,查找所有的 a 标签对象
a1 = u1.find_all("a", attrs = {"class":"zoom"})
# 循环打印所有 a 标签对象里的 title 属性
for s in a1:
    print(s["title"])
```

提示: s["href"]可以得到每部电影具体说明的链接,打开电影的具体链接后,使用第三方模块 urllib 库可以将电影海报图片保存到本地。

7.3.3　正则表达式解析网页

正则表达式是一个特殊的序列,使用正则表达式可以以模式匹配的方法快速从网页中得到所需要的数据。Python 的 re 模块为正则表达式模块,拥有所有的正则表达式功能。

在用正则表达式匹配数据前,必须知道其特殊含义的功能字符和字符组合,部分功能列表见表 7-3。

表 7-3　正则表达式字符与匹配

字　　　符	匹配的模式	正则表达式	可以匹配的内容
.	任意一个字符,\n 除外	m.n	man mbn m 我 n ……
*	左边的字符出现 0 次或任意次	m＊n	n mn mmmn ……
?	左边的字符必须出现 0 次或 1 次	m?n	n mn
＋	左边的字符必须出现 1 次或多次	m＋n	mn mmmmn ……
{m}	左边的字符必须出现 m 次	m{3}n	mmmn
{m,n}	左边的字符至少出现 m 次,最多出现 n 次	m{1,3}n	mn mmn mmmn

正则表达式预定义了一些特殊字符集,见表 7-4。

表 7-4　特殊字符集

字　　　符	匹配的模式	正则表达式	可以匹配的内容
\d	匹配一个数字字符,范围为 0～9	a\db	a1b a2b ……
\D	匹配一个非数字字符	a\Db	amb anb ……
\s	匹配一个空白字符,例如空格、制表符、换页符等	a\sb	a b a\nb ……

正则表达式的特殊字符在爬虫时用处非常多,例如在字符串中只需数字信息,可以使用\d＋来匹配数据。

在实际爬取数据时,经常需要考虑匹配一个范围内的数据,正则表达式使用[]来表示范围,表 7-5 为常用的范围匹配。

表 7-5 范围匹配

字 符 序 列	匹配的模式	正则表达式	可以匹配的内容
[m1n]	匹配 m、1、n 3 个字符中的一个	a[m1n]b	amb a1b anb
[0-9]	匹配任意一个数字	m[0-9]n	m0n m1n ……
[a-zA-Z]	匹配任意一个英文字母	m[a-zA-Z]b	mab mAb ……
[^abc]	匹配一个非 a、b、c 的字符	m[^abc]n	mdn men ……

在 Python 中,汉字采用 Unicode 编码,其范围是 4e00～9fa5。下面的代码就使用转义符来显示"我爱你们"的中文,代码如下:

```
print('\u6211\u7231\u4f60\u4eec')
```

所有字符的 Unicode 表示可以通过 https://unicode-table.com/cn/进行获取。

提示:使用[\u4e00-\u9fa5]可以匹配一个汉字。

1. 函数匹配

正则表达式提供了多种函数,以便进行匹配,返回值都是正则表达式对象,使用最多的是 search()函数和 findall()函数。

1) search()函数

search()函数的语法如下:

re. search(pattern, string, flags = 0)

函数的匹配过程为在字符串 string 里匹配第 1 个正则表达式 pattern 的子串,如果匹配成功,则返回匹配后的正则表达式对象,如果失败,则返回 None。

采用 search()函数对模式字符串进行匹配,代码如下:

```
import re
s1 = "hello1python2"
result = re. search('[0 - 9]', s1)
print(result)
print(result.group())
```

运行上述代码,可以得到的结果如图 7-17 所示。

```
<re.Match object; span=(5, 6), match='1'>
1
```

图 7-17 search 匹配的结果

从图 7-17 可以看出,search()函数返回的对象包含了匹配子串的各种信息,并指明子串的起始位置的索引位置是(5,6),使用 group()函数能返回匹配到的子串信息。

注意:search()函数只能匹配一个对象,匹配成功后,不会再继续匹配下去。

2) findall()函数

findall()函数的语法如下:

re.findall(pattern,string,flags = 0)

函数的匹配过程为在 string 中查找所有和正则表达式 pattern 匹配的支持,并将结果放入列表中,如果匹配不成功,则返回空的列表[]。

采用 findall()对子串进行匹配,代码如下:

```
import re
s1 = "hello1python2"
result = re.findall('[0 - 9]',s1)
print(result)
```

上述代码运行的结果如图 7-18 所示。

['1', '2']

图 7-18 findall 匹配的结果

2. 贪婪匹配和懒惰匹配

在爬取数据时,对得到的网页进行处理,大多数情况下只需提取某些特定数据,并不关心其他字符是什么,例如"<li>第 1 个</li>"这个字符串,只需 li 标签中的内容,而不想得到 li 标签本身,此时便可以采用"()"将需要的模式子串标记出来,这样便可以得到所需要的子串数据。下面的代码可以得到字符串"第 1 个":

```
import re
s = '< li>第 1 个</li>'
result = re.findall('< li>(. * )</li>',s)
print(result)
```

在默认情况下正则表达式都是尽可能多地匹配子串,也就是贪婪匹配。对 li 标签的内容进行匹配,代码如下:

```
import re
s = '< li>第 1 个</li>< li>第 2 个</li>'
result = re.findall('< li>(. * )</li>',s) #贪婪匹配
print(result)
```

运行上述代码得到如图 7-19 所示的结果。

从图 7-19 可知,运行结果对第 1 个<li>和最后一个结尾</li>进行了匹配,其结果并不是想得到"第 1 个"和"第 2 个"的列表值。在实际编程中,贪婪匹配往往不可以得到正确的数据,这时就要考虑采取懒惰匹配。

懒惰匹配是尽可能短地匹配,在量词＋、＊、?、{m,n}后面加"?"就可以使量词尽可能短地匹配。

修改上述的匹配代码,运行后便可得到如图 7-20 的结果。

```
result = re.findall('<li>(.*?)</li>',s)
```

```
['第1个</li><li>第2个']
```

图 7-19　贪婪匹配

```
['第1个', '第2个']
```

图 7-20　懒惰匹配

3. 修饰符

正则表达式的 search()函数和 findall()函数的语法中都有一个 pattern 修饰符,通过修饰符来控制匹配的模式,常见的修饰符见表 7-6。

表 7-6　常用修饰符

修 饰 符	描 述
re.S	匹配包含换行符在内的所有字符
re.I	匹配对大小写不敏感
re.M	多行匹配,影响^和 $

re.S 是最常用的修饰符,使用 re.S 使"."可以匹配换行符。

在下面的例子中提取字符串中<div>标签里的文字,代码如下:

```
import re
s = '''<div>
我喜欢 Python</div>'''
result = re.findall('<div>(.*?)</div>',s)
print(result)
```

运行上述代码,发现返回的 result 结果是"[]",并没有得到 div 标签里的文字,这是因为字符串里有了换行符,默认的"."并不能匹配到换行。在 findall()函数里加上 re.S 修饰符,代码如下:

```
result = re.findall('<div>(.*?)</div>',s,re.S)
```

修改代码后,因为加入了 re.S 修饰符,所以可以得到需要的结果了。

【例 7-8】 已知清华大学出版社新闻中心的网址为 http://www.tup.tsinghua.edu.cn/newscenter/news_index.html?page=1,使用正则表达式将所有的新闻日期和新闻标题爬取下来,并输出到屏幕上。

（1）在浏览器打开上述网址,可以得到其内容如图 7-21 所示。

图 7-21　新闻中心页面

（2）在新闻中心任意一条新闻标题上右击,单击"检查"按钮,可以得到如图 7-22 所示页面。

从图 7-22 可知,当前页面每条新闻都在\<li\>和\</li\>标签之间,但是如果直接使用正则表达式获取所有的\<li\>和\</li\>之间的内容,则得到的内容将不只是所有的新闻内容,这是因为新闻中心页面的导航栏也通过\<li\>和\</li\>实现,所以必须找到一个办法,只获取新闻的\<li\>标签内容。经观察网页源代码发现,所有的新闻都在\< ul id＝"news"\>和\</ul\>之间,可以采用逐步缩小范围的方法,首先得到\< ul id＝"news"\>和\</ul\>之间的所有内容,代

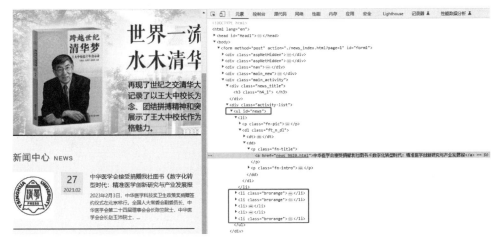

图 7-22　新闻中心代码页面

码如下：

```
news = re.findall('< ul id = "news">(. * ?)</ul >',s,re.S)[0]    ♯得到所有的新闻
newsList = re.findall('< li(. * ?)</li >',news,re.S)
```

上述代码的"(. * ?)"用来匹配 ul 标签和 li 标签之间的所有代码,此处是懒惰匹配。

注意：源代码里标签之间都有换行符,所有正则表达式的 findall()函数必须使用 re.S 修饰符。

（3）使用 search()函数得到新闻发布日期和新闻标题。

展开第 1 条新闻的<li>标签,可以得到如图 7-23 所示的内容。

```
▼<ul id="news">
  ▼<li>
    ▼<p class="fn-pic">
      ▶<a href="news 9620.html">⋯</a>
      </p>
    ▼<dl class="ft_n_dl">
      ▼<dt>
          <span>27</span>
          "2023.02"
        </dt>
      ▼<dd>
        ▼<p class="fn-title">
            <a href="news 9620.html">中华医学会接受捐赠我社图书《数字化转型时代：精准医学创新研究与产业发展报</a>
          </p>
        ▶<p class="fn-intro">⋯</p>
        </dd>
      </dl>
    </li>
```

图 7-23　第 1 条新闻的<li>标签内容

从图 7-23 可以看出,<span>和</span>之间是新闻发布的具体天数;</span>和</dt>之间是新闻发布的年份和月份;<a href>和</a>之间有新闻的具体链接,也有新闻的标题,为了只得到新闻标题,必须对<a href>加以限定。获取新闻发布的具体日期和新闻标题

的代码如下:

```
for n in newsList:
    day = re.search('< span >(. * ?)</span >',n).group(1)
    yearMonth = re.search('</span >(. * ?)</dt >',n,re.S).group(1)
    infoDate = yearMonth + "." + day
    title = re.search('< p class = "fn - title"><a
                    href = . * ?>(. * ?)</a >',n,re.S).group(1)
    print(infoDate,title)
```

注意: 使用 search 得到匹配的内容后,group(0)为匹配的整体内容,group(1)才是 (. * ?)得到的内容。

(4) 得到所有新闻页面。

从新闻中心的地址分析可知,page=1 为新闻的第 1 页,page=2 为新闻的第 2 页,以此 类推,page=n 为新闻的第 n 页,又从页面可知,清华大学出版社的新闻共 105 页,因此可以 写出获得所有页面的代码如下:

```
url = 'http://www.tup.tsinghua.edu.cn/newscenter/news_index.html?page = '
li = [ ]
for i in range(1,106):
    newUrl = url + str(i)
    li.append(newUrl)
```

列表变量 li 存储了所有的新闻页面,对 li 的每个网址都去爬取新闻,就可以得到所有 新闻的发布日期和标题。

(5) 完整源代码如下:

```
#第 7 章/7 - 8.py
import requests
import re
# 得到页面的 HTML 代码
def getHtml(url):
    header = {
        'User - Agent': 'Mozilla/5.0 (Windows NT 10.0; Win64; x64) AppleWebKit/537.36'
                    '(KHTML, like Gecko) Chrome/109.0.0.0 Safari/537.36'
    }
    res = requests.get(url,headers = header)
    res.encoding = 'utf - 8'
    return res.text

# 得到页面的新闻
def getNews(s):
    news = re.findall('< ul id = "news">(. * ?)</ul >',s,re.S)[0] # 得到所有的新闻
    newsList = re.findall('< li(. * ?)</li >',news,re.S)
    for n in newsList:
```

```
        day = re.search('< span >(. * ?)</span >',n).group(1)
        yearMonth = re.search('</span >(. * ?)</dt >',n, re.S).group(1)
        infoDate = yearMonth + "." + day
        title = re.search('< p class = "fn - title"> < a href = . * ?>(. * ?)</a>',n, re.S).group(1)
        print(infoDate,title)

url = 'http://www.tup.tsinghua.edu.cn/newscenter/news_index.html?page = '
li = []
for i in range(1,106):
    newUrl = url + str(i)
    li.append(newUrl)
for l in li:
    g = getHtml(l)
    getNews(g)
```

运行上述代码,可以得到如图 7-24 的结果。

```
2023.02.22 社长邱显清带队赴建筑学院调研
2023.02.18 出版社2022年度领导班子民主生活会召开
2023.02.18 出版社2022年度领导班子述职会召开
2023.02.18 出版社第五届职工/工会会员代表大会第一次会议召开
2023.02.16 清华大学《大学》项目入选教育部2023年度"高校原创文化精品"
2023.02.16 刘俊获第十一届韬奋出版人才发展论坛主题征文一等奖
2023.02.16 出版社2023年度民主党派座谈会召开
2023.02.9 聚焦能源研究前沿,iEnergy钙钛矿峰会成功举办
2023.02.8 Cancer Innovation正式被CAS(美国化学文摘)数据库收录
2023.02.7 出版社理论学习中心组开展集体学习
2023.01.17 《智能与建造学报(英文)》召开第一届编委会会议
2023.01.16 出版社召开2022年工作总结
2023.01.15 广东省医学科学院与清华大学出版社正式建立战略合作关系
2022.12.26 出版社理论学习中心组开展集体学习
2022.12.14 我社ETS-Data交通科学数据共享平台被全球知名数据引文索引数据库DCI收录
2022.12.8 我社"基于AI技术的智能制造知识服务平台"入选国家新闻出版署"2022出版业
2022.12.8 《清华大学学报(自然科学版)》获评2022年度中国高校百佳科技期刊
2022.12.8 清华大学教材编写及出版线上培训交流会成功举行
```

图 7-24　部分运行结果

提示:< li >标签里存储了每条新闻的具体网址,可以依次打开网址,得到新闻的具体内容。

7.4　综合案例:爬取酷狗音乐 Top 500 歌曲信息

酷狗音乐排行榜作为音乐传播中音乐信息传播反馈的核心环节,直观而准确地反映音乐受众对音乐信息的反馈意见,掌握音乐排行榜的准确数据有助于音乐受众进行音乐欣赏和消费。已知酷狗音乐排行榜的网址为 https://www.kugou.com/yy/rank/home/1-8888.html?from＝rank,使用爬虫技术将排行榜的歌曲信息爬取下来,并存储到 CSV 文件中。

【要求】

（1）分析网址链接，找到规律，得到所有歌曲的 Top 500 的页面。

（2）爬取所有页面数据，得到歌曲信息。

（3）将歌曲信息存储到 CSV 文件中。

【目标】

（1）通过该案例的训练，掌握 Python 的 Request 请求，并根据返回的 Response 响应，选取合适的模块进行数据解析，培养实际动手能力和解决问题的能力。

（2）通过歌曲信息的存储，掌握 CSV 文件的操作方法。

【步骤】

（1）从分析出的链接可知，/home/1-8888. html 文件中的"1"代表页数，每个页面为 22 首歌曲，因此，爬取 Top 500 最后一页的数字应该为"23"，使用 for 循环将 23 个页面网址的链接存储到列表中，代码如下：

```
li = [ ]
for i in range(1,24):
    s = 'https://www.kugou.com/yy/rank/home/' + str(i) + '-8888.html?from = rank'
    print(s)
    li.append(s)
```

（2）酷狗音乐网站支持 requests 数据获取和 selenium 数据获取，requests 的运行速度要快于 selenium，此处使用 requests，可以写出其爬取函数，代码如下：

```
# 导入 requests 模块
import requests
# 定义浏览器头
header = {
    'User - Agent': 'Mozilla/5.0 (Windows NT 10.0; Win64; x64) AppleWebKit/537.36'
                '(KHTML, like Gecko) Chrome/109.0.0.0 Safari/537.36'
}
def getHTML(url):
    header = {
        'User - Agent': 'Mozilla/5.0 (Windows NT 10.0; Win64; x64) AppleWebKit/537.36'
                    '(KHTML, like Gecko) Chrome/109.0.0.0 Safari/537.36'
    }
    res = requests.get(url, headers = header)
    res.encoding = 'utf - 8'
    return res.text
```

（3）得到网页的 HTML 信息后，可以使用 BeautifulSoup 模块，也可以使用正则表达式模块来解析获取所需要的歌曲信息。此处使用 BeautifulSoup 模块解析。解析前，需对 HTML 源文件进行分析，网页 HTML 的源文件如图 7-25 所示。

图 7-25　部分源代码信息

从源代码信息可知,每页的歌曲榜单信息都存储于 class 为 pc_temp_songlist 的 div 标签里,每首的歌曲名称和演唱者信息存储在 li 标签里,歌曲排名存储于 class 名称为 pc_temp_num 的 span 标签的文本里,歌曲长度存储在 class 名称为 pc_temp_time 的 span 标签的文本里。有了这些信息,就可以编写出如下所示的代码:

```python
import bs4
def getSongInfo(s):
    pageSongs = []
    soup = bs4.BeautifulSoup(s, 'html.parser')
    #得到 pc_temp_songlist 的 div
    tagDiv = soup.find("div", attrs = {"class":"pc_temp_songlist"})
    tagLi = tagDiv.find_all("li")
    for f in tagLi:
        liInfo = []
        songTitle = f["title"]                        #得到歌曲名称
        liTemp = songTitle.split(" - ")
        singer = liTemp[0].strip()              #得到演唱者
        songName = liTemp[1].strip()            #得到歌曲名称
        #得到排名
        rank = f.find("span", attrs = {"class":"pc_temp_num"}).text.strip()
        songTime = f.find("span", attrs = {"class":
                        "pc_temp_time"}).text.strip()   #得到歌曲长度
        liInfo.append(rank)
        liInfo.append(songName)
        liInfo.append(singer)
        liInfo.append(songTime)
        pageSongs.append(liInfo)
    return pageSongs
```

注意:songTitle 里包含了歌曲名称和演唱者的信息,需要使用 split 函数将其分隔开,strip 函数可以去掉字符串的前后空格。

(4) CSV 文件是一种纯文本格式的文件,其最大的特点是可以用于各个计算机平台,在计算机领域有着广泛的应用。得到歌曲信息后,可以使用 with open() 方法将信息存储于 CSV 文件中。其核心代码如下:

```python
#打开文件
with open("songTop500.csv", "w", encoding = "utf-8") as f:
```

```
#写入标题文件
f.write("排名" + " " + "歌曲名称" + " " + "演唱者" + " " + "歌曲长度" + "\n")
for i in range(len(li)):
    liGet = getSongInfo(getHTML(li[i]))
    for song in liGet:
        #写入每首歌曲信息
        f.write(song[0] + " " + song[1] + " " + song[2] + " " + song[3])
        f.write("\n")
```

（5）完整代码如下：

```
#第7章/ch7-9.py
import requests
#导入BeautifulSoup库
import bs4

#得到歌曲信息
def getSongInfo(s):
    pageSongs = []
    soup = bs4.BeautifulSoup(s, 'html.parser')
    #得到pc_temp_songlist的div
    tagDiv = soup.find("div", attrs = {"class":"pc_temp_songlist"})
    tagLi = tagDiv.find_all("li")
    for f in tagLi:
        liInfo = []
        songTitle = f["title"]                                          #得到歌曲名称
        liTemp = songTitle.split(" - ")
        singer = liTemp[0].strip()                                      #得到演唱者
        songName = liTemp[1].strip()                                    #得到歌曲名称
        rank = f.find("span", attrs = {"class":"pc_temp_num"}).text.strip()   #得到排名
        songTime = f.find("span", attrs = {"class":
"pc_temp_time"}).text.strip()                                          #得到歌曲长度
        liInfo.append(rank)
        liInfo.append(songName)
        liInfo.append(singer)
        liInfo.append(songTime)
        pageSongs.append(liInfo)
    return pageSongs

header = {
    'User-Agent': 'Mozilla/5.0 (Windows NT 10.0; Win64; x64) AppleWebKit/537.36'
              '(KHTML, like Gecko) Chrome/109.0.0.0 Safari/537.36'
}
#通过链接得到HTML文档
def getHTML(url):
    header = {
        'User-Agent': 'Mozilla/5.0 (Windows NT 10.0; Win64; x64) AppleWebKit/537.36'
                  '(KHTML, like Gecko) Chrome/109.0.0.0 Safari/537.36'
    }
    res = requests.get(url, headers = header)
```

```
        res.encoding = 'utf - 8'
        return res.text

    ♯得到所有页面链接
    li = [ ]
    for i in range(1,24):
        s = 'https://www.kugou.com/yy/rank/home/' + str(i) + ' - 8888.html?from = rank'
        li.append(s)

    ♯将得到的歌曲信息存储到 songTop500.csv 文件
    with open("songTop500.csv", "w",encoding = "utf - 8") as f:
        f.write("排名" + " " + "歌曲名称" + " " + "演唱者" + " " + "歌曲长度" + "\n")
        for i in range(len(li)):
            liGet = getSongInfo(getHTML(li[i]))
            for song in liGet:
                f.write(song[0] + " " + song[1] + " " + song[2] + " " + song[3])
                f.write("\n")                      ♯写入换行符
```

运行上述代码后,在程序文件夹内生成 songTop500.csv 文件,使用记事本将其打开,可以得到如图 7-26 所示的内容。

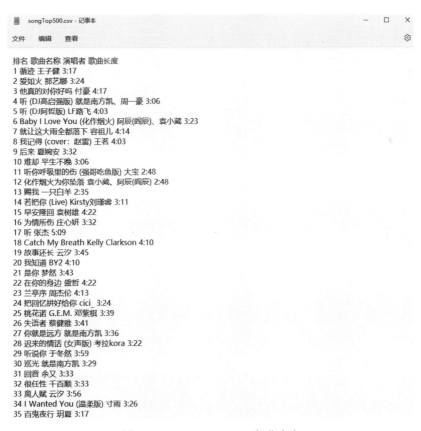

图 7-26　songTop500.csv 部分内容

注意：当双击 songTop500.csv 文件时，计算机默认将用 Excel 软件打开，因为 Excel 默认用 GBK 编码解析文件，打开的文件内容将显示乱码。需要使用记事本打开这个文件才可以正确显示其内容。

7.5 小结

本章主要介绍了网络数据爬取的方法，在 Request 请求部分介绍了如何通过 requests 模块和 selenium 模块获取网页数据，在 Response 部分介绍了 JSON 数据解析、BeautifulSoup 网页解析和正则表达式解析网页，最后通过酷狗音乐的爬取，综合练习了所学内容。

本章的知识结构如图 7-27 所示。

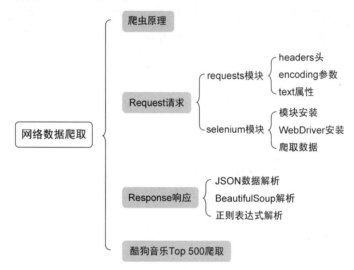

图 7-27　网络数据爬取知识结构图

7.6 习题

1. 编程题

(1) 爬取中国高清网的电影名称和图片信息，其网址为 https://gaoqing.la/，页面如图 7-28 所示。

(2) 爬取北京吉利学院所有的媒体新闻信息，其网址为 http://bj.bgu.edu.cn/mtjl/index.html，其具体页面如图 7-29 所示。

(3) 爬取豆瓣网电影 Top 250 的信息，并将电影名称、导演、评价等信息存储到 filmTop250.csv 文件中，其网址为 https://movie.douban.com/top250，网页内容如图 7-30 所示。

图 7-28　中国高清网电影信息

▍媒体吉利

::	中国教育在线: 吉利学院: 以一流本科课程建设 全面提升人才培养质量	2023-01-13
::	封面新闻: 吉利学院9门课程获批 "省级一流本科课程"	2023-01-13
::	四川教育发布: 吉利学院: 以一流本科课程建设 全面提升人才培养质量	2023-01-13
::	川教观察: 吉利学院: 进一步加强和改进学校思想政治工作	2023-01-13
::	国际在线: 吉利学院: 以一流本科课程建设 全面提升人才培养质量	2023-01-13
::	四川省教育厅: 吉利学院: "政校企生" 四方联动 助力学生就好业、好就业	2023-01-06
::	四川省教育厅: 吉利学院: 狠抓课程内涵建设 提高应用型人才培养质量	2022-12-12
::	四川省教育厅: 吉利学院 "五个强化" 构建网络育人新格局	2022-12-09
::	光明日报: 聚力专业群建设 引领高质量发展	2022-12-01
::	教育导报: 吉利学院: 主动服务国家创新驱动发展战略 培养一流创新人才	2022-12-01
::	中国教育在线: 吉利学院担任 "中国-东盟民办大学联盟" 轮值副主席	2022-11-21
::	搜狐网: "筑梦青春·志向东来" 成都东部新区校园就业服务中心建站啦!	2022-11-11
::	新华社: "未来概念设计100 数字艺术成果展" 在成都举行	2022-11-09
::	中国网: 吉利学院: 聚力专业群建设 引领高质量发展	2022-11-09
::	川教观察: 吉利学院: 发挥企业办校优势 促进毕业生高质量就业	2022-11-04
::	四川省教育厅: 吉利学院: 发挥企业办校优势 促进毕业生高质量就业	2022-11-04
::	新浪教育外媒报道: 吉利学院 "五个强化" 构建网络育人新格局	2022-11-03
::	凤凰教育: 吉利学院 "五个强化" 构建网络育人新格局	2022-11-03
::	中国教育在线: 吉利学院 "五个强化" 构建网络育人新格局	2022-11-02
::	中国教育在线: 吉利控股集团2023全球校园招聘走进吉利学院	2022-11-01

上一页　1　2　3　4　5　6　7　8　9　10　11　下一页

图 7-29　媒体新闻界面

图 7-30　豆瓣电影 Top 250 部分页面

第8章

数据分析基础

数据分析是指用适当的统计分析方法对收集来的大量数据进行分析,将它们加以汇总和理解并消化,以求最大化地开发数据的功能,发挥数据的作用。数据分析是为了提取有用信息和形成结论而对数据加以详细研究和概括总结的过程。同时数学分析也是数学与计算机科学结合的产物,通过对数据的聚类、分类、回归和关联挖掘其内在的价值。

在数据分析和数据挖掘中,Python 已经成为重要的开发编程语言。Python 拥有丰富的第三方模块,例如用于数据处理和统计分析的 NumPy、Pandas、SciPy、Statsmodels 等模块,用于实现数据可视化的 Matplotlib、Seaborn、Bokeh 等模块。本章节主要使用 Jupyter Notebook 介绍 NumPy 和 Pandas 两个数据分析模块中的主要函数和方法。

8.1　数据分析 NumPy 模块

NumPy(Numerical Python)是 Python 数值计算的基础数据处理包,NumPy 数组的用法和列表相似,绝大部分使用列表的地方可以替换成 NumPy 数组。NumPy 数组里的所有元素必须是类型相同的。NumPy 在处理多维数组和矩阵时,提供了强大的科学函数功能。目前,具有运算速度快、执行效率高、节约计算空间等特点的 NumPy 已经成为数据交换的最流行数据处理包了。

NumPy 是第三方库,在使用前必须使用本书前述章节的方法进行导入。

8.1.1　ndarray 多维数组数据处理

NumPy 最重要的核心特征就是 n 维数组 ndarray。ndarray 是 Python 的一种大型数据集容器,也是一组相同类型元素的集合。生成 ndarray 数组可以直接使用 array 函数。array 函数可以将任意序列型对象(元组、列表、数组等)转换成 ndarray 多维数组。

NumPy 的数组中重要的 ndarray 对象属性见表 8-1。

表 8-1　ndarray 对象属性列表

属　性　名	说　　　明
ndarray.shape	数组的维度,对于数组[n,m]表示 n 行 m 列
ndarray.dtype	对象元素类型,有 int8、uint8、int16、uint16、float16、float32 等

属 性 名	说　明
ndarray.itemsize	对象中每个元素所占的字节数
ndarray.ndim	秩,即轴的数量或维度的数量
ndarray.size	数组元素数量

NumPy 库的导入命令如下：

```
import numpy as np
```

1. 一维数组

生成一维数组的代码如下：

```
＃第 8 章/8 - 1.py
import numpy as np          ＃导入 NumPy 模块,并重命名为 np
list = [1,2,3,4]            ＃创建列表
data = np.array(list)       ＃创建一维数组 data
data
```

代码的执行结果如下：

```
array([1,2,3,4])
```

直接在 numpy. array 函数中创建一维数组,代码如下：

```
data = np.array([6,7,8,9])     ＃创建一维数组 data
data
```

代码的执行结果如下：

```
array([6,7,8,9])
```

数组与变量的乘积运算,代码如下：

```
data * 10                      ＃进行 ndarray 的数组计算
```

代码的执行结果如下：

```
array([60,70,80,90])
```

访问并打印数组元素的数据类型属性,代码如下：

```
print(data.dtype)                      ＃输出 data 数组中每个元素的数据类型
```

代码的执行结果如下：

```
int32
```

访问数组的维数属性，代码如下：

```
data.ndim                          # 输出 data 的维数
```

代码的执行结果如下：

```
1
```

访问数组的各维度维数属性，代码如下：

```
data.shape                         # 输出 data 的维度数值
```

代码的执行结果如下：

```
(4,)
```

arange()函数生成数组，代码如下：

```
data = np.arange(5)                # 利用 arange()函数生成 0～4 共 5 个元素的数组
data
```

代码的执行结果如下：

```
array([0, 1, 2, 3, 4])
```

```
data = np.arange(1,5)              # 利用 arange()函数生成 1～4 共 4 个元素的数组
data
```

代码的执行结果如下：

```
array([1, 2, 3, 4])
```

arange()函数生成带步长的数组，代码如下：

```
data = np.arange(0,5,2)            # 生成以参数 1 为起点,参数 2 为终点,参数 3 为步长的 3 元数组
data
```

代码的执行结果如下：

```
array([0,2,4])
```

arrange()函数生成带指定数据类型和步长的数组,代码如下:

```
data = np.arange(0,5,2,dtype = np.int64)        #将数据元素的类型指定为 int64
data
```

代码的执行结果如下:

```
array([0, 2, 4], dtype = int64)
```

2. n 维数组

生成 n 维数组的代码如下:

```
#第8章/8-2.py
import numpy as np                    #导入 NumPy 模块,并重命名为 np
list = [1,2,3,4]                      #创建列表
data = np.array([list])              #创建二维数组
data
```

代码的执行结果如下:

```
array([[1, 2, 3, 4]])
```

创建二维数组,代码如下:

```
data = np.array([[1,2,3,4],[5,6,7,8]])
data
```

代码的执行结果如下:

```
array([[1, 2, 3, 4],
       [5, 6, 7, 8]])
```

输出数组维数和数组维度数值,代码如下:

```
print('data.dim = ' + format(data.ndim))
print("data.shape = " + format(data.shape))
```

代码的执行结果如下:

```
data.dim = 2
data.shape = (1, 4)
```

创建二维数组,代码如下:

```
data = np.array([[1,1,1,1],[2,2,2,2],[3,3,3,3],[4,4,4,4]])
data
```

代码的执行结果如下：

```
array([[1, 1, 1, 1],
       [2, 2, 2, 2],
       [3, 3, 3, 3],
       [4, 4, 4, 4]])
```

flatten 函数展平 n 维数组，代码如下：

```
data = np.array([[1,2,3],[4,5,6]])
print("data = ",data)
print("data.flatten = ",data.flatten())        #将 n 维度 data 数组,展开为一维数组
```

代码的执行结果如下：

```
data       =  [[1  2  3]
               [4  5  6]]
data.flatten = [1  2  3  4  5  6]
```

输出二维数组的各项属性值，代码如下：

```
data = np.arange(1,17).reshape(2,8)      #data 变形为 2 行 8 列的二维数组
print("data          = ",data)           #显示 data 数组
print("data.dtype    = ",data.dtype)     #显示数组中数据元素的类型
print("data.ndim     = ",data.ndim)      #显示数组的维度
print("data.shape    = ",data.shape)     #显示数组各维度大小
print("data.size     = ",data.size)      #显示数组全部元素的数量
print("data.itemsize = ",data.itemsize)  #显示数组每个元素所占的字节数
```

代码的执行结果如下：

```
data        = [[ 1  2  3  4  5  6  7  8]
               [ 9  10  11  12  13  14  15  16]]
data.dtype    = int32
data.ndim     = 2
data.shape    = (2, 8)
data.size     = 16
data.itemsize = 4
```

此外,NumPy 还内置了很多创建数组的函数,尤其是一些特殊矩阵,见表 8-2。

表 8-2　创建数组的常用函数

属 性 名	说 明
numpy.ones()	生成全 1 的数组
numpy.zeros()	生成全 0 的数组
numpy.empty()	生成空数组,只分配存储空间,填充随机值
numpy.arange(start,stop,step)	在给定间隔内返回均匀间隔的数组,不包括 stop 值
numpy.linspace(start,stop,num)	在给定间隔内返回指定间隔的数组
numpy.logspace(start,stop,num,base)	在给定间隔内返回等比例数组
numpy.random.rand().	根据给定维度生成[0,1)的数组
numpy.random.randn().	根据给定维度生成具有标准正态分布的数组
numpy.random.randint(low,high,[x,y])	根据参数中所指定的范围生成随机数组或整数
numpy.eye()	生成指定维度的单位矩阵
numpy.full()	用同样的值生成指定维度和类型的数组

ones()函数生成全 1 的 2×3 数组,代码如下:

```
data = np.ones((2,3))
data
```

代码的执行结果如下:

```
array([[1., 1., 1.],
       [1., 1., 1.]])
```

zeros()函数生成全 0 的浮点数组,代码如下:

```
data = np.zeros((2,3),dtype = np.float16)
data
```

代码的执行结果如下:

```
array([[0., 0., 0.],
       [0., 0., 0.]], dtype = float16)
```

empty()函数生成 2×3 的整型空数组,代码如下:

```
data = np.empty((2,3),dtype = np.int8)
data
```

代码的执行结果如下:

```
array([[ - 80,   0,   0],
       [   0,   0,   0]], dtype = int8)
```

linspace()函数在 1～5 生成 4 个等间距的序列,代码如下:

```
data = np.linspace(1,5,4,dtype = np.int8)
data
```

代码的执行结果如下:

```
array([ 1,2,3, 5], dtype = int8)
```

logspace()函数在 10 的 1 次方和 3 次方之间生成 3 个整数,代码如下:

```
data = np.logspace(1,3,3,dtype = np.int16)
data
```

代码的执行结果如下:

```
array([   10,   100,   1000], dtype = int16)
```

random.rand()函数随机生成 2×3 维且数值为[0,1)的数组,代码如下:

```
data = np.random.rand(2,3)
data
```

代码的执行结果如下:

```
array([[0.07560644,   0.22595527,   0.74890182],
       [0.93313751,   0.02305224,   0.04363977]])
```

random.randn()函数随机生成 2×3 维符合标准正态分布的数组,代码如下:

```
data = np.random.randn(2,3)
data
```

代码的执行结果如下:

```
array([[  0.39367326,   0.38163747,   - 1.655457   ],
       [ - 1.42808154,   0.13223873,   1.70030056]])
```

random.randint()函数随机生成值为[1,4]的 2×3 的数组,代码如下:

```
data = np.random.randint(1,4,[2,3])
data
```

代码的执行结果如下:

```
array([[1,  1,  2],
       [1,  2,  1]])
```

eye()函数生成 3×3 的单位矩阵,代码如下:

```
data = np.eye(3)
data
```

代码的执行结果如下:

```
array([[1., 0., 0.],
       [0., 1., 0.],
       [0., 0., 1.]])
```

full()函数使用'python'填充 2×3 的数组,代码如下:

```
data = np.full((2,3),'Python')
data
```

代码的执行结果如下:

```
array([['Python', 'Python', 'Python'],
       ['Python', 'Python', 'Python']], dtype = '< U6')
```

8.1.2　矩阵 matrix 数据处理

NumPy 函数库中存在两种不同的数据类型(n 维数组 ndarray 和矩阵 matrix)都可以用于处理行列表示的数字元素。虽然它们看起来相似,但是在这两个数据类型上执行相同的数据运算时可以得到不同的结果。

NumPy 模块中的矩阵对象 numpy.matrix,包括矩阵数据的处理、矩阵的计算、复数的处理及基本的统计功能、转置、可逆性等。其实矩阵类型 matrix 是一类维数固定为 2 的 ndarray 数组,即便进行加、减、乘、除各类运算,其维数都不会变化,而 n 维数组 ndarray,可简称为 array 数组,在进行算术运算时,其维数会发生变化。

数组 array 转换成矩阵 matrix 可以用 numpy.mat()、numpy.matrix()及 numpy.asmatrix()方法。矩阵 matrix 要转换成 array 数组可以用 numpy.asarray()方法,也可以用 numpy.getA()或 numpy.getA1()方法。

1. 生成 Matrix 矩阵

mat()函数将 2×3 的数组转换为矩阵,代码如下:

```
# 第 8 章/8-3.py
import numpy as np          # 导入 NumPy 模块,并重命名为 np
```

```
data = [[1,2,3],[4,5,6]]
mat = np.mat(data)
mat
```

代码的执行结果如下：

```
matrix([[1,  2,  3],
        [4,  5,  6]])
```

matrix()将 2×3 的数组转换为矩阵，代码如下：

```
data = [[1,2,3],[4,5,6]]
mat = np.matrix(data)
mat
```

代码的执行结果如下：

```
matrix([[1,  2,  3],
        [4,  5,  6]])
```

asmatrix()将 2×3 的数组转换为矩阵，代码如下：

```
data = [[1,2,3],[4,5,6]]
mat = np.asmatrix(data)
mat
```

代码的执行结果如下：

```
matrix([[1,  2,  3],
        [4,  5,  6]])
```

2. matrix 矩阵、数组和列表三者之间的转换

生成列表，代码如下：

```
data_list1 = [[1,2,3,4],[5,6,7,8]]
data_list1
```

代码的执行结果如下：

```
[[1,  2,  3,  4], [5,  6,  7,  8]]
```

array()函数将列表转换成数组，代码如下：

```
data_array1 = np.array(data_list1)
data_array1
```

代码的执行结果如下：

```
array([[1,  2,  3,  4],
       [5,  6,  7,  8]])
```

tolist()函数将数组转换成列表，代码如下：

```
data_list2 = data_array1.tolist()
data_list2
```

代码的执行结果如下：

```
[[1,  2,  3,  4], [5,  6,  7,  8]]
```

getA()函数将矩阵转换成数组，代码如下：

```
data_matrix = np.mat([[1,2,3,4],[4,5,6,7]])
data_array2 = data_matrix.getA()
data_array2
```

代码的执行结果如下：

```
array([[1,  2,  3,  4],
       [4,  5,  6,  7]])
```

getA1()函数将矩阵转换成一维数组，代码如下：

```
data_array3 = data_matrix.getA1()
data_array3
```

代码的执行结果如下：

```
array([1,  2,  3,  4,  4,  5,  6,  7])
```

tolist()函数将矩阵转换成列表，代码如下：

```
data_array4 = data_matrix.tolist()
data_array4
```

代码的执行结果如下：

```
[[1,  2,  3,  4], [5,  6,  7,  8]]
```

3. 特殊矩阵的创建

用 mat()函数和 zeros()函数生成全 0 的 3×3 矩阵，代码如下：

```
mat = np.mat(np.zeros((3,3)))
mat
```

代码的执行结果如下：

```
matrix([[0., 0., 0.],
        [0., 0., 0.],
        [0., 0., 0.]])
```

用 matrix() 函数和 ones() 函数生成全 1 的 3×3 矩阵，代码如下：

```
mat = np.matrix(np.ones((3,3)))
mat
```

代码的执行结果如下：

```
matrix([[1., 1., 1.],
        [1., 1., 1.],
        [1., 1., 1.]])
```

用 asmatrix() 函数和 eye() 函数生成 3×3 的单位矩阵，代码如下：

```
mat = np.asmatrix(np.eye(3))
mat
```

代码的执行结果如下：

```
matrix([[1., 0., 0.],
        [0., 1., 0.],
        [0., 0., 1.]])
```

用 asmatrix() 函数和 identity() 函数生成 3×3 单位矩阵，并指定元素数据类型，代码如下：

```
data = np.asmatrix(np.identity(3,dtype = int))
data
```

代码的执行结果如下：

```
matrix([[1,  0,  0],
        [0,  1,  0],
        [0,  0,  1]])
```

用 matrix() 函数和 diag() 函数生成指定对角线元素的方阵，代码如下：

```
data = np.matrix(np.diag([1,2,3]))
data
```

代码的执行结果如下：

```
matrix([[1,  0,  0],
        [0,  2,  0],
        [0,  0,  3]])
```

11min

8.1.3 数组编程

运用 NumPy 数组，进行简单编程就可以完成多种数据向量化的操作任务。通常，这种向量化的数组运算在运算速度上相较纯 Python 利用循环来处理数组可以提高一到两个甚至更高的数量级。

这里利用 meshgrid()函数生成两个一维数组网格数据 xm 和 ym，并根据这两个数所组成的二维矩阵(xm,ym)来绘制一幅圆锥面的俯视投影图，代码如下：

```
♯第 8 章/8-4.py
import numpy as np
import matplotlib.pyplot as plt          ♯导入绘图库
points = np.arange( - 4,4,1)             ♯生成一维数组 points
xm,ym = np.meshgrid(points,points)       ♯利用 meshgrid()函数生成一维数组 xm,ym
zm = np.sqrt(xm ** 2 + ym ** 2)          ♯利用 sqrt()函数生成圆锥面二维数 zm
plt.imshow(zm,cmap = plt.cm.pink)        ♯pink 是颜色图
plt.colorbar()
```

上述代码的执行结果如图 8-1 所示。

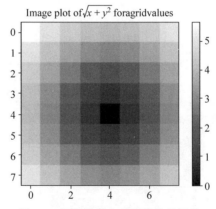

图 8-1 网格数据上的函数结果图像

1. 条件逻辑作为数组进行操作

条件逻辑作为数组，代码如下：

```
#第8章/8-4.py
import numpy as np              #导入 NumPy 模块,并重命名为 np
#三元表达式 x if condition else y,假设 cnd 中的元素为真时,取 xar 中对应的元素
#否则取 yar 中的元素
xar = np.array([1,2,3,4])
yar = np.array([10,20,30,40])
cnd = np.array([True,0,1,True])
re = [(x if c else y) for x,y,c in zip(xar,yar,cnd)]
re
```

代码的执行结果如下:

```
[1, 20, 3, 4]
```

运用 where()函数,代码如下:

```
#numpy.where()函数是 x if condition else y 的向量化版本
re = np.where(cnd,xar,yar)
re
```

代码的执行结果如下:

```
array([ 1, 20, 3, 4])
```

生成一个 3×3 的随机数组,代码如下:

```
data = np.random.randn(3,3)
data
```

代码的执行结果如下:

```
array([[ -0.95324925, -0.77566642, -0.82029995],
       [ 1.80666663, 1.57763286, -1.03973417],
       [ 0.58849976, -0.19482306, 1.48442833]])
```

将数值数组转换成布尔数组,代码如下:

```
data > 0
```

代码的执行结果如下:

```
array([[False, False, False],
       [ True, True, False],
       [ True, False, True]])
```

运用 numpy.where,代码如下:

```
#numpy.where 的参数 2 和参数 3 也可以是标量.这里将所有正值替换为 2,将所有负值替换为 - 2
np.where(data > 0,2, - 2)
```

代码的执行结果如下:

```
array([[ - 2,   - 2,   - 2],
       [  2,   2,   - 2],
       [  2,   - 2,   2]])
```

2. 数组的索引与切片

与 Python 的 list 对象一样,NumPy 中的 ndarray 数组对象可以通过索引或切片进行访问和修改。数组通过下标 0~n 进行索引,切片对象可以通过内置的 slice()函数,并设置 start、stop 及 step 参数,从原数组中切割出一个新数组。

从原数组中索引切片出新数组,代码如下:

```
data1 = np.arange(10)       #生成数值为[0,10)的一维数组
data2 = data1[2:7:2]
data1,data2
```

代码的执行结果如下:

```
(array([0, 1, 2, 3, 4, 5, 6, 7, 8, 9]), array([2, 4, 6]))
```

采用默认 start 位置索引和步长,指定 stop 位置索引和步长,切片生成新数组,代码如下:

```
data3 = data1[:6]
data4 = data1[:6:2]
data3,data4
```

代码的执行结果如下:

```
(array([0, 1, 2, 3, 4, 5]), array([0, 2, 4]))
```

采用默认 stop 位置索引、步长和指定 start 位置索引,切片生成新数组,代码如下:

```
data5 = data1[3:]
data6 = data1[3::2]
data5,data6
```

代码的执行结果如下:

```
(array([3, 4, 5, 6, 7, 8, 9]), array([3, 5, 7, 9]))
```

生成 4×4 的二维数组,代码如下:

```
data = np.arange(16).reshape(4,4)
data
```

代码的执行结果如下:

```
array([[ 0,  1,  2,  3],
       [ 4,  5,  6,  7],
       [ 8,  9, 10, 11],
       [12, 13, 14, 15]])
```

索引前三行和前三列的元素,生成新的二维数组,代码如下:

```
data1 = data[:3,:3]
data1
```

代码的执行结果如下:

```
array([[ 0,  1,  2],
       [ 4,  5,  6],
       [ 8,  9, 10]])
```

索引所有行,并指定索引第 1 和第 3 列,生成新数组,代码如下:

```
data2 = data[:,[1,3]]
data2
```

代码的执行结果如下:

```
array([[ 1,  3],
       [ 5,  7],
       [ 9, 11],
       [13, 15]])
```

3. 数组的基本操作

数组的基本操作包括数组的行列改变、翻转、连接、分割、添加、插入和删除,代码如下:

```
data = np.arange(1,7).reshape(-1,3)    #data 变形为 3 列,自适应行的二维数组
data                                   #这里-1 表示自适应维度大小
```

代码的执行结果如下:

```
array([[1,2,3],[4,5,6]
```

reshape()函数将一维数组改变为二维数组,代码如下:

```
data = np.arange(1,7).reshape(2, -1)    #data 变形为 2 行,自适应列的二维数组
data                                     #这里 -1 表示自适应维度大小
```

代码的执行结果如下:

```
array([[1,2,3],[4,5,6]
```

数组变形,代码如下:

```
data = np.arange(1,21).reshape(2,2,5)    #data 变形为二维 2×5 的数组
data
```

代码的执行结果如下:

```
array([[[ 1,  2,  3,  4,  5],
        [ 6,  7,  8,  9, 10]],

       [[11, 12, 13, 14, 15],
        [16, 17, 18, 19, 20]]])
```

数组多维度变形,代码如下:

```
data = np.arange(1,25).reshape(2,3,2,2)    #data 变形为二维度 3×2×2 的数组
data
```

代码的执行结果如下:

```
array([[[[ 1, 2],
         [ 3, 4]],

        [[ 5, 6],
         [ 7, 8]],

        [[ 9, 10],
         [11, 12]]],


       [[[13, 14],
         [15, 16]],

        [[17, 18],
         [19, 20]],

        [[21, 22],
         [23, 24]]]])
```

生成 3×4 数组,代码如下:

```
# numpy.ravel()数组用于元素展平,返回的是数组视图,修改会影响原始数组
# 该函数接收两个参数: numpy.ravel(a, order = 'C') ,
# 其中 order: 'C'表示按行,'F'表示按列,'A'表示原顺序,'K'表示元素在内存中的出现顺序,默认为'C'
data = np.arange(12).reshape(3,4)
data
```

代码的执行结果如下:

```
array([[ 0,  1,  2,  3],
       [ 4,  5,  6,  7],
       [ 8,  9, 10, 11]])
```

ravel()函数生成一维数组,代码如下:

```
data1 = data.ravel()                   # 按默认行方式展平
data2 = data.ravel(order = 'C')        # 按行方式展平
data3 = data.ravel(order = 'F')        # 按列方式展平
data1,data2,data3
```

代码的执行结果如下:

```
array([ 0,  1,  2,  3,  4,  5,  6,  7,  8,  9, 10, 11]),
array([ 0,  1,  2,  3,  4,  5,  6,  7,  8,  9, 10, 11]),
array([ 0,  4,  8,  1,  5,  9,  2,  6, 10,  3,  7, 11]))
```

transpose()函数进行数组维度转换,代码如下:

```
data1 = data.transpose()
data2 = data.T                         # 功能同 transpose()函数
data1,data2
```

代码的执行结果如下:

```
(array([[ 0,  4,  8],
        [ 1,  5,  9],
        [ 2,  6, 10],
        [ 3,  7, 11]]),
 array([[ 0,  4,  8],
        [ 1,  5,  9],
        [ 2,  6, 10],
        [ 3,  7, 11]]))
```

concatenate()函数的数组拼接功能,代码如下:

```
# numpy.concatenate()函数用于沿指定轴连接相同形状的两个或多个数组,格式如下
# numpy.concatenate((a1,a2,...),axis)
# 参数说明: a1,a2,...: 相同类型的数组
# axis: 沿着它连接数组的轴,默认 axis = 0,按列拼接,axis = 1,按行拼接
a = np.array([[1,2,3],[4,5,6]])
b = np.array([[7,8,9],[10,11,12]])
c = np.concatenate((a,b))                # 用 concatenate()函数拼接两个数组
d = np.concatenate((a,b),axis = 1)       # 沿行轴拼接两个同类型数组
print('第 1 个数组',a)
print('第 2 个数组',b)
print('第 3 个数组',c)
print('第 4 个数组',d)
```

代码的执行结果如下:

```
第 1 个数组 [[1   2   3]
            [4   5   6]]
第 2 个数组 [[  7   8   9]
            [ 10  11  12]]
第 3 个数组 [[  1   2   3]
            [  4   5   6]
            [  7   8   9]
            [10  11  12]]
第 4 个数组 [[  1   2   3   7   8   9]
            [  4   5   6  10  11  12]]
```

stack()函数的数组拼接功能,代码如下:

```
# numpy.stack()函数用于沿着新轴拼接数组序列,格式如下
# numpy.stack(arrays,axis)
# 参数说明
# arrays: 相同形状的数组序列
# axis:返回数组中的轴,输入数组沿着它来拼接
a = np.array([[1,1,1],[3,3,3]])
b = np.array([[2,2,2],[4,4,4]])
c = np.stack((a,b),0)          # 沿着 0 轴拼接数组 a 和数组 b
d = np.stack((a,b),1)          # 沿着 1 轴拼接数组 a 和数组 b
print('数组 a = ',a)
print('a.shape = ', a.shape)   # 打印数组 a 的 shape 属性值
print('数组 b = ',b)
print('数组 c = ',c)
print('c.shape = ', c.shape)
print('数组 d = ',d)
print('d.shape = ', d.shape)
```

代码的执行结果如下：

```
数组 a = [[1  1  1]
         [3  3  3]]
a.shape = (2,  3)

数组 b = [[2  2  2]
         [4  4  4]]

数组 c = [[[1  1  1]
          [3  3  3]]

         [[2  2  2]
          [4  4  4]]]
c.shape = (2,  2,  3)

数组 d = [[[1  1  1]
          [2  2  2]]

         [[3  3  3]
          [4  4  4]]]
d.shape = (2,  2,  3)
```

hstack()和 vstack()函数的数组拼接，代码如下：

```
# numpy.hstack 是 numpy.stack()函数的变体,沿水平,即沿行轴拼接数组
# numpy.vstack 是 numpy.stack()函数的变体,沿垂直,即沿列轴拼接数组
a = np.array([[1,1,1],[3,3,3]])
b = np.array([[2,2,2],[4,4,4]])
c = np.hstack((a,b))
d = np.vstack((a,b))
print('数组 c = ',c)
print('数组 d = ',d)
```

代码的执行结果如下：

```
数组 c = [[1  1  1  2  2  2]
         [3  3  3  4  4  4]]
数组 d = [[1  1  1]
         [3  3  3]
         [2  2  2]
         [4  4  4]]
```

split()函数的数组分割功能，代码如下：

```
# numpy.split 函数沿特定的轴将数组分割为子数组,格式如下
# numpy.split(ary, indices_or_selections,axis)
# 参数说明:      ary 表示被分割的数组
```

```
# indices_or_sections: 整数,就用该数平均分; 数组,为沿轴切分的位置(左开右闭)
#   axis: 0 默认,横向切分。1 表示纵向切分
a = np.arange(9)
b = np.split(a,3)
print("数组 a = ",a)
print("数组 b = ",b)
```

代码的执行结果如下:

```
数组 a = [0 1 2 3 4 5 6 7 8]
数组 b = [array([0, 1, 2]), array([3, 4, 5]), array([6, 7, 8])]
```

hsplit()函数和 vsplit()函数的数组分割,代码如下:

```
# numpy.hsplit 函数用于水平分割数组,通过指定要返回的相同形状的数组数量来拆分原数组
# numpy.vsplit 函数用于垂直分割数组,其分割方式与 hsplit()函数用法相同
a = np.arange(16).reshape(4,4)
b = np.hsplit(a,2)
c = np.vsplit(a,2)
print('数组 a = ',a)
print('数组 bh = ',b)
print('数组 cv = ',c)
```

代码的执行结果如下:

```
数组 a = [[ 0  1  2  3]
          [ 4  5  6  7]
          [ 8  9 10 11]
          [12 13 14 15]]
数组 bh = [array([[ 0,  1],
                  [ 4,  5],
                  [ 8,  9],
                  [12, 13]]),
          array([[ 2,  3],
                  [ 6,  7],
                  [10, 11],
                  [14, 15]])]
数组 cv = [array([[0,  1,  2,  3],
                  [4,  5,  6,  7]]),
          array([[ 8,  9, 10, 11],
                  [12, 13, 14, 15]])]
```

append()函数的数组拼接功能,代码如下:

```
# numpy.append 函数在数组的末尾添加值。格式如下
# numpy.append(arr, values, axis = None)
# 参数说明
```

```
# arr:输入数组
# values:要向 arr 添加的值,需要和 arr 形状相同(除了要添加的轴)
# axis:默认为 None,横向追加,返回一维数组;axis = 0 按列追加,数组列数相同
# axis = 1,按行追加,数组行数相同
a = np.array([[1,2,3],[4,5,6]])
b = np.append(a,[7,8,9])
c = np.append(a,[[7,8,9]],axis = 0)
d = np.append(a,[[7,8,9],[10,11,12]],axis = 1)
print('数组 a = ',a)
print('数组 b = ',b)
print('数组 c = ',c)
print('数组 d = ',d)
```

代码的执行结果如下:

```
数组 a = [[1  2  3]
         [4  5  6]]
数组 b = [1  2  3  4  5  6  7  8  9]
数组 c = [[1  2  3]
         [4  5  6]
         [7  8  9]]
数组 d = [[ 1  2  3  7  8  9]
         [ 4  5  6  10 11 12]]
```

insert()函数的数组插入功能,代码如下:

```
# numpy.insert 函数在给定索引之前,沿给定轴在输入数组中插入值。格式如下
# numpy.insert(arr, obj, values, axis)
# 参数说明
# arr:输入数组
# obj:在其之前插入值的索引
# values:要插入的值
# axis:沿着它插入的轴,如果未提供,则输入数组会被展开
a = np.array([[1,1,1],[2,2,2],[3,3,3]])
b = np.insert(a,4,[4,4,4])              # 从索引下标 4 开始连续插入 3 个数值
c = np.insert(a,2,[8],axis = 0)        # 按列从行下标 2 开始插入一个值均为 8 的数组
d = np.insert(a,2,8,axis = 1)
print('数组 a = ',a)
print('数组 b = ',b)
print('数组 c = ',c)
print('数组 d = ',d)
```

代码的执行结果如下:

```
数组 a = [[1  1  1]
         [2  2  2]
         [3  3  3]]
```

```
数组 b= [1  1  1  2  4  4  4  2  2  3  3  3]
数组 c = [[1  1  1]
         [2  2  2]
         [8  8  8]
         [3  3  3]]
数组 d = [[1  1  8  1]
         [2  2  8  2]
         [3  3  8  3]]
```

delete()函数的删除功能,代码如下:

```
# numpy.delete 函数返回从输入数组中删除指定子数组的新数组。格式如下
# numpy.delete(arr, obj, axis)
# 参数说明
# arr: 输入数组
# obj: 可以被切片,整数或者整数数组
# axis: 0 表示沿行删除。1 表示沿列删除。默认,输入数组会被展开
a = np.arange(9).reshape(3,3)
b = np.delete(a,3)
c = np.delete(a,1,axis = 0)
d = np.delete(a,1,axis = 1)
print('数组 a = ',a)
print('数组 b = ',b)
print('数组 c = ',c)
print('数组 d = ',d)
```

代码的执行结果如下:

```
数组 a = [[0  1  2]
         [3  4  5]
         [6  7  8]]
数组 b = [0  1  2  4  5  6  7  8]
数组 c = [[0  1  2]
         [6  7  8]]
数组 d = [[0  2]
         [3  5]
         [6  8]]
```

unique()函数的数组去重功能,代码如下:

```
# numpy.unique 函数用于去除数组中的重复元素
# numpy.unique(arr, return_index, return_inverse, return_counts)
# 参数说明
# arr: 输入数组,如果不是一维数组,则会展开
# return_index: 如果值为 True,则返回新列表元素在旧列表中的位置(下标),并以列表形式存储
# return_inverse: 如果值为 True,则返回旧列表元素在新列表中的位置(下标),并以列表形式存储
# return_counts: 如果值为 True,则返回去重数组中的元素在原数组中的出现次数
```

```
a = np.array([1,2,2,3,3,3,4,4,4,4])
b = np.unique(a)
c,ind1 = np.unique(a, return_index = True)
d,ind2 = np.unique(a,return_inverse = True)
e,ind3 = np.unique(a,return_counts = True)
print('数组 a = ',a)
print('数组 b = ',b)
print('数组 c = ',c)
print('ind1 = ',ind1)
print('数组 d = ',d)
print('ind2 = ',ind2)
print('数组 e = ',e)
print('重复数 = ',ind3)
```

代码的执行结果如下：

```
数组 a= [1  2  2  3  3  3  4  4  4  4]
数组 b= [1  2  3  4]
数组 c= [1  2  3  4]
ind1 = [0  1  3  6]
数组 d= [1  2  3  4]
ind2 = [0  1  1  2  2  2  3  3  3  3]
数组 e= [1  2  3  4]
重复数 = [1  2  3  4]
```

4. 数组的运算

NumPy 包含各种数学运算函数，如三角函数、复数处理函数等，也包括简单的＋、－、
＊、/算术运算函数，代码如下：

```
dat = np.array([0,30,45,60,90])        #生成角度值数组
b = np.sin(dat * np.pi/180)
c = np.cos(dat * np.pi/180)
d = np.tan(dat * np.pi/180)
print('角度值数组的正弦值:',b)
print('角度值数组的余弦值:',c)
print('角度值数组的正切值:',d)
```

代码的执行结果如下：

```
角度值数组的正弦值: [0.          0.5         0.70710678 0.8660254 1.          ]
角度值数组的余弦值: [1.00000000e+00 8.66025404e-01 7.07106781e-01 5.00000000e-01
 6.12323400e-17]
角度值数组的正切值: [0.00000000e+00 5.77350269e-01 1.00000000e+00 1.73205081e+00
 1.63312394e+16]
```

数组的 add()、subtract()、multiply()和 divide()函数的运用,代码如下:

```
x = np.array([1,2,3,4])
y = np.array([5,6,9,8])
xx = np.array([[1,1,1,1],[2,2,2,2]])
yy = np.array([[3,3,3,3],[4,4,4,4]])
print('x + y = ',x + y)
print('xx + yy = ',xx + yy)
print('add(x,y) = ',np.add(x,y))               # 利用 numpy.add()进行加法运算
print('add(xx,yy) = ',np.add(xx,yy))
print('y - x = ',y - x)
print('yy - xx = ',yy - xx)
print('subtract(y,x) = ',np.subtract(y,x))     # 利用 numpy.subtract()进行减法运算
print('subtract(yy,xx) = ',np.subtract(yy,xx))
print('x * y = ',x * y)
print('xx * yy = ',xx * yy)
print('multiply(x,y) = ',np.multiply(x,y))     # 利用 numpy.multiply()进行乘法运算
print('multiply(xx,yy) = ',np.multiply(xx,yy))
print('y/x = ',y/x)
print('yy/xx = ',yy/xx)
print('divide(y,x) = ',np.divide(y,x))         # 利用 numpy.divide()进行除法运算
print('divide(yy,xx) = ',np.divide(yy,xx))
```

代码的执行结果如下:

```
x + y = [ 6  8  12  12]
xx + yy = [[4  4  4  4]
           [6  6  6  6]]
add(x,y) = [ 6  8  12  12]
add(xx,yy) = [[4  4  4  4]
              [6  6  6  6]]
y - x =  [4  4  6  4]
yy - xx = [[2  2  2  2]
           [2  2  2  2]]
subtract(y,x) = [4  4  6  4]
subtract(yy,xx) = [[2  2  2  2]
                   [2  2  2  2]]
x * y = [ 5  12  27  32]
xx * yy = [[3  3  3  3]
           [8  8  8  8]]
multiply(x,y) = [ 5  12  27  32]
multiply(xx,yy) = [[3  3  3  3]
                   [8  8  8  8]]
y/x = [5.  3.  3.  2.]
yy/xx = [[3.  3.  3.  3.]
         [2.  2.  2.  2.]]
divide(y,x) = [5.  3.  3.  2.]
divide(yy,xx) = [[3.  3.  3.  3.]
                 [2.  2.  2.  2.]]
```

5. 数学与统计方法

NumPy 中有许多关于计算整个数组统计值或关于轴向数据的数学函数,例如 sum()、mean()、std()函数,可以作为数组类型的方法被调用,代码如下:

```
data = np.arange(9).reshape(3,3)
print('data = ',data)
print('data.sum() = ',data.sum())          #求数组中所有元素的和
print('data.sum(0)',data.sum(0))           #对数组按列求和
print('data.sum(1)',data.sum(1))           #对数组按行求和
print('data.mean() = ',data.mean())        #求数组所有元素的均值
print('data.mean(0) = ',data.mean(0))      #按列求数组元素的均值
print('data.mean(1) = ',data.mean(1))      #按行求数组元素的均值
print('data.std()',data.std())             #求数组所有元素的标准差
print('data.std(0)',data.std(0))           #按列求数组元素的标准差
print('data.std(1)',data.std(1))           #按行求数组元素的标准差
```

代码的执行结果如下:

```
data = [[0  1  2]
        [3  4  5]
        [6  7  8]]
data.sum() = 36
data.sum(0) [ 9  12  15]
data.sum(1) [ 3  12  21]
data.mean() = 4.0
data.mean(0) = [3.  4.  5.]
data.mean(1) = [1.  4.  7.]
data.std() 2.581988897471611
data.std(0) [2.44948974 2.44948974 2.44948974]
data.std(1) [0.81649658 0.81649658 0.81649658]
```

8.1.4 矩阵运算

矩阵是继承自 NumPy 数组对象的二维数组对象。与数学概念中的矩阵一样,NumPy 中的矩阵也是二维的。在 NumPy 中,矩阵计算是针对整个矩阵中的每个元素进行的。与使用 for 循环相比,其运算速度更快。

7min

1. 矩阵的加、减、乘、除运算

矩阵的加、减、乘、除运算,代码如下:

```
#第8章/8-5.py
import numpy as np                                #导入 NumPy 模块,并重命名为 np
mat1 = np.matrix(np.array([[1,1,1],[2,2,2]]))     #创建 2×3 的矩阵
mat2 = np.matrix(np.array([[3,3,3],[4,4,4]]))     #创建 2×3 的矩阵
mat3 = np.matrix(np.array([[1,1],[2,2],[3,3]]))   #创建 3×2 的矩阵
print('mat1 = ',mat1)
```

```
print('mat2 = ',mat2)
print('mat3 = ',mat3)
```

代码的执行结果如下：

```
mat1 = [[1  1  1]
        [2  2  2]]
mat2 = [[3  3  3]
        [4  4  4]]
mat3 = [[1  1]
        [2  2]
        [3  3]]
```

矩阵的加、减、乘、除功能，代码如下：

```
print('mat1 + mat2 = ',mat1 + mat2)
print('mat2 − mat1 = ',mat2 − mat1)
print('mat2/mat1 = ',mat2/mat1)
print('mat1 * mat3 = ',mat1 * mat3)  # 矩阵 mat1 的列数等于矩阵 mat2 的行数才能进行矩阵乘运算
print('mat3 * mat1 = ',mat3 * mat1)  # 调换矩阵乘运算的顺序后结果 shape 也会变化
```

代码的执行结果如下：

```
mat1 + mat2 = [[4  4  4]
               [6  6  6]]
mat2 − mat1 = [[2  2  2]
               [2  2  2]]
mat2/mat1 = [[3.  3.  3.]
             [2.  2.  2.]]
mat1 * mat3 = [[ 6  6]
               [12  12]]
mat3 * mat1 = [[3  3  3]
               [6  6  6]
               [9  9  9]]
```

2. 矩阵属性

矩阵的转置、共轭转置、逆矩阵和视图功能属性访问，代码如下：

```
# 除了能够实现各类运算外,矩阵还有其特有的属性
# 属性                      说明
# T                       返回自身的转置
# H                       返回自身的共轭转置
# I                       返回自身的逆矩阵
# A                       返回自身数据的二维数组的一个视图
print('mat1 = ',mat1)
print('矩阵转置结果为', mat1.T)                # 转置
print('矩阵共轭转置结果为', mat1.H)            # 实数的共轭转置就是其本身
```

```
print('矩阵的二维数组结果为',mat1.A)            #返回二维数组的视图
print('矩阵的逆矩阵结果为',mat1.I)             #逆矩阵
```

代码的执行结果如下：

```
mat1 = [[1  2  3]
        [4  5  6]
        [7  8  9]]
矩阵转置结果为 [[1  4  7]
              [2  5  8]
              [3  6  9]]
矩阵共轭转置结果为 [[1  4  7]
                  [2  5  8]
                  [3  6  9]]
矩阵的二维数组结果为 [[1  2  3]
                    [4  5  6]
                    [7  8  9]]
矩阵的逆矩阵结果为 [[ 3.15251974e+15  -6.30503948e+15  3.15251974e+15]
                  [-6.30503948e+15  1.26100790e+16  -6.30503948e+15]
                  [ 3.15251974e+15  -6.30503948e+15  3.15251974e+15]]
```

3. 矩阵求和与求极值索引

矩阵的 sum()、cumsum()、max()、argmax() 函数应用，代码如下：

```
mat = np.matrix(np.arange(6).reshape(2,3))
print('mat = ',mat)
print('mat.sum(axis = 0) = ',mat.sum(axis = 0))          #计算矩阵每列的和
print('mat.sum(1) = ',mat.sum(1))                        #计算矩阵每行的和
print('mat.cumsum(0) = ',mat.cumsum(0))                  #计算矩阵每列的累加值
print('mat.cumsum(axis = 1) = ',mat.cumsum(axis = 1))    #计算矩阵每行的累加值
print('mat.max(axis = 0)',mat.max(axis = 0))             #计算矩阵每列的最大值
print('mat.max(1)',mat.max(1))                           #计算矩阵每行的最大值
print('mat.argmax(axis = 0) = ',mat.argmax(axis = 0))    #计算矩阵每列最大值的索引
print('mat.argmax(1) = ',mat.argmax(1))                  #计算矩阵每行最大值的索引
```

代码的执行结果如下：

```
mat = [[0  1  2]
       [3  4  5]]
mat.sum(axis = 0) = [[3  5  7]]
mat.sum(1) = [[  3]
              [12]]
mat.cumsum(0) = [[0  1  2]
                 [3  5  7]]
mat.cumsum(axis = 1) = [[ 0  1  3]
                        [ 3  7  12]]
mat.max(axis = 0) [[3  4  5]]
```

```
mat.max(1) [[2]
           [5]]
mat.argmax(axis = 0) = [[1 1 1]]
mat.argmax(1) = [[2]
                 [2]]
```

4. 矩阵分割与合并

从 5×5 数组中分割出矩阵,代码如下:

```
mat = np.matrix(np.arange(25).reshape(5,5)
print('mat = ',mat)                        #生成 5×5 的矩阵
print('mat[:2,:2] = ',mat[:2,:2])          #截取矩阵 0~1 行和 0~1 列的数值来分割矩阵
print('mat[2:,2:] = ',mat[2:,2:])          #截取矩阵 2~4 行和 2~4 列的数值来分割矩阵
print('mat[:2,:] = ',mat[:2,:])            #截取矩阵 0~2 行和所有列的数值来分割矩阵
print('mat[:,2:] = ',mat[:,2:])            #截取矩阵全部行和 2~4 列的数值来分割矩阵
print('mat[2:] = ',mat[2:])                #截取矩阵 2~4 行和所有列的数值来分割矩阵
print('mat[:] = ',mat[:])                  #原矩阵输出
```

代码的执行结果如下:

```
mat = [[ 0   1   2   3   4]
       [ 5   6   7   8   9]
       [10  11  12  13  14]
       [15  16  17  18  19]
       [20  21  22  23  24]]
mat[:2,:2] = [[0  1]
              [5  6]]
mat[2:,2:] = [[12  13  14]
              [17  18  19]
              [22  23  24]]
mat[:2,:] = [[0  1  2  3  4]
             [5  6  7  8  9]]
mat[:,2:] = [[ 2   3   4]
             [ 7   8   9]
             [12  13  14]
             [17  18  19]
             [22  23  24]]
mat[2:] = [[10  11  12  13  14]
           [15  16  17  18  19]
           [20  21  22  23  24]]
mat[:] = [[ 0   1   2   3   4]
          [ 5   6   7   8   9]
          [10  11  12  13  14]
          [15  16  17  18  19]
          [20  21  22  23  24]]
```

拼接矩阵,代码如下:

```
mat1 = np.asmatrix(np.arange(6).reshape(2,3))      # 生成 2×3 的矩阵
mat2 = np.matrix(np.arange(4).reshape(2,2))        # 生成 2×2 的矩阵
mat3 = np.mat(np.arange(9).reshape(3,3))           # 生成 3×3 的矩阵
mat4 = np.hstack((mat1,mat2))                      # 按行合并 mat1 和 mat2,行数不变列数增加
mat5 = np.vstack((mat1,mat3))                      # 按列合并 mat1 和 mat3,列数不变行数增加
print('mat1 = ',mat1)
print('mat2 = ',mat2)
print('mat3 = ',mat3)
print('mat4 = ',mat4)
print('mat5 = ',mat5)
```

代码的执行结果如下:

```
mat1 = [[0  1  2]
        [3  4  5]]
mat2 = [[0  1]
        [2  3]]
mat3 = [[0  1  2]
        [3  4  5]
        [6  7  8]]
mat4 = [[0  1  2  0  1]
        [3  4  5  2  3]]
mat5 = [[0  1  2]
        [3  4  5]
        [0  1  2]
        [3  4  5]
        [6  7  8]]
```

8.1.5　线性代数

NumPy 提供了线性代数函数库 linalg,该库包含了线性代数所需的所有功能,例如矩阵乘法、分解、行列式计算。NumPy 提供的主要与线性代数相关的函数见表 8-3。

表 8-3　NumPy 线性代数的主要函数

属 性 名	说 明
numpy.dot	两个数组的点积,即元素对应相乘
numpy.vdot	两个向量的点积
numpy.inner	两个数组的内积
numpy.det	行列式计算

```
# 第 8 章/8 - 6.py
import numpy as np                         # 导入 NumPy 模块,并重命名为 np
data1 = np.array([[1,2,3],[4,5,6]])        # 生成 2×3 的数组
```

```
data2 = np.array([[6,5],[4,3],[2,1]])          #生成 3×2 的数组
data3 = np.dot(data1,data2)
data4 = np.vdot(data1,data2)
print('data1 = ',data1)
print('data2 = ',data2)
print('data3 = ',data3)
print('data4 = ',data4)
```

代码的执行结果如下：

```
data1 = [[1  2  3]
         [4  5  6]]
data2 = [[6  5]
         [4  3]
         [2  1]]
data3 = [[20  14]
         [56  41]]
data4 = 56
```

矩阵内积运算，代码如下：

```
data1 = np.matrix([[1,2],[3,4]])          #生成 2×2 的矩阵
data2 = np.matrix([[5,6],[7,8]])
data3 = np.inner(data1,data2)             #计算两个矩阵的内积
print('data1 = ',data1)
print('data2 = ',data2)
print('data3 = ',data3)
```

代码的执行结果如下：

```
data1 = [[1  2]
         [3  4]]
data2 = [[5  6]
         [7  8]]
data3 = [[17  23]
         [39  53]]
```

矩阵的行列式变换，代码如下：

```
data = np.mat([[2,1],[4,3]])
print('np.linalg.det(data) = ',np.linalg.det(data))
```

代码的执行结果如下：

```
np.linalg.det(data) = 2.0
```

8.2 数据分析 Pandas 模块

Pandas 是 Python 语言的一个扩展程序库,是基于 NumPy 的数据分析模块,主要用来处理表格型或异质型数据,而 NumPy 主要用来处理同质型数据。Pandas 支持 NumPy 语言风格的数组计算,尤其擅长于时间序列数据的分析。

8.2.1 Pandas 数据结构

12min

Pandas 主要有两种数据结构:Series、DataFrame,其中 Series 是一种一维数组对象,与 NumPy 中的一维 array 类似;DataFrame 是一种二维数据对象,类似表格形式,可以作为 Series 数据的容器。

1. Series 类型

Pandas Series 是由索引(index)标签列和数值列组成的一维数组的对象,类似表格中的一个列(column),代码如下:

```
#第 8 章/8-7.py
import numpy as np                #导入 NumPy 模块,并重命名为 np
import pandas as pd               #导入 Pandas 模块,并重命名为 pd
#用 Pandas 创建 Series 对象,其中 np.nan 表示数据值缺失
dat = pd.Series([1, -2, 3, 4, 'True', np.nan, "I love China"])
print(dat)
```

代码的执行结果如下:

```
0                 1
1                -2
2                 3
3                 4
4              True
5               NaN
6      I love China
dtype: object
```

dat 的第 1 列为索引列 index,第 2 列为数值列 value。在创建 Series 对象时,如果没有指定 index,Pandas 则会默认采用整型数据作为该 Series 的 index。

生成 Series 类型变量,代码如下:

```
ind = [3, 2, 1]                  #指定索引值
val = ["Third", "Second", "First"]
dat = pd.Series(val, ind)
print(dat)
```

代码的执行结果如下:

```
3    Third
2    Second
1    First
dtype: object
```

通过字典来创建一个 Series 对象,代码如下:

```
dict = {"Third":3,"Second":2,"First":1,1:"Third",2:"Second",3:"Third"}
dat = pd.Series(dict)
print(dat)
```

代码的执行结果如下:

```
Third      3
Second     2
First      1
1        Third
2        Second
3        Third
dtype: object
```

2. DataFrame 类型

DataFrame 是一个矩阵的数据表格型结构,包含一组有序的列,每列可以是不同值类型(数值、字符串、布尔值等)。DataFrame 有行列索引,可被看成共享相同索引的 Series 字典,代码如下:

```
dat = {'Name':['赵一','钱二','孙三','李四'],
       'Age':[18,19,20,21],
       'Grade':["大一","大二","大三","大四"],
       'Sex':['M','F','M','M']}
df = pd.DataFrame(dat)
print(df)
```

代码的执行结果如下:

```
   Name  Age  Grade  Sex
0  赵一    18   大一    M
1  钱二    19   大二    F
2  孙三    20   大三    M
3  李四    21   大四    M
```

跟 Series 类型一样,DataFrame 类型的数据也会自动加上索引,所有列有序排列,代码如下:

```
# 可以指定 DataFrame 的列的排列顺序
dat = {'Name':['赵一','钱二','孙三','李四'],
       'Age':[18,19,20,21],
       'Grade':["大一","大二","大三","大四"],
       'Sex':['M','F','M','M']}
df = pd.DataFrame(dat,columns=['Name','Sex','Grade','Age'])
print(df)
```

代码的执行结果如下：

```
   Name  Sex  Grade  Age
0  赵一    M    大一    18
1  钱二    F    大二    19
2  孙三    M    大三    20
3  李四    M    大四    21
```

二维数组创建 DataFrame，代码如下：

```
# 通过二维数组创建 DataFrame 表格,并通过 columns 和 index 指定列名和索引标签
data = [['赵一',18,"大一",'M'],
        ['钱二',19,"大二",'F'],
        ['孙三',20,"大三",'M'],
        ['李四',21,"大四",'M'],]
columns = ['Name','Sex','Grade','Age']
index = ['No.1','No.2','No.3','No.4']
df = pd.DataFrame(data,index,columns)
print(df)
```

代码的执行结果如下：

```
       Name  Sex  Grade  Age
No.1   赵一    18   大一    M
No.2   钱二    19   大二    F
No.3   孙三    20   大三    M
No.4   李四    21   大四    M
```

产生 NaN 值的 column，代码如下：

```
# 如果传入的列在数据中不包含在 colums 中,则会产生 NaN 值
dat = {'Name':['赵一','钱二','孙三','李四'],
       'Age':[18,19,20,21],
       'Grade':["大一","大二","大三","大四"],
       'Sex':['M','F','M','M']}
df = pd.DataFrame(dat,columns=['Name','Sex','Grade','Age','Address'])
print(df)
```

代码的执行结果如下:

```
    Name  Sex  Grade  Age  Address
0   赵一   M    大一    18   NaN
1   钱二   F    大二    19   NaN
2   孙三   M    大三    20   NaN
3   李四   M    大四    21   NaN
```

默认索引和列创建 DataFrame,代码如下:

```
#采用默认的索引和列名称,生成一个 6×4 的 DataFrame 对象
df = pd.DataFrame(np.random.randn(6,4))
print(df)
```

代码的执行结果如下:

```
          0           1           2           3
0   0.311154   -1.481004    0.620411   -2.394666
1   0.049635   -0.211571   -0.199810   -0.910745
2  -0.634657   -1.591899   -1.269435   -0.374333
3   0.954881   -1.189709   -0.383179    0.008399
4  -0.842857   -0.007794    1.160019   -1.136677
5  -1.594342    1.012400    1.846759   -1.219204
```

8.2.2 Pandas 基本功能

我们经常在数据分析过程中用到的 Pandas 功能函数有 df.values()、df.shape()、df.index()、df.set_index()、df.reset_index()、df.columns()、df.rename()、df.dtypes()、df.axes()、df.T()、df.info()、df.head(i)、df.tail(i)、df.count()、df.value_counts()、df.unique()、df.describe()、df.sum()、df.max()、df.min()、df.argmax()、df.argmin()、df.idxmax()、df.idxmin()、df.mean()、df.median()、df.var()、df.std()、df.isnull()、df.notnull()。本节通过介绍 Pandas 数据结构中的几个主要的基本功能,让大家了解与 Series 或 DataFrame 数据进行交互的机制。

1. Pandas 数据的 head(i)和 tail(i)方法

用 date_range()生成日期索引,代码如下:

```
#第 8 章/8-8.py
import pandas as pd          #导入 Pandas 模块,并重命名为 pd
import numpy as np           #导入 NumPy 模块,并重命名为 np

#用 date_range()生成日期索引
index = pd.date_range("1/1/2023", periods = 8)
df = pd.DataFrame(np.random.randn(8,3), index = index, columns = ["A","B","C"])
```

```
print("原始数据:\n",df,"\n")                      # 显示 df 的所有行数据
print("查看前 5 行数据:\n",df.head(),"\n")         # 默认显示前 5 行数据
print("查看后 5 行数据:\n",df.tail(),"\n")         # 默认显示后 5 行数据
print("查看第 1 行数据:\n",df.head(1),"\n")        # 指定显示前 1 行数据
print("查看倒数两行数据:\n",df.tail(2))            # 指定显示后 2 行数据
```

代码的执行结果如下：

```
原始数据:
                      A             B             C
2023 - 01 - 01   - 1.542990   - 0.557675     0.472273
2023 - 01 - 02   - 1.368800   - 3.317812   - 0.643212
2023 - 01 - 03     0.113521   - 1.014135   - 1.022133
2023 - 01 - 04   - 0.066649     1.516287     0.531112
2023 - 01 - 05     0.396580   - 0.086225     0.239770
2023 - 01 - 06   - 0.447979   - 1.174955     2.123275
2023 - 01 - 07     1.545050   - 0.465620     2.933294
2023 - 01 - 08   - 0.922853   - 0.208790   - 2.996576

查看前 5 行数据:
                      A             B             C
2023 - 01 - 01   - 1.542990   - 0.557675     0.472273
2023 - 01 - 02   - 1.368800   - 3.317812   - 0.643212
2023 - 01 - 03     0.113521   - 1.014135   - 1.022133
2023 - 01 - 04   - 0.066649     1.516287     0.531112
2023 - 01 - 05     0.396580   - 0.086225     0.239770

查看后 5 行数据:
                      A             B             C
2023 - 01 - 04   - 0.066649     1.516287     0.531112
2023 - 01 - 05     0.396580   - 0.086225     0.239770
2023 - 01 - 06   - 0.447979   - 1.174955     2.123275
2023 - 01 - 07     1.545050   - 0.465620     2.933294
2023 - 01 - 08   - 0.922853   - 0.208790   - 2.996576

查看第 1 行数据:
                     A             B           C
2023 - 01 - 01   - 1.54299   - 0.557675    0.472273

查看倒数两行数据:
                     A             B           C
2023 - 01 - 07     1.545050   - 0.46562    2.933294
2023 - 01 - 08   - 0.922853   - 0.20879   - 2.996576
```

2. 重建索引

重建索引 reindex()方法就是对索引重新排序。如果重建索引时需引入缺失值，则可以

使用 fill_value 参数(NaN)填充,代码如下:

```
df = pd.DataFrame(np.random.randn(5,3),      #随机生成 5×3 的 DataFrame 数据
              columns = ["one","two","three"],
              index = ["a","b","c","d","e"])
print("原始数据:\n",df,"\n")
print("重建行索引数据:\n",df.reindex(["e","d","c","f","a"]),"\n")
print("重建行/列索引数据:\n",df.reindex(index = ["a","f","b"],
              columns = ["three","two","one","four"]))
```

代码的执行结果如下:

```
原始数据:
        one         two         three
a    1.222469    1.766684     0.121510
b    0.063082   - 0.635545     0.955303
c   - 0.992807   - 1.684225   - 0.832960
d   - 0.691094   - 1.198323     0.502422
e   - 1.831620    2.408633   - 0.454413

重建行索引数据:
        one         two         three
e   - 1.831620    2.408633   - 0.454413
d   - 0.691094   - 1.198323     0.502422
c   - 0.992807   - 1.684225   - 0.832960
f      NaN         NaN         NaN
a    1.222469    1.766684     0.121510

重建行/列索引数据:
        three       two         one       four
a    0.121510    1.766684     1.222469    NaN
f      NaN         NaN         NaN        NaN
b    0.955303   - 0.635545     0.063082    NaN
```

3. 更新索引

在 DataFrame 数据中可以通过 set_index()方法将列数据作为行索引,也可以通过 reset_index()方法重置行索引,代码如下:

```
dat = {'Name':['赵一','钱二','孙三','李四'],
     'Sex':['F','F','M','M'],
     'Age':[18,19,20,21],
     'Province':["河南","四川","江苏","贵州"],
   }
df = pd.DataFrame(dat)      #创建 4×4 的 DataFrame 数据
print("原始数据:\n",df,"\n")
print("设置行索引:\n",df.set_index('Province'),"\n")
print("重置索引:\n",df.reset_index(),"\n")
print("还原并保留行索引:\n",df.reset_index(drop = True))
```

代码的执行结果如下：

```
原始数据:
    Name  Sex  Age  Province
0   赵一   M    18   河南
1   钱二   F    19   四川
2   孙三   M    20   江苏
3   李四   M    21   贵州


设置行索引
Province       Name  Sex  Age
河南            赵一   M    18
四川            钱二   F    19
江苏            孙三   M    20
贵州            李四   M    21


重置索引
index  Name  Sex  Age  Province
0      0           赵一   M    18   河南
1      1           钱二   F    19   四川
2      2           孙三   M    20   江苏
3      3           李四   M    21   贵州


还原并保留行索引:
    Name  Sex  Age  Province
0   赵一   M    18   河南
1   钱二   F    19   四川
2   孙三   M    20   江苏
3   李四   M    21   贵州
```

4. 选取数据

通过列索引、行索引、行索引位置切片、loc、iloc 对 DataFrame 数据进行选取，代码如下：

```python
# 列数据不能通过切片进行选取,只能通过列标签选取
df = pd.DataFrame({'Name':['赵一','钱二','孙三','李四'],
                   'Sex':['F','F','M','M'],
                   'Age':[18,19,20,21],
                   'Province':["河南","四川","江苏","贵州"]})
print("通过列标签索引单列数据:\n",df['Name'],"\n")
print("通过列标签索引多列数据:\n",df[['Name','Age']])
```

代码的执行结果如下：

```
通过列标签索引单列数据:
0    赵一
1    钱二
2    孙三
3    李四
```

```
Name: Name, dtype: object

通过列标签索引多列数据:
    Name  Age
0   赵一   18
1   钱二   19
2   孙三   20
3   李四   21
```

可以通过切片选取 DataFrame 的行数据,代码如下:

```
print('选取 2～3 行的数据\n',df[1:3])
```

代码的执行结果如下:

```
选取 2～3 行的数据
    Name  Sex  Age  Province
1   钱二   F    19    四川
2   孙三   M    20    江苏
```

可以通过 DataFrame.loc(行索引标签,列索引标签)进行数据选取,代码如下:

```
df1 = df.set_index('Name')        #将行索引设置为'Name'列
print("通过列标签选取数据:\n",df1.loc[:,['Age','Province']],"\n")
print("通过行/列标签选取数据:\n",df1.loc[['赵一','钱二'],['Sex','Province']])
```

代码的执行结果如下:

```
通过列标签选取数据:
        Age Province
Name
赵一      18    河南
钱二      19    四川
孙三      20    江苏
李四      21    贵州

通过行/列标签选取数据:
        Sex Province
Name
赵一      M     河南
钱二      F     四川
```

通过 DataFrame.iloc(行索引位置,列索引位置)进行数据选取,代码如下:

```
print("选取后 3 列的所有行数据\n",df1.iloc[:,1:3],"\n")
print("选取前两行和前两列数据\n",df1.iloc[:2,0:2])
```

代码的执行结果如下:

```
选取后 3 列的所有行数据
       Age Province
Name
赵一    18     河南
钱二    19     四川
孙三    20     江苏
李四    21     贵州

选取前两行和前两列数据
       Sex Age
Name
赵一    M   18
钱二    F   19
```

5．删除数据

通过 drop()方法,可以删除 DataFrame 对象中的行或列数据。默认状况下,在删除数据时不改变原数据,如果要在原数据上修改,则应先设置 inplace＝True,代码如下:

```
df = pd.DataFrame({'name':['小明','小丽','小胡','小杨'],
                   'sex':['male','female','female','male'],
                   'age':[18,19,20,21],
                   'city':['成都','长沙','南京','贵阳']},
                  index = ['四川人','湖南人','江苏人','贵州人'],
                  columns = ['name','sex','age','city'])
print("原始数据:\n",df,"\n")
print('删除行数据:\n',df.drop('贵州人'),"\n")
df.drop('sex',axis = 1,inplace = True)
print('删除列数据:\n',df)
```

代码的执行结果如下:

```
原始数据:
        name    sex  age  city
四川人    小明    male   18   成都
湖南人    小丽  female   19   长沙
江苏人    小胡  female   20   南京
贵州人    小杨    male   21   贵阳

删除行数据:
        name    sex  age  city
四川人    小明    male   18   成都
湖南人    小丽  female   19   长沙
江苏人    小胡  female   20   南京
```

```
删除列数据:
      name  age  city
四川人  小明   18   成都
湖南人  小丽   19   长沙
江苏人  小胡   20   南京
贵州人  小杨   21   贵阳
```

6. 算术运算和数据对齐

如果 Pandas 数据间有相同索引,则可以进行算术运算,如果没有,则会使数据对齐,并引入缺失值 fill_value(NaN),代码如下:

```
♯Series 数据的算术运算
dat1 = pd.Series([1,2,3],index = ['a','b','c'])
dat2 = pd.Series([4,5,6,7],index = ['a','b','c','f'])
print('dat1 = \n',dat1,"\n")
print('dat2 = \n',dat2,"\n")
print('dat1 + dat2 = \n',dat1 + dat2)
```

代码的执行结果如下:

```
dat1 =
a    1
b    2
c    3
dtype: int64

dat2 =
a    4
b    5
c    6
f    7
dtype: int64

dat1 + dat2 =
a    5.0
b    7.0
c    9.0
f    NaN
dtype: float64
```

DataFrame 数据的算术运算,代码如下:

```
dat1 = pd.DataFrame([[1,2,3],[4,5,6],[7,8,9]],index = ['a','b','c'],columns = ['c1','c2','c3'],)
dat2 = pd.DataFrame([[1,2],[3,4],[5,6],[7,8]],columns = ['c1','c2'],index = ['a','b','c','f'])
print('dat1 = \n',dat1,"\n")
print('dat2 = \n',dat2,"\n")
print('dat1 + dat2 = \n',dat1 + dat2)
```

代码的执行结果如下：

```
dat1 =
     c1    c2    c3
a    1     2     3
b    4     5     6
c    7     8     9

dat2 =
     c1    c2
a    1     2
b    3     4
c    5     6
f    7     8

dat1 + dat2 =
      c1     c2     c3
a     2.0    4.0    NaN
b     7.0    9.0    NaN
c    12.0   14.0    NaN
f     NaN    NaN    NaN
```

7. 函数应用和映射

在数据分析中，经常用到 Pandas 提供的 map()、apply()和 mapapply()方法。

map()函数应用的代码如下：

```
#map()函数的功能是将自定义函数应用到 Series 数据的每个元素上
df = pd.DataFrame({'Name':['小明','小胡','小花'],
                  'Year':[2020,2020,2020],
                  'Maths':[84,79,96],
                  'Chinese':[76,84,98],
                  'English':[70,74,99]})
print("原始数据:\n",df,"\n")
df['Maths'] = df['Maths'].map(lambda x:" %.1f" % x)  #将'Maths'列变为有一位小数的浮点数
print("map()函数的应用:\n",df)
```

代码的执行结果如下：

```
原始数据:
   Name   Year   Maths   Chinese   English
0  小明    2020    84       76        70
1  小胡    2020    79       84        74
2  小花    2020    96       98        99

map()函数的应用:
   Name   Year   Maths   Chinese   English
0  小明    2020   84.0      76        70
1  小胡    2020   79.0      84        74
2  小花    2020   96.0      98        99
```

apply()函数应用,代码如下:

```
#apply()函数的功能是将自定义函数应用到DataFrame数据的行或列上,行列由axis指定
df = pd.DataFrame({'Name':['小明','小胡','小花'],
                   'Year':[2020,2020,2020],
                   'Maths':[84,79,96],
                   'Chinese':[76,84,98],
                   'English':[70,74,99]})
df['total'] =                    #每行分数求总和
        df[['Maths','Chinese','English']].apply(lambda x:x.sum(),axis = 1)
print("每行分数求总和:\n",df,"\n")
df.loc['Total'] =                #每列分数求总和
        df[['Maths','Chinese','English']].apply(lambda x:x.sum(),axis = 0)
print("每列分数求总和:\n",df)
```

代码的执行结果如下:

```
每行分数求总和:
    Name  Year  Maths  Chinese  English   Total
0   小明   2020    84       76       70     230
1   小胡   2020    79       84       74     237
2   小花   2020    96       98       99     293

每列分数求总和:
       Name    Year    Maths  Chinese  English  Total
0      小明   2020.0    84.0     76.0     70.0  230.0
1      小胡   2020.0    79.0     84.0     74.0  237.0
2      小花   2020.0    96.0     98.0     99.0  293.0
total   NaN     NaN   259.0    258.0    243.0    NaN
```

applymap()函数的应用,代码如下:

```
#applymap()函数的功能是将自定义函数应用于DataFrame的所有元素上
df = pd.DataFrame({'Year':[2020,2020,2020],
                   'Maths':[84,79,96],
                   'Chinese':[76,84,98],
                   'English':[70,74,99]},index = ['小明','小胡','小花'])
df1 = df[['Maths','Chinese','English']].applymap(lambda x: str(x) + '分')
print(df1)
```

代码的执行结果如下:

```
    Maths Chinese English
小明   84 分    76 分    70 分
小胡   79 分    84 分    74 分
小花   96 分    98 分    99 分
```

8. 数据排序

在 DataFrame 数据中,通过 sort_index、sort_values 方法可以对索引进行排序。在默认情况下 ascending＝True,为升序排序,当 ascending＝False 时,为降序排序,代码如下:

```
df = pd.DataFrame({'Name':['小明','小胡','小花','小杨'],
                   'Year':[1998,2001,2003,1999],
                   'Maths':[84,79,63,96],
                   'Chinese':[76,84,56,98],
                   'English':[70,74,70,99]},index = [5,3,6,1])
print("原始数据:\n",df,'\n')
print("按行索引升序排序:\n", df.sort_index(), '\n')
print("按行索引降序排序:\n", df.sort_index(ascending = False), '\n')
print("按列名降序排序:\n", df.sort_values('Year', ascending = False), '\n')
```

代码的执行结果如下:

```
原始数据:
    Name  Year  Maths  Chinese  English
5   小明   1998    84       76       70
3   小胡   2001    79       84       74
6   小花   2003    63       56       70
1   小杨   1999    96       98       99

按行索引升序排序:
    Name  Year  Maths  Chinese  English
1   小杨   1999    96       98       99
3   小胡   2001    79       84       74
5   小明   1998    84       76       70
6   小花   2003    63       56       70

按行索引降序排序:
    Name  Year  Maths  Chinese  English
6   小花   2003    63       56       70
5   小明   1998    84       76       70
3   小胡   2001    79       84       74
1   小杨   1999    96       98       99

按列名降序排序:
    Name  Year  Maths  Chinese  English
6   小花   2003    63       56       70
3   小胡   2001    79       84       74
1   小杨   1999    96       98       99
5   小明   1998    84       76       70
```

9. 数据条件筛选

DataFrame 数据可以使用"&""|""!＝"">""<"">＝""＝<""＝＝"等逻辑运算符号进行数据的条件筛选,可以使用 query()函数进行条件筛选,代码如下:

```
data = {'Name':['小明','小胡','小花','小杨','小朱','小赵'],
        'Year':[1998,2002,1998,2000,2002,2000],
        'Maths':[84,79,63,96,100,92],
        'Chinese':[76,84,56,98,100,91],
        'English':[70,74,70,99,100,94]}
df = pd.DataFrame(data, index = [5,4,6,2,1,3])
print("原始数据:\n",df,"\n")
print("使用"&"进行筛选:\n",
        df.loc[(df['Maths']>80)&(df['Chinese']>85), ['Name','Year']],"\n")
print("使用"|"进行筛选:\n",
        df.loc[(df['Maths']>80)|(df['Chinese']>85),['Name','Year']],'"\n"')
print("使用"!= "进行筛选:\n",df.loc[df['Year'] != 2000],"\n")
print("使用 query()进行筛选\n",df.query('Maths == [63,79,100]'))
```

代码的执行结果如下:

```
原始数据:
    Name  Year  Maths  Chinese  English
5   小明    1998   84     76       70
4   小胡    2002   79     84       74
6   小花    1998   63     56       70
2   小杨    2000   96     98       99
1   小朱    2002  100    100      100
3   小赵    2000   92     91       94

使用"&"进行筛选:
    Name  Year
2   小杨    2000
1   小朱    2002
3   小赵    2000

使用"|"进行筛选:
    Name  Year
5   小明    1998
2   小杨    2000
1   小朱    2002
3   小赵    2000

使用"!= "进行筛选:
    Name  Year  Maths  Chinese  English
5   小明    1998   84     76       70
4   小胡    2002   79     84       74
6   小花    1998   63     56       70
1   小朱    2002  100    100      100

使用 query()进行筛选:
    Name  Year  Maths  Chinese  English
4   小胡    2002   79     84       74
6   小花    1998   63     56       70
1   小朱    2002  100    100      100
```

10. 数据汇总

DataFrame 数据可以通过 sum() 函数对每列或每行求和汇总,在默认情况下 axis=0,按列求和,如果 axis=1,则按行求和,代码如下:

```
df = pd.DataFrame({'Name':['小明','小胡','小花','小杨','小朱','小赵'],
                   'Year':[1998,2002,1998,2000,2002,2000],
                   'Maths':[84,79,63,96,100,92],
                   'Chinese':[76,84,56,98,100,91],
                   'English':[70,74,70,99,100,94]}, index = [5,4,6,2,1,3])
print("原始数据:\n",df,"\n")
print("按列汇总:\n",df.sum(),"\n")
print("按行汇总:\n",df.sum(axis = 1),"\n")
```

代码的执行结果如下:

```
原始数据:
    Name  Year  Maths  Chinese  English
5   小明   1998    84       76       70
4   小胡   2002    79       84       74
6   小花   1998    63       56       70
2   小杨   2000    96       98       99
1   小朱   2002   100      100      100
3   小赵   2000    92       91       94

按列汇总:
Name        小明小胡小花小杨小朱小赵
Year                   12000
Maths                    514
Chinese                  505
English                  507
dtype: object

按行汇总:
 5    2228
 4    2239
 6    2187
 2    2293
 1    2302
 3    2277
dtype: int64
```

11. 数据描述与统计

DataFrame 数据的描述性统计通过 describe() 函数实现,通过计数值、平均值、标准差、最大值、最小值及 25%、50%、75% 三个百分数来刻画数据的集中和离散程度等分布状态,而 DataFrame 数据的协方差和相关性分别通过 cov() 函数和 corr() 函数实现统计分析,代码如下:

```
df = pd.DataFrame({'Name':['小明','小胡','小花','小杨','小朱','小赵'],
                   'Year':[1998,2002,1998,2000,2002,2000],
                   'Maths':[84,79,63,96,100,92],
                   'Chinese':[76,84,56,98,100,91],
                   'English':[70,74,70,99,100,94]},index=[5,4,6,2,1,3])
print("数据描述:\n",df.describe())
```

代码的执行结果如下:

```
数据描述:
            Year         Maths       Chinese       English
count    6.000000      6.000000      6.000000      6.000000
mean  2000.000000     85.666667     84.166667     84.500000
std      1.788854     13.515423     16.424575     14.638989
min   1998.000000     63.000000     56.000000     70.000000
25%   1998.500000     80.250000     78.000000     71.000000
50%   2000.000000     88.000000     87.500000     84.000000
75%   2001.500000     95.000000     96.250000     97.750000
max   2002.000000    100.000000    100.000000    100.000000
```

Maths 列与 Chinese 列的协方差,代码如下:

```
print("Maths 列与 Chinese 列的协方差:\n",df['Maths'].cov(df['Chinese']),"\n")
print("数据表中所有字段间的协方差:\n",df.cov())
```

代码的执行结果如下:

```
Maths 列与 Chinese 列的协方差:
213.2666666666667

数据表中所有字段间的协方差:
          Year       Maths      Chinese     English
Year       3.2    12.800000    20.800000      13.6
Maths     12.8   182.666667   213.266667     171.0
Chinese   20.8   213.266667   269.766667     207.9
English   13.6   171.000000   207.900000     214.3
```

DataFrame 数据的相关性函数 corr()应用,代码如下:

```
print("Maths 列与 Chinese 列的相关性:\n",df['Maths'].corr(df['Chinese']),"\n")
print("数据表中所有字段间的相关性:\n",df.corr())
```

代码的执行结果如下:

```
Maths 列与 Chinese 列的相关性:
 0.9607252084810206
```

```
数据表中所有字段间的相关性：
          Year      Maths     Chinese   English
Year      1.000000  0.529426  0.707936  0.519341
Maths     0.529426  1.000000  0.960725  0.864282
Chinese   0.707936  0.960725  1.000000  0.864668
English   0.519341  0.864282  0.864668  1.000000
```

12. 合并数据

在数据分析中,需要对来自不同数据源中的数据进行合并。在 Pandas 中有两种方法,分别是 merge()方法和 concat()方法,可以完成这样的数据融合工作。这两种方法的常用函数调用方法分别如下:

```
pandas.merge(left,right,how = 'inner')
pandas.concat(objs,axis = 0,join = 'outer')
```

其中,

left 和 right：表示两个不同的 DataFrame 类型数据。

how：指定合并方法,默认内部合并。

on：指定用于合并的列名。

objs：指定参与合并的对象,不可缺省参数。

axis：指定合并的轴向。

join：指定合并的方法,默认外部合并。

merge()函数实现 DataFrame 数据的融合,代码如下:

```
price = pd.DataFrame({'蔬菜':['黄瓜','茄子','萝卜','茄子'],'价格':[3,5,7,8]})
weight = pd.DataFrame({'蔬菜':['黄瓜','茄子','萝卜'],'质量':[8,10,9]})
print("原始蔬菜价格:\n",price,"\n")
print("原始蔬菜质量:\n",weight,"\n")
print("蔬菜价格和质量数据合并:\n",pd.merge(price,weight))
```

代码的执行结果如下:

```
原始蔬菜价格:
    蔬菜   价格
0   黄瓜    3
1   茄子    5
2   萝卜    7
3   茄子    8

原始蔬菜质量:
    蔬菜   质量
0   黄瓜    8
1   茄子   10
2   萝卜    9
```

```
蔬菜价格和质量数据合并:
    蔬菜   价格   质量
0   黄瓜    3     8
1   茄子    5    10
2   茄子    8    10
3   萝卜    7     9
```

concat()函数实现 DataFrame 数据的拼接,代码如下:

```
data1 = pd.DataFrame(np.arange(12).reshape(3,4),columns = ['A','B','C','D'])
data2 = pd.DataFrame({'id':['511021','511022','51123','511024'],
                      'sub1':[56,78,67,91],
                      'sub2':[65,83,60,94],
                      'sub3':[50,77,63,97]})
# display(data1,data2,pd.concat([data1,data2],axis = 0))
print("data1 原始数据:\n",data1,"\n")
print("data2 原始数据:\n",data2,"\n")
print("数据外部合并:\n",pd.concat([data1,data2],axis = 0,join = 'outer'),"\n")
print("数据内部合并:\n",pd.concat([data1,data2],axis = 1,join = 'inner'),"\n")
```

代码的执行结果如下:

```
data1 原始数据:
    A  B   C   D
0   0  1   2   3
1   4  5   6   7
2   8  9  10  11

data2 原始数据:
       id  sub1  sub2  sub3
0  511021    56    65    50
1  511022    78    83    77
2   51123    67    60    63
3  511024    91    94    97

数据外部合并:
     A    B     C     D      id  sub1  sub2  sub3
0  0.0  1.0   2.0   3.0     NaN   NaN   NaN   NaN
1  4.0  5.0   6.0   7.0     NaN   NaN   NaN   NaN
2  8.0  9.0  10.0  11.0     NaN   NaN   NaN   NaN
0  NaN  NaN   NaN   NaN  511021  56.0  65.0  50.0
1  NaN  NaN   NaN   NaN  511022  78.0  83.0  77.0
2  NaN  NaN   NaN   NaN   51123  67.0  60.0  63.0
3  NaN  NaN   NaN   NaN  511024  91.0  94.0  97.0
```

```
数据内部合并:
     A    B     C     D      id    sub1   sub2   sub3
0   0.0   1.0   2.0   3.0   511021    56     65     50
1   4.0   5.0   6.0   7.0   511022    78     83     77
2   8.0   9.0  10.0  11.0    51123    67     60     63
3   NaN   NaN   NaN   NaN   511024    91     94     97
```

8.2.3　Pandas 数据载入

11min

对于数据分析而言,访问数据是 Python 数据分析的第 1 步,而将表格型数据读取为 DataFrame 对象是 Pandas 的重要特性,常见的 Pandas 解析数据函数见表 8-4。

表 8-4　常见的 Pandas 解析数据函数列表

函　数　名	说　　明
read_csv	从文件、URL 或文件型对象读取用英文逗号分隔好的数据
read_excel	从 Excel 的.xls 或.xlsx 格式文件中读取异质型表格数据
read_json	从 JSON(JavaScript Object Notation)字符串中读取数据

1. 载入 CSV 文件

CSV(Comma-Separated Values,CSV)文件也称为逗号分隔值文件,是一种以纯文本形式存储表格数据的文件。

在 Pandas 中使用 read_csv()函数来读取 CSV 文件,其通常的调用格式如下,参数说明见表 8-5。

```
pandas.read_csv(filepath_or_buffer, sep = ',', header = 'infer', names = None, encoding = None)
```

表 8-5　pandas.read_csv 常用参数及其说明

参　数　名　称	说　　明
filepath_or_buffer	表示文件的存储路径,接收字符串参数,无默认值
sep	表示分隔符,接收字符串参数,默认为逗号","
header	表示列名的行号,接收 int 值参数,默认为 infer,表示自动识别
names	表示二维表列名的设置,接收 array 值参数,默认为 None
encoding	表示 Unicode 的文本编码格式,接收字符串,常用 UTF-8 等编码格式

data-pd01.csv 文件的内容如图 8-2 所示。

```
data-pd01.csv - 记事本
文件(F)  编辑(E)  格式(O)  查看(V)  帮助(H)
姓名,性别,年龄,生源地
赵一,男,18,河南
钱二,男,19,浙江
孙三,男,18,广东
李四,男,20,陕西
小明,男,18,贵州
小花,女,18,四川
```

图 8-2　data-pd01.csv 文件的内容

对 data-pd01.csv 文件进行读取,并输出其内容,代码如下:

```
#第8章/8-9.py
import pandas as pd        #导入 Pandas 模块,并重命名为 pd
df = pd.read_csv("D:\\Excercise\\JupyterNotebook\\datasets\\data-pd01.csv")
print(df)
```

代码的执行结果如下:

```
   姓名  性别  年龄  生源地
0  赵一   男   18   河南
1  钱二   男   19   浙江
2  孙三   男   18   广东
3  李四   男   20   陕西
4  小明   男   18   贵州
5  小花   女   18   四川
```

2. 载入 Excel 文件

Pandas 模块提供的 read_excel()函数可以从 Excel 电子表格中读取.xls、.xlsx、.xlsm 等多种格式的数据并保存到 DataFrame 中,其通常的调用格式如下,参数说明见表 8-6。

pandas.read_excel(io,sheet_name = 0,header = 0,names = None,index_col = None)

表 8-6　pandas.read_excel 常用参数及其说明

参 数 名 称	说　　明
io	表示文件的存储路径,接收字符串参数,无默认值
sheet_name	表示要读取的工作表名或序号,默认读取最左边的工作表
header	表示用第几行数据作为列名,默认为 0,第 1 行的数据作为表头
names	表示自定义表头的名称,接收数组参数
index_col	表示指定列为索引列,默认为 None,也就是索引为 0 的列作为行标签

data-pd02.xlsx 的内容如图 8-3 所示。

图 8-3　data-pd02.xlsx 文件的内容

下面的代码用于读取 data-pd02.xlsx 文件中的内容并显示,代码如下:

```
♯第8章/8-10.py
import pandas as pd        ♯导入 Pandas 模块,并重命名为 pd

df = pd.read_excel("D:\\Excercise\\JupyterNotebook\\datasets\\data-pd02.xlsx")
print(df)
```

代码的执行结果如下:

```
   姓名  性别  年龄  生源地
0  赵一   男   18  河南
1  钱二   男   19  浙江
2  孙三   男   18  广东
3  李四   男   20  陕西
4  小明   男   18  贵州
5  小花   女   18  四川
```

3. 载入 JSON 文件

JSON 是一种轻量级的数据交换格式,已经成为网络或程序之间轻松传递字符串信息的标准格式。

在 Pandas 中使用 read_json()函数来读取 JSON 文件,其通常的调用格式如下,参数说明见表 8-7。

pandas.read_json(path_or_buf = None, orient = None, type = 'frame', dtype = True, encoding = None)

表 8-7 pandas.read_json 常用参数及其说明

参 数 名 称	说　　明
path_or_buf	文件的存储路径,接收字符串参数,无默认值
orient	预期的 JSON 字符串格式,接收字符串参数
type	要转换 JSON 文件的格式(series 或 frame),默认为 frame
dtype	如果值为 True,则要推断数据类型。如果值为 False,则不推断数据类型
encoding	用于解码 py3 字节的编码,默认为 UTF-8

data-pd03.json 文件的内容如图 8-4 所示。

```
📄 *data-pd03.json - 记事本
文件(F)  编辑(E)  格式(O)  查看(V)  帮助(H)
{"性别":{"赵一":"男","钱二":"男","孙三":"男","李四":"男","小明":"男","小花":"女"},
"年龄":{"赵一":18,"钱二":19,"孙三":18,"李四":20,"小明":18,"小花":18},
"生源地":{"赵一":"河南","钱二":"浙江","孙三":"广东","李四":"陕西","小明":"贵州","小花":"四川"}}
```

图 8-4　data-pd03.json 文件的内容

下面的代码用于读取 data-pd03.json 文件,并输出其内容,代码如下:

```
#第8章/8-11.py
import pandas as pd        #导入 Pandas 模块,并重命名为 pd

df = pd.read_json("D:/Excercise/JupyterNotebook/datasets/data-pd03.json")
print(df)
```

代码的执行结果如下:

```
     性别 年龄 生源地
赵一   男   18   河南
钱二   男   19   浙江
孙三   男   18   广东
李四   男   20   陕西
小明   男   18   贵州
小花   女   18   四川
```

注意:Windows 的路径可以接受"/""\",但是由于"\"在 Python 中是作为转义符使用的,所以在 Python 中若想在路径中使用"\",则要写成"\\",否则只能用"/"来表示。

8.2.4 Pandas 数据分组与聚合

在 Pandas 中,数据分组是指使用特定的条件将原数据划分为多个组,数据聚合是指对每个分组数据执行某些操作,最后将计算的结果进行整合,其中,Pandas 内置的常用聚合函数有 sum()、mean()、max()、min()、count()和 std()等。数据分组与数据聚合的过程展示如图 8-5 所示。

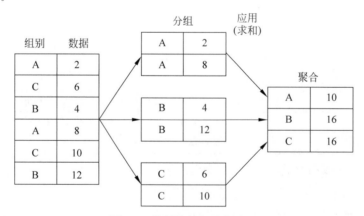

图 8-5 数据分组与聚合过程

分组与聚合的过程大致分为以下 3 个步骤。

第 1 步:将数据集按照一定标准拆分为若干个分组。

第 2 步:将某个功能函数或方法应用到每个分组。

第 3 步：将产生的新值整合到结果对象中。

1. 数据分组

在 Pandas 中，通过 groupby() 方法根据某个或某几个字段将数据分成若干个组，其函数的调用格式如下，参数说明见表 8-8。

DataFrame.groupby(by = None, axis = 0, level = None, as_index = True, sort = True)

表 8-8　DataFrame.groupby 常用参数及其说明

参 数 名 称	说　　　明
by	确定分段的依据，可接收函数、字典、Series 等参数，常用列名
axis	指定操作的轴方向，默认对列的值属性进行分组
level	表示标签所在级别，默认为 None
as_index	表示分组列名是否作为输出的索引，默认值为 True
sort	表示分组依据和分组标签排序，默认值为 True

```
♯第 8 章/8-12.py
import pandas as pd          ♯导入 Pandas 模块，并重命名为 pd
import numpy as np           ♯导入 NumPy 模块，并重命名为 np

df = pd.DataFrame({'主公':['曹操','刘备','孙权','曹操','刘备','孙权"],
                "将军":["曹仁","关羽","周瑜","典韦","张飞","黄盖"],
                'data1':np.random.rand(6) * 100,
                'data2':np.random.rand(6) * 100}).round()
print("原始数据:\n",df,"\n")
group1 = df.groupby(df['将军']).sum()
print("单键分组:\n",group1,"\n")
group2 = df.groupby([df['将军'],df['主公']]).sum()
print("多键分组:\n",group2,"\n")
group3 = df['data1'].groupby([df['将军'],df['主公']]).sum().unstack()
print("一键多索引:\n",group3)
```

代码的执行结果如下：

```
原始数据:
    主公   将军   data1   data2
0   曹操   曹仁   32.0   56.0
1   刘备   关羽   69.0   75.0
2   孙权   周瑜   54.0   83.0
3   曹操   典韦   36.0   85.0
4   刘备   张飞   96.0   26.0
5   孙权   黄盖    4.0   47.0
```

```
单键分组：
        data1  data2
将军
关羽    69.0   75.0
典韦    36.0   85.0
周瑜    54.0   83.0
张飞    96.0   26.0
曹仁    32.0   56.0
黄盖     4.0   47.0


多键分组：
            data1   data2
将军   主公
关羽   刘备   69.0   75.0
典韦   曹操   36.0   85.0
周瑜   孙权   54.0   83.0
张飞   刘备   96.0   26.0
曹仁   曹操   32.0   56.0
黄盖   孙权    4.0   47.0


一键多索引：
主公   刘备    孙权    曹操
将军
关羽   69.0    NaN    NaN
典韦   NaN     NaN    36.0
周瑜   NaN     54.0   NaN
张飞   96.0    NaN    NaN
曹仁   NaN     NaN    32.0
黄盖   NaN     4.0    NaN
```

2. 数据聚合

Pandas 数据聚合就是对分组后的数据进行求总和、最大值、最小值、平均值等计算，将其转换成标量数据的过程。在 Pandas 中，agg()和 apply()函数都支持对每个分组应用某个内置聚合函数，也包括自定义的聚合函数，代码如下：

```python
# 第8章/8-13.py
import pandas as pd            # 导入 Pandas 模块，并重命名为 pd
import numpy as np             # 导入 NumPy 模块，并重命名为 np

df = pd.DataFrame({'k1':['A','B','C','A','C',"B"],
                   "k2":["one","two","three","one","three","two"],
                   'd1':np.random.rand(6) * 100,
                   'd2':np.random.rand(6) * 100}).round()
print("原始数据:\n",df,"\n")
group1 = df.groupby(['k1','k2']).agg('mean')
print("均值聚合:\n",group1.agg('mean'),"\n")
print("多函数聚合:\n",df.groupby(['k1','k2']).agg('sum','mean'),'\n')
```

代码的执行结果如下：

```
原始数据:
   k1    k2    d1    d2
0  A    one  30.0  42.0
1  B    two  54.0  29.0
2  C  three  53.0  76.0
3  A    one  74.0  53.0
4  C  three  59.0  65.0
5  B    two  75.0  50.0

均值聚合:
d1    57.5
d2    52.5
dtype: float64

多函数聚合:
             d1     d2
k1 k2
A  one    104.0   95.0
B  two    129.0   79.0
C  three  112.0  141.0
```

apply()函数用来返回多维数据，代码如下：

```python
#apply()函数用来进行不同分组缺失数据的填充计算,返回多维数据
#agg()函数可以实现对不同的字段应用不同的函数,但 apply()函数不行
group2 = df.groupby('k2')
print("apply()聚合函数的应用:\n",group2['d1','d2'].apply(np.mean))
```

代码的执行结果如下：

```
apply()聚合函数的应用:
         d1    d2
k2
one    21.0  37.5
three  24.5  55.0
two    61.5  84.5
```

8.2.5　Pandas 数据清洗

Pandas 数据清洗是对一些没有用的数据进行处理、填充缺失的数据值、光滑噪声、识别离群点并纠正数据中的不一致数据的过程。

对于缺失值的处理，一般通过 dropna()方法删除缺失值的行，其函数的调用格式如下，参数说明见表 8-9。

```python
dropna(axis = 0, how = 'any', thresh = None)
```

表 8-9　dropna 的参数使用说明

参 数 名 称	说　　　明
axis	默认 axis＝0,当某行出现缺失值时,删除该行并返回；axis＝1,当某列出现缺失值时,删除该列
how	确定缺失值数量,默认 how＝'any',表示只要某行有缺失值就将该行删除；如果 how＝'all',则表示某行全部为缺失值时才删除
thresh	设置阈值,当行列中非缺失值的数量少于给定的值时就将该行删除

典型的处理缺失值的方法,除了删除缺失值,还可以使用初始值、均值或高频值填充,以便代替数据缺失的记录。Pandas 库中提供了 fillna()方法来替代缺失值,其函数的调用格式如下,参数说明见表 8-10。

```
fillna(value = None, method = None, axis = None)
```

表 8-10　fillna 的参数使用说明

参 数 名 称	说　　　明
value	填充缺失值的标量值或字典对象
method	插值方式
axis	指定填充的轴方向,默认为 axis＝0

1. 清洗空值

在进行数据分析时,许多数据经常会有空值或缺失值的情况。利用 Pandas 查询数据表中空值或缺失值的函数有两个: isnull()和 notnull()。isnull()的返回值为 True,表示是空值或缺失值,而 notnull()的返回结果刚好相反,代码如下:

```python
#第 8 章/8 - 14.py
import pandas as pd            #导入 Pandas 模块,并重命名为 pd
import numpy as np             #导入 NumPy 模块,并重命名为 np

#空值/缺失值检查
data = pd.Series(['A', 'B', np.nan, 'D'])
print("原始数据:\n", data, '\n')
print("缺失值 isnull()函数检测:\n", data.isnull(), "\n")
print("缺失值 notnull()函数检测:\n", data.notnull())
```

代码的执行结果如下:

```
原始数据:
0     A
1     B
2     NaN
3     D
dtype: object
```

```
缺失值 isnull()函数检测:
0    False
1    False
2    True
3    False
dtype: bool

缺失值 notnull()函数检测:
0    True
1    True
2    False
3    True
dtype: bool
```

空值/缺失值统计,代码如下:

```
df = pd.DataFrame(np.arange(20).reshape(4,5),
                  columns = ['a','b','c','d','e'],
                  index = ['A','B','C','D'])
df.iloc[1,2:4] = np.nan
df['f'] = np.nan
print("原始数据:\n",df,"\n")
print("缺失值检测:\n",df.isnull().sum(),"\n")
print("缺失值信息:")
print(df.info())
```

代码的执行结果如下:

```
原始数据:
     a    b    c     d     e   f
A    0    1    2.0   3.0   4   NaN
B    5    6    NaN   NaN   9   NaN
C    10   11   12.0  13.0  14  NaN
D    15   16   17.0  18.0  19  NaN

缺失值检测:
a    0
b    0
c    1
d    1
e    0
f    4
dtype: int64

缺失值信息:
< class 'pandas.core.frame.DataFrame'>
Index: 4 entries, A to D
Data columns (total 6 columns):
```

```
# Column   Non - Null Count   Dtype
---  ------   --------------    -----
0   a       4 non - null      int32
1   b       4 non - null      int32
2   c       3 non - null      float64
3   d       3 non - null      float64
4   e       4 non - null      int32
5   f       0 non - null      float64
dtypes: float64(3), int32(3)
memory usage: 176.0 + Bytes
None
```

空值/缺失值删除,代码如下:

```
df = pd.DataFrame(np.arange(20).reshape(4,5),columns = ['a','b','c','d','e'],index = ['A','B','C','D'])
df.iloc[:,2] = np.nan
df.iloc[2,:] = np.nan
print("原始数数据:\n",df,"\n")
df1 = df.dropna()              #该命令等价于 df.dropna(axis = 0,how = 'any')
print("删除有 NaN 的行(默认):\n",df1,"\n")
df2 = df.dropna(axis = 0,how = 'any')
print("删除有 NaN 的行:\n",df2,"\n")
df3 = df.dropna(axis = 0,how = 'all')
print("删除全行为 NaN 的行:\n",df3,"\n")
df4 = df.dropna(axis = 1,how = 'any')
print("删除有 NaN 的列:\n",df4,"\n")
df5 = df.dropna(axis = 1,how = 'all')
print("删除全列为 NaN 的列:\n",df5)
df6 = df.dropna(axis = 0,how = "all").dropna(axis = 1,how = "all")
print("删除全行全列为 NaN 的行列:\n",df6)
```

代码的执行结果如下:

```
原始数数据:
      a     b     c     d     e
A    0.0   1.0   NaN   3.0   4.0
B    5.0   6.0   NaN   8.0   9.0
C    NaN   NaN   NaN   NaN   NaN
D    15.0  16.0  NaN   18.0  19.0

删除有 NaN 的行(默认):
Empty DataFrame
Columns: [a, b, c, d, e]
Index: []

删除有 NaN 的行:
```

```
Empty DataFrame
Columns: [a, b, c, d, e]
Index: []

删除全行为 NaN 的行：
      a      b    c      d      e
A   0.0    1.0  NaN    3.0    4.0
B   5.0    6.0  NaN    8.0    9.0
D  15.0   16.0  NaN   18.0   19.0

删除有 NaN 的列：
Empty DataFrame
Columns: []
Index: [A, B, C, D]

删除全列为 NaN 的列：
      a      b      d      e
A   0.0    1.0    3.0    4.0
B   5.0    6.0    8.0    9.0
C   NaN    NaN    NaN    NaN
D  15.0   16.0   18.0   19.0

删除全行全列为 NaN 的行列：
      a      b      d      e
A   0.0    1.0    3.0    4.0
B   5.0    6.0    8.0    9.0
D  15.0   16.0   18.0   19.0
```

空值与缺失值填充，代码如下：

```
df = pd.DataFrame(np.arange(20).reshape(4,5),columns = ['a','b','c','d','e'],index = ['A','B',
'C','D'])
df.iloc[:2,2] = np.nan
df.iloc[2,:3] = np.nan
print("原始数据:\n",df,"\n")
print("缺失值\"0\"填充:\n",df.fillna(value = 0),"\n")
print("数据表\'d\'列均值填充:\n",df.fillna(value = df['d'].mean()))
```

代码的执行结果如下：

```
原始数数据:
      a      b      c    d    e
A   0.0    1.0   NaN    3    4
B   5.0    6.0   NaN    8    9
C   NaN    NaN   NaN   13   14
D  15.0   16.0  17.0   18   19
```

```
缺失值"0"填充:
     a     b     c     d    e
A  0.0   1.0   0.0    3    4
B  5.0   6.0   0.0    8    9
C  0.0   0.0   0.0   13   14
D 15.0  16.0  17.0   18   19


数据表'd'列均值填充:
     a     b     c     d    e
A  0.0   1.0  10.5    3    4
B  5.0   6.0  10.5    8    9
C 10.5  10.5  10.5   13   14
D 15.0  16.0  17.0   18   19
```

2. 清洗格式错误的数据

数据格式错误或不一致会极大地影响数据分析的结果和过程。在进行数据分析前,可以将包含格式错误或不一致的行/列的所有数据转换为相同格式的数据,代码如下:

```python
#第8章/8-15.py
import pandas as pd                 #导入 Pandas 模块,并重命名为 pd
import numpy as np                  #导入 NumPy 模块,并重命名为 np

df = pd.DataFrame({'date':['2023/01/01','2023/01/09','20231023'],'data1':[12.34,100,99.34],
'data2':['one','two','three']})
print("原始数据:\n",df,"\n")
df['data1'] = df['data1'].astype(np.int16)     #将'data1'列数值的数据类型统一为整型数据
print("data1 数据类型统一: \n",df,"\n")
df['date'] = pd.to_datetime(df['date'])        #'date'列日期数据日期格式化
print("date 数据格式统一: \n",df,"\n")
```

代码的执行结果如下:

```
原始数据:
        date    data1  data2
0  2023/01/01   12.34    one
1  2023/01/09  100.00    two
2    20231023   99.34  three

data1 数据类型统一:
        date  data1  data2
0  2023/01/01     12    one
1  2023/01/09    100    two
2    20231023     99  three
```

```
date数据格式统一:
        date   data1  data2
0 2023-01-01    12   one
1 2023-01-09   100   two
2 2023-10-23    99  three
```

3. 清洗错误数据

数据错误也是在数据分析过程中经常发生的事情,遇到这种情况,可以对错误数据进行替换或删除,代码如下:

```python
# 第8章/8-16.py
import pandas as pd          # 导入Pandas模块,并重命名为pd

df = pd.DataFrame({'姓名':['小赵','小钱','小孙','小孙'],'年龄':[18,18,19,250],'籍贯':['四川',
'陕西','南方','重庆']})
print("原始数据:\n",df,"\n")

def age(x):
    if x > 20:
        return 18
    else:
        return x
df['年龄'] = df['年龄'].map(age)
print("map()方法修改错误数据: \n",df,"\n")
print("replace()方法修改错误数据:\n",df.replace(['南方'],['不详']))
```

代码的执行结果如下:

```
原始数据:
    姓名   年龄   籍贯
0   小赵    18   四川
1   小钱    18   陕西
2   小孙    19   南方
3   小孙   250   重庆

map()方法修改错误数据:
    姓名   年龄   籍贯
0   小赵    18   四川
1   小钱    18   陕西
2   小孙    19   南方
3   小孙    18   重庆

replace()方法修改错误数据:
    姓名   年龄   籍贯
0   小赵    18   四川
1   小钱    18   陕西
2   小孙    19   不详
3   小孙    18   重庆
```

4. 清洗重复数据

在数据分析中,如果存在重复数据,则只需保留一份,其余的可以去除。在 DataFrame 中一般使用 duplicated()和 drop_duplicates()方法。如果对应的数据是重复的,则 duplicated()的返回值为 True,否则返回值为 False,代码如下:

```
#第8章/8-17.py
import pandas as pd          #导入 Pandas 模块,并重命名为 pd
df = pd.DataFrame({'姓名':['小赵','小钱','小孙','小李','小赵'],'age':[18,19,20,21,18],'籍贯':
['四川','陕西','贵州','重庆','四川']})
print("原始数据:\n",df,"\n")
print("去重数据:\n",df.drop_duplicates())
```

代码的执行结果如下:

```
原始数据:
    姓名   age  籍贯
0   小赵    18   四川
1   小钱    19   陕西
2   小孙    20   贵州
3   小李    21   重庆
4   小赵    18   四川

去重数据:
    姓名   age  籍贯
0   小赵    18   四川
1   小钱    19   陕西
2   小孙    20   贵州
3   小李    21   重庆
```

5min

8.3 综合案例:清洗和预处理学生食堂消费数据

本章案例选取了一份学校某食堂学生 2020 年 10 月 4 日到 2020 年 11 月 4 日一个月的消费数据。内容主要包括交易时间、交易前可用余额、交易后可用余额、交易时间等信息。具体内容可参看 data-pd04.xlsx 文件。

【要求】

运用 Pandas 的文件载入方法读取 data-pd04.xlsx 文件,获取数据表中的空值、缺失值和重复信息,并对空值、缺失值和重复信息进行相应处理,显示经过清洗和预处理后的数据。同时运用数据提取和数据分组聚合方法,对学生一个月的消费金额进行统计和显示。

【目标】

通过该案例的训练,进一步熟悉 Pandas 读取 Excel 文件的方法,全面掌握 Python 程序与 Pandas 数据清洗和数据预处理方法,培养大数据处理的初步能力。

【步骤】

（1）打开 Excel 文件，并显示文件内容，Excel 文件的内容如图 8-6 所示。

```
# 第 8 章/8 - 18.py
import pandas as pd          # 导入 Pandas 模块,并重命名为 pd
import numpy as np           # 导入 NumPy 模块,并重命名为 np

dat = pd.read_excel("D:/Excercise/JupyterNotebook/datasets/data - pd04.xlsx",converters =
{'学工号':str})
dat
```

	学工号	姓名	记账日期	交易时间	终端名称	交易名称	账户名称	可用余额（交易前）	交易金额	可用余额（交易后）	状态	交易描述
0	201124220009	秦朗	2020.10.04	91938.0	食堂2层POS2	IC卡消费	主账户	102.80	8.0	94.8	交易成功	IC卡消费
1	201124220043	陈向阳	20201004	171737.0	食堂2层POS15	支付码消费	主账户	53.60	9.0	44.6	交易成功	支付码消费
2	201124220043	陈向阳	20201004	171737.0	食堂2层POS15	支付码消费	主账户	53.60	9.0	44.6	交易成功	支付码消费
3	NaN	NaN	NaN	NaN	NaN	NaN	NaN	NaN	NaN	NaN	NaN	NaN
4	201124220059	罗德峰	20201003	122201.0	食堂2层POS2	IC卡消费	主账户	70.00	10.5	59.5	交易成功	IC卡消费
...								...				
3294	201124220069	刘名兴	20201102	121436.0	食堂1层POS9	IC卡消费	主账户	80.00	NaN	70.0	交易成功	IC卡消费
3295	201124220033	刘洋	20201102	121453.0	食堂2层POS5	IC卡消费	主账户	46.70	11.0	35.7	交易成功	IC卡消费
3296	201124220077	李彦贺	20201029	180736.0	食堂2层POS10	IC卡消费	主账户	82.00	12.0	70.0	交易成功	IC卡消费
3297	201124220009	秦朗	20201030	174031.0	食堂1层POS20	IC卡消费	主账户	NaN	15.0	274.1	交易成功	IC卡消费
3298	201124220057	何德平	20201031	120554.0	食堂1层POS22	支付码消费	主账户	45.45	11.0	NaN	交易成功	支付码消费

图 8-6　data-pd04.xlsx 数据内容

（2）编写代码，对学生食堂消费信息进行数据清洗和预处理。

```
# 初步获取信息记录的条数
record_num = len(dat)
print("原始数据条数:\n",record_num,"\n")

# 提取有效的列
dat = dat.loc[:,['学工号','姓名','交易时间','可用余额(交易前)','交易金额','可用余额(交易后)']]
print(dat)

# 查看有空值/缺失值的列总数
print("有空值/缺失值的列总数:\n",dat.isnull().any(axis = 0).sum(),"\n")

# 查看全行为空值/缺失值的行总数:
print("全行为空值/缺失值的行总数:\n",dat.isnull().all(axis = 1).sum(),"\n")

# 查看各列空值/缺失值的情况,True 表示有空值,False 表示无空值
print("第 1 次查看有空值的列信息:\n",dat.isnull().any(axis = 0),"\n")

# 删除全行为空值/缺失值的行,并查看信息条数
dat.dropna(axis = 0,how = 'all',inplace = True)
print('删除全行为空值/缺失值的行后信息条数: \n',len(dat),'\n')
```

```
#再次查看各列空值/缺失值的情况
print("第 2 次查看有空值/缺失值的列信息:\n",dat.isnull().any(axis = 0),"\n")

#空值处理,用 0 填充
dat[['可用余额(交易前)','交易金额','可用余额(交易后)']] = dat[['可用余额(交易前)','交易金
额','可用余额(交易后)']].fillna(value = 1)
dat.head()

#第 3 次查看各列空值/缺失值的情况
print("第 3 次查看有空值/缺失值的列信息:\n",dat.isnull().any(axis = 0),"\n")


#去重处理,并查看当前记录数据条数
dat = dat.drop_duplicates().reset_index().drop('index',axis = 1)
print("去重后信息条数:\n",len(dat),"\n")

#分组与聚合,并查看数据表前 5 名学生一个月内在该食堂的消费情况
dat1 = df.groupby(['学工号','姓名'])['交易金额'].sum()
print("查看一个月内学生在该食堂的交易金额:\n",dat1.head(),"\n")

#查看当前整理好数据表信息
print("清洗/预处理的信息表:\n")
dat.head()
```

代码的执行结果如下:

```
原始数据条数:
3289

有空值/缺失值的列总数:
0

全行为空值/缺失值的行总数:
0

第 1 次查看有空值的列信息:
 学工号              False
姓名               False
交易时间             False
可用余额(交易前)        False
交易金额             False
可用余额(交易后)        False
dtype: bool

删除全行为空值/缺失值的行后信息条数:
 3289
```

第2次查看有空值/缺失值的列信息：

学工号	False
姓名	False
交易时间	False
可用余额(交易前)	False
交易金额	False
可用余额(交易后)	False

dtype: bool

第3次查看有空值/缺失值的列信息：

学工号	False
姓名	False
交易时间	False
可用余额(交易前)	False
交易金额	False
可用余额(交易后)	False

dtype: bool

去重后信息条数：
3289

查看一个月内学生在该食堂的交易金额：

学工号	姓名	
201124220001	涂源润	21.5
201124220006	刘爽宇	14.0
201124220008	孙萌萌	19.0
201124220009	秦朗	77.0
201124220014	郑沛琦	30.0

Name: 交易金额, dtype: float64

经过数据处理后,前五位同学的消费信息如图 8-7 所示。

	学工号	姓名	交易时间	可用余额 (交易前)	交易金额	可用余额 (交易后)
0	201124220009	秦朗	91938.0	102.8	8.0	94.8
1	201124220043	陈向阳	171737.0	53.6	9.0	44.6
2	201124220059	罗德峰	122201.0	70.0	10.5	59.5
3	201124220048	薛明华	122210.0	134.0	12.0	122.0
4	201124220059	罗德峰	122347.0	54.0	10.5	43.5

图 8-7 经过清洗/预处理后数据表中前五位同学的消费信息

8.4 小结

本章首先以 ndarray 和 matrix 两个数据类型为对象,对 NumPy 科学计算模块,从创建、编程和运算 3 个方面进行了概要性介绍。其次以 Series 和 DataFrame 两种数据类型为对象,对 Pandas 数据分析模块从数据结构、基本功能、数据载入、数据分组与聚合、数据清洗

5个方面进行了概要性介绍。对 NumPy 和 Pandas 模块的介绍,主要以案例编程进行,目的是希望读者在动手编程的过程中,对两个数学分析模块的主要功能和属性有全面的理解。最后以清洗学生食堂消费数据对本章的知识进行巩固和理解训练。

本章的知识结构如图 8-8 所示。

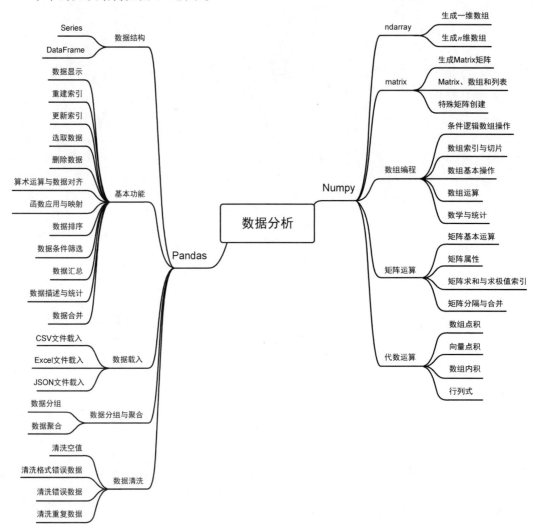

图 8-8　数据分析基础知识结构图

8.5　习题

1. 填空题

(1) 数组有一个比较重要的属性是_____,数组的维数与元素的数量就是通过_____来确定的。

（2）Pandas 的数据结构中有两大核心，分别是_____与_____。

（3）使用 pyplot 子模块实现图表的绘制时，首先可以先创建一个_____，如果需要将整个画布划分成多部分，就可以使用_____的方式实现。

（4）数组的形状（shape）是由_____组成的，由_____来指定的，元组的每个元素对应每维的_____。

（5）Series 是_____和 NumPy 中的_____类似。

2. 选择题

（1）NumPy 中可以获取数组长度的属性是（　　）。

    A. dtype　　　　　　B. shape　　　　　　C. ndim　　　　　　D. size

（2）在 NumPy 中创建一个元素均为 0 的数组可以使用（　　）函数。

    A. zeros()　　　　　B. arange()　　　　　C. linspace()　　　　D. logspace()

（3）在 NumPy 中创建一个全为 0 的矩阵可以使用（　　）函数。

    A. empty()　　　　　B. arange()　　　　　C. zeros()　　　　　D. ones()

（4）在 NumPy 中（　　）函数是获取正弦弧度的。

    A. cos()　　　　　　B. tan()　　　　　　C. hypot()　　　　　D. sin()

（5）正确的导入 Pandas 模块的方式有（　　）。

    A. import sys　　　　　　　　　　　B. import pandas as np

    C. import matplotlib　　　　　　　　D. import pandas

（6）查看 DataFrame 类型数据的前 5 行，正确的语句是（　　）。

    A. df.head(4)　　B. df.tail(3)　　　C. df.head()　　　D. df.tail()

（7）在 Pandas 中以下（　　）函数可以读取 CSV 文件。

    A. read_excel()　　　　　　　　　　B. read_csv()

    C. read_sql_query()　　　　　　　　D. read_Csv()

（8）以下（　　）函数是一个读取数据库的全能函数。

    A. read_sql_query()函数　　　　　　B. read_sql_table()函数

    C. read_sql()函数　　　　　　　　　D. read_SQL()函数

（9）下列关于 DataFrame 的说法正确的是（　　）。

    A. DataFrame 结构是由索引和数据组成的

    B. DataFrame 的行索引位于最右侧

    C. 创建一个 DataFrame 对象时需要指定索引

    D. DataFrame 每列的数据类型必须是相同的

（10）下列选项中，不属于 ndarray 对象属性的是（　　）。

    A. .shape　　　　　B. .dtype　　　　　C. .ndim　　　　　D. .map

3. 判断题

（1）apply()方法可以将某个函数应用到 DataFrame 对象的每个数据。　　　　（　　）

（2）groupby()方法可以将 DataFrame 中的某个列名作为分组键。　　　　　（　　）

（3）使用 merge()函数进行数据合并时,不需要指定合并键。 （　　）

（4）Index 对象可以修改。 （　　）

（5）dropna()方法可以删除数据中所有的缺失值。 （　　）

（6）drop_duplicated()方法可以删除重复值。 （　　）

（7）缺失数据是人为有意造成的。 （　　）

（8）Series 和 DataFrame 都支持切片操作。 （　　）

（9）describe()方法可以一次性输出多个统计指标。 （　　）

（10）Pandas 只有 Series 和 DataFrame 两种数据结构。 （　　）

4. 编程题

根据下列数据完成所列出的编程任务:

```
     订单编号    货物ID 货物名称  单价   数量(斤)  金额(元)
0   2022100101   1001   五花肉   16.0   5.0     80.00
1   2022100102   2002   鸡翅    24.0   5.0     120.00
2   2022100103   5024   蒜薹    34.0   3.0     102.00
3   2022100104   5017   豆角    3.4    4.0     13.60
4   2022100105   1001   五花肉   16.0   2.0     32.00
5   2022100106   5002   大蒜    6.0    3.0     18.00
6   2022100107   2002   鸡翅    24.0   4.0     96.00
7   2022100108   5010   菠菜    1.5    1.5     2.25
8   2022100109   5024   蒜薹    34.0   2.5     85.00
9   20221001010  5017   豆角    3.4    2.0     6.80
```

（1）导入数据分析模块。

（2）将数据输入 Pandas 的 DataFrame 数据结构 df 中。

（3）查看 df 的统计信息。

（4）查看 df 的前 5 行数据。

（5）查看 df 的后 5 行信息。

（6）切片 df,取 1～5 行、1～4 列的所有数据。

（7）获取"五花肉""鸡翅""豆角"和"蒜薹"的销售总额。

（8）删除"货物 ID"列。

（9）将"货物名称"列设置为行索引。

第 9 章

数据可视化

▷ 2min

数据可视化是数据分析与挖掘中一个非常基础及重要的任务,数据可视化是以各种图形或图表的形式展示数据的分析结果或者分析过程,与数据的描述性分析和探索分析相辅相成。数据可视化后,可以更直观地帮助我们快速理解数据,发现数据的关键点,为探索性分析做铺垫。

本章将介绍 Python 中用于数据可视化分析的一些非常重要的包:Matplotlib、Seaborn 和 Pyecharts,并利用这些包中的一些模块实现常见图形的绘制,如散点图、折线图、柱状图、直方图、饼图、箱线图及子图等。

9.1　Matplotlib 绘图

▷ 18min

Matplotlib 最早由 John Hunter 于 2002 年为了可视化癫痫病人的脑皮层电图相关的信号而研发,因为在函数的设计上参考了 MATLAB,所以叫作 Matplotlib,其目的是构建一个 MATLAB 式的绘图函数接口,提供了一整套和 MATLAB 相似的命令 API,既适合交互式制图,也可以方便地将它作为绘图控件嵌入 GUI 应用程序中。

Matplotlib 是 Python 中最常用的可视化工具之一,其中最基础的模块是 pyplot,可以非常方便地创建海量类型的二维图表和一些基本的三维图表,可根据数据集(DataFrame、Series)自行定义 x 轴和 y 轴,绘制图形(折线图、柱状图、直方图、密度图、散点图等),能够满足大部分需要。

在使用 Matplotlib 绘图之前,需要先安装 Matplotlib 库,有以下两种方法。

方法一:在 Python 的环境中直接通过命令 pip install matplotlib 安装,方便快捷。

方法二:在 PyCharm 中依次打开 File→Settings→Project:Python Project→Python Interpreter,在弹出的对话框中搜索 matplotlib 并选中,单击 Install Package 即可。

再导入绘图所用的 pyplot 模块,其导入命令为 import matplot. pyplot as plt。

9.1.1　Matplotlib 绘图基础语法

利用 pyplot 模块绘图主要包含如下三大部分。

1. 创建画布与创建子图

这部分的主要作用是构建出一张空白的画布,并可以选择是否将整个画布划分为多部分,方便在同一张图上绘制多个图形的情况。最简单的绘图可以省略第一部分,而后直接在默认的画布上进行图形绘制,常见的创建画布的参数说明见表 9-1。

表 9-1   创建画布参数说明

函 数 名 称	函 数 作 用
plt.figure	创建一个空白画布,可以指定画布大小、像素
plt.subplot	将画布划分为多部分,并指定选择第几张图片
figure.add_subplot	创建并选中子图,可以指定子图的行数、列数,与选中图片编号

2. 添加画布内容

这部分是绘图的主体部分,其中添加标题、添加坐标轴名称、绘制图形等步骤是并列的,没有先后顺序,可以先绘制图形,也可以先添加各类标签,但是添加图例一定要在绘制图形之后,常见的图形参数的说明见表 9-2。

表 9-2   图形参数的说明

函 数 名 称	函 数 作 用
plt.title	在当前图形中添加标题,可以指定标题的名称、位置、颜色、字体大小等参数
plt.xlabel	在当前图形中添加 x 轴名称,可以指定位置、颜色、字体大小等参数
plt.ylabel	在当前图形中添加 y 轴名称,可以指定位置、颜色、字体大小等参数
plt.xlim	指定当前图形 x 轴的范围,只能确定一个数值区间,而无法使用字符串标识
plt.ylim	指定当前图形 y 轴的范围,只能确定一个数值区间,而无法使用字符串标识
plt.xticks	指定 x 轴刻度的数目与取值
plt.yticks	指定 y 轴刻度的数目与取值
plt.legend	指定当前图形的图例,可以指定图例的大小、位置、标签

3. 保存与展示图形

这部分主要用于保存和显示图形,常见的保存与显示参数的说明见表 9-3。

表 9-3   保存与显示参数说明

函 数 名 称	函 数 作 用
plt.savafig	保存绘制的图片,可以指定图片的分辨率、边缘的颜色等参数
plt.show	在本机显示图形

【例 9-1】   在一张画布上画出 $y=x^2$,$y=x^4$ 的图形并显示出来,其中 x 的取值在 $[0,1]$,代码如下:

```
#第9章/9-1.py
import matplotlib.pyplot as plt
import numpy as np
```

```
x = np.arange(0,1.1,0.1)
plt.figure()          #1.创建画布,可以在画布上画很多图
plt.plot(x,x**2)      #2.绘制图形
plt.plot(x,x**4)
plt.show()            #3.显示图形
```

上述代码的运行结果如图 9-1 所示。

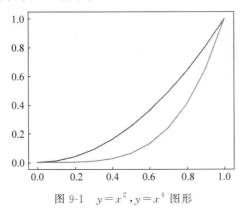

图 9-1　$y = x^2, y = x^4$ 图形

【例 9-2】　在例 9-1 的基础上更加完善丰富我们的画布,如将图的标题名称设定为 'x ** 2 and x ** 4',将 x 轴和 y 轴的左右端点值设定为 0 和 1,给 x 轴贴上标签 x,给 y 轴贴上标签 y,规定 x 轴和 y 轴的刻度为 $[0, 0.2, 0.4, 0.6, 0.8, 1]$,将图片保存到 'C:\\Users\\Administrator\\Desktop\\tmp',文件名为 tuli.png,代码如下:

```
#第9章/9-2.py
import matplotlib.pyplot as plt
import numpy as np
x = np.arange(0,1.1,0.1)
plt.figure()                    #1.创建画布,可以在画布上画很多图
plt.plot(x,x**2)                #2.绘制图形
plt.plot(x,x**4)
plt.xlim(0,1)                   #x的左右端点,即确定x轴的范围
plt.ylim(0,1)
plt.title('x ** 2 and x ** 4') #添加图的标题名称
plt.xlabel('x')                #给x轴贴上标签,即添加x轴的名称
plt.ylabel('y')
plt.xticks([0,0.2,0.4,0.6,0.8,1])  #规定x轴刻度
plt.yticks([0,0.2,0.4,0.6,0.8,1])
plt.legend(['y = x^2','y = x^4'])  #说明哪条线画的是哪个图
plt.savefig('C:\\Users\\Administrator\\Desktop\\tmp\\tuli.png') #在第3步显示图形之前,
                                                                #可保存图形,也可不保存

plt.show()                     #3.显示图形
```

上述代码的运行结果如图 9-2 所示。

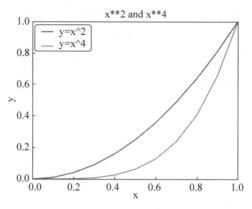

图 9-2 增加图例的 $y=x^2$, $y=x^4$ 图形

【例 9-3】 在一张画布上分别画 $y=x^2$ 和 $y=x^4$ 图形,分别添加图的标题 'x**2 '和 'x**4',将 x 轴和 y 轴的左右端点值设定为 0 和 1,给 x 轴贴上标签 x,给 y 轴贴上标签 y, 规定 x 轴和 y 轴的刻度为 $[0,0.2,0.4,0.6,0.8,1]$,代码如下:

```
#第9章/9-3.py
import matplotlib.pyplot as plt
import numpy as np
x = np.arange(0,1.1,0.1)
plt.figure()                              #1.创建画布,可以在画布上画很多图
plt.subplot(2,1,1)                        #将画布划分为两部分,并选择第1张图片
plt.plot(x,x**2)                          #2.绘制图形
plt.xlim(0,1)                             #x的左右端点,即确定x轴的范围
plt.ylim(0,1)
plt.title('x**2 ')                        #添加图的标题名称
plt.xlabel('x')                           #给x轴贴上标签,即添加x轴的名称
plt.ylabel('y')
plt.xticks([0,0.2,0.4,0.6,0.8,1])         #规定x轴刻度
plt.yticks([0,0.2,0.4,0.6,0.8,1])
plt.subplot(2,1,2)                        #将画布划分为两部分,并选择第2张图片
plt.plot(x,x**4)
plt.xlim(0,1)                             #x的左右端点,即确定x轴的范围
plt.ylim(0,1)
plt.title('x**4 ')                        #添加图的标题名称
plt.xlabel('x')                           #给x轴贴上标签,即添加x轴的名称
plt.ylabel('y')
plt.xticks([0,0.2,0.4,0.6,0.8,1])         #规定x轴刻度
plt.yticks([0,0.2,0.4,0.6,0.8,1])
plt.show()
```

上述代码的运行结果如图 9-3 所示。

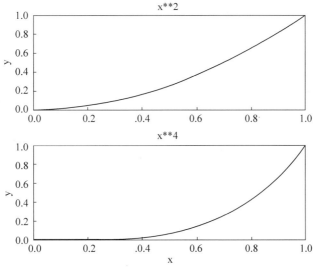

图 9-3 拆分后的 $y = x^2$，$y = x^4$ 图形

9.1.2 散点图

散点图又称为散点分布图，是以一个特征为横坐标，以另一个特征为纵坐标，利用坐标点(散点)的分布形态反映特征间的相关关系的一种图形。散点图的绘图函数为 scatter(x，y，[可选项])，其中 x 表示横轴坐标数据序列，y 表示纵轴坐标数据序列，可选项包含颜色、透明度等，具体的使用格式如下：

```
matplotlib.pyplot.scatter(x, y, s = None, c = None, marker = None, alpha = None, **kwargs)
```

其中，常用散点图的相关参数说明见表 9-4。

表 9-4 散点图的相关参数说明

参 数 名 称	说 明
x，y	接收 array，表示 x 轴和 y 轴对应的数据，无默认值
s	接收数值或者一维的 array，指定点的大小，若传入一维 array，则表示每个点的大小默认为 None
c	接收颜色或者一维的 array。指定点的颜色，若传入一维 array，则表示每个点的颜色默认为 None
marker	接收特定的 string。表示绘制的点的类型，默认为 None
alpha	接收 0~1 的小数。表示点的透明度，默认为 None

【例 9-4】 现有 2011 年第一季度到 2021 年第四季度每个季度的国民经济核算数据，存放于同路径下的"国民经济核算季度数据.csv"中，绘制 2011—2021 年三大产业的散点图，要求用圆圈表示第一产业的产值，五角星表示第二产业的产值，正方形表示第三产业的产值，并分别标注"第一产业""第二产业""第三产业"，图形的标题为"2011—2021 年各产业总值

散点图",图形宽 10 英寸,高 8 英寸,正常显示中文标签和负号,y 轴标签为"生产总值(亿元)",规定 x 轴的刻度取值为 2011 年第一季度、2011 年第二季度等,代码如下:

```python
♯第 9 章/9-4.py
import matplotlib.pyplot as plt
import pandas as pd
data = pd.read_csv('国民经济核算季度数据.csv', encoding = 'gbk')
plt.figure(figsize = (10,8))                        ♯图形宽 10 英寸,高 8 英寸
plt.rcParams['font.sans-serif'] = 'SimHei'          ♯设置中文显示,正常显示中文标签
plt.rcParams['axes.unicode_minus'] = False          ♯正常显示负号
plt.scatter(data.iloc[:,1], data.iloc[:,3], marker = 'o')
plt.scatter(data.iloc[:,1], data.iloc[:,4], marker = '*')
plt.scatter(data.iloc[:,1], data.iloc[:,5], marker = 'D')
plt.xticks(range(0,44,4), data.iloc[range(0,44,4),1], rotation = 45)  ♯rotation 转换角
                                                                       ♯度 45°。
plt.legend(['第一产业', '第二产业', '第三产业'])
plt.title('2011—2021年各产业总值散点图')
plt.ylabel('生产总值(亿元)')
plt.show()
```

上述代码的运行结果如图 9-4 所示。

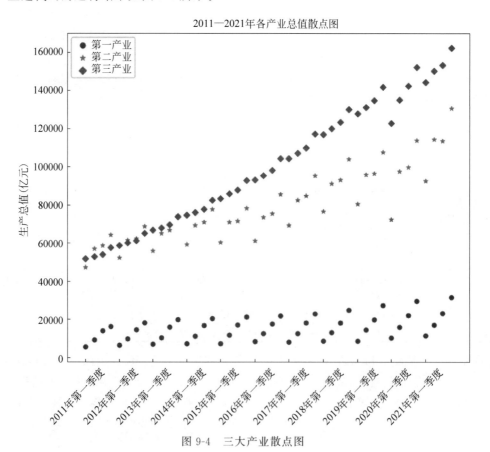

图 9-4 三大产业散点图

从图 9-4 可以直观地看到三大产业生产总值从 2011 年第一季度开始到 2021 年第四季度整体上呈现上升趋势,其中第三产业增长较快,第二产业增长相对慢一点,第一产业增长幅度最小,并且第一产业生产总值随着季度的变化呈规律性的变化。

9.1.3 折线图

折线图(Line Chart)是一种将数据点按照顺序连接起来的图形。可以看作将散点图,按照 x 轴坐标顺序连接起来的图形。折线图的主要功能是查看因变量 y 随着自变量 x 改变的趋势,最适合用于显示随时间变化的连续数据趋势。同时还可以看出数量的差异,以及增长趋势的变化。创建折线图所用到的函数如下:

matplotlib.pyplot.plot(* args, ** kwargs)

plot()函数在官方文档的语法中只要求填入不定长参数,实际可以填入的主要参数见表 9-5。

表 9-5 折线图参数说明

参 数 名 称	说　　　明
x,y	接收 array,表示 x 轴和 y 轴对应的数据,无默认值
color	接收特定 string,指定线条的颜色,默认为 None
linestyle	接收特定 string,指定线条类型,默认为"—"
marker	接收特定 string,表示绘制的点的类型,默认为 None
alpha	接收 0~1 的小数,表示点的透明度,默认为 None

【例 9-5】 沿用例 9-4 的数据和要求画折线图,代码如下:

```
#第 9 章/9 - 5.py
import pandas as pd
import matplotlib.pyplot as plt
data = pd.read_csv('国民经济核算季度数据.csv',encoding = 'gbk')
print(data)
plt.figure(figsize = (10,8))
plt.rcParams['font.sans - serif'] = 'SimHei'          #设置中文显示
plt.rcParams['axes.unicode_minus'] = False
plt.plot(data.iloc[:,1],data.iloc[:,3],marker = 'o',linestyle = '-- ')
#marker 每个数据点处用什么记号来标记。linestyle 是用什么线把这些数据点连接起来。折线
#图中 marker 参数可省略
plt.plot(data.iloc[:,1],data.iloc[:,4],marker = '*')
plt.plot(data.iloc[:,1],data.iloc[:,5],marker = 'D')
plt.xticks(range(0,44,4),data.iloc[range(0,44,4),1],rotation = 45) #rotation 转换角度 45°
plt.legend(['第一产业','第二产业','第三产业'])
plt.title('2011—2021 年各产业总值折线图')
plt.ylabel('生产总值(亿元)')
plt.show()
```

上述代码的运行结果如图 9-5 所示。

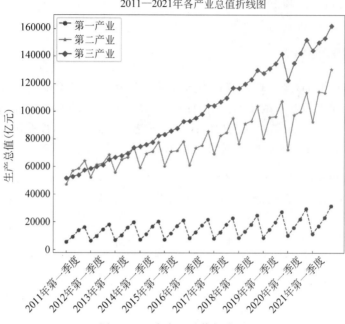

图 9-5　三大产业总值折线图

从图 9-5 可以得到和图 9-4 相同的结论,但是从图形上看,针对时间序列数据,要观察经济现象指标值随时间变化而变化的规律,折线图比散点图更合适。

9.1.4　柱状图

柱状图是一种以长方形的长度作为变量的统计图表,由一系列高度不等的纵向长方形表示数据分布的情况,用来比较两个及以上的数值(不同时间或者不同条件),柱状图只有一个变量,通常用于较小的数据集分析。柱状图亦可横向排列,或用多维方式表达。柱状图展示的是数值对比关系,可以通过长方形的长度表现哪些类别高,哪些类别低等情况。创建柱状图所用到的函数如下:

```
matplotlib.pyplot.bar(left,height,width = 0.8,bottom = None,hold = None,data = None, ** kwargs)
```

常用参数及说明见表 9-6。

表 9-6　柱状图常用参数说明

参 数 名 称	说　　　明
left	接收 array,表示 x 轴数据,无默认值
height	接收 array,表示 x 轴所代表数据的数量,无默认值
width	接收 0~1 之间的 float,指定直方图的宽度,默认值为 0.8
color	接收特定 string 或者包含颜色字符串的 array,表示柱状图的颜色,默认为 None

【**例 9-6**】 沿用例 9-4 的数据,先求出 2020 年第一产业总增加值、第二产业总增加值、第三产业总增加值,然后绘制 2020 三大产业的柱状图来比较 2020 年三大产业总增加值,代码如下:

```
#第 9 章/9 - 6.py
import pandas as pd
import matplotlib.pyplot as plt
data = pd.read_csv('国民经济核算季度数据.csv',encoding = 'gbk')
print(data)
economy1 = data.iloc[36,3] + data.iloc[37,3] + data.iloc[38,3] + data.iloc[39,3]
economy2 = data.iloc[36,4] + data.iloc[37,4] + data.iloc[38,4] + data.iloc[39,4]
economy3 = data.iloc[36,5] + data.iloc[37,5] + data.iloc[38,5] + data.iloc[39,5]
x = ('第一产业','第二产业','第三产业')
y = [economy1,economy2,economy3]
plt.figure(figsize = (8,6))
plt.rcParams['font.sans - serif'] = 'SimHei'          #设置中文显示
plt.rcParams['axes.unicode_minus'] = False
plt.title('2020 年总增加值')
plt.xlabel('产业')
plt.ylabel('增加值(亿元)')
for i in range(len(x)):
    plt.bar(x[i],y[i])
plt.show()
```

上述代码的运行结果如图 9-6 所示。

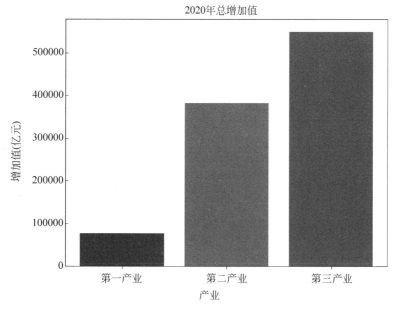

图 9-6 三大产业增加值柱状图

从柱状图图 9-6 可以看出 2020 年三大产业总增加值中第一产业总增加值最少,第三产业总增加值最多。

9.1.5　饼图

饼图是将各项的大小与各项总和的比例显示在一张"饼"中,以"饼"的大小来确定每项的占比。饼图可以比较清楚地反映出部分与部分、部分与整体之间的比例关系,易于显示每组数据相对于总数的大小,而且显现方式直观。创建饼图所用到的函数如下:

matplotlib.pyplot.pie(x, explode = None, labels = None, clolrs = None, autopct = None, pctdistance = 0.6, shadow = False, labeldistance = 1.1, startangle = None, radius = None, ⋯)

常用参数及说明见表 9-7。

表 9-7　饼图参数说明

参 数 名 称	说　　　明
x	接收 array,表示用于绘制的数据,无默认值
explode	接收 array,表示指定项离饼图圆心为 n 个半径,默认为 None
labels	接收 array,指定每项的名称,默认为 None
color	接收特定 string 或者包含颜色字符串的 array,表示饼图的颜色,默认为 None

【例 9-7】　沿用例 9-4 的数据,绘制 2020 年第一季度各产业总值的饼图,代码如下:

```
♯第 9 章/9 - 7. py
import pandas as pd
import matplotlib.pyplot as plt
data = pd.read_csv('国民经济核算季度数据.csv', encoding = 'gbk')
print(data)
plt.figure(figsize = (8,6))
plt.rcParams['font.sans - serif'] = 'SimHei'          ♯设置中文显示
plt.rcParams['axes.unicode_minus'] = False
labels = ['第一产业', '第二产业', '第三产业']
plt.pie(data.iloc[36,3:6], explode = [0.01,0.01,0.01], labels = labels, autopct = '% 1.1f %% ')
♯explode 设置的参数表示扇形往外面拖了 0.01cm。否则饼块完全无缝连接
plt.title('2020 年第一季度各产业总值饼图')
plt.show()
```

上述代码的运行结果如图 9-7 所示。

从图 9-7 的饼图中可以看到 2020 年第一季度各产业总值中第三产业总值占比最大,达到了 59.7%,第一产业占比最小,只有 5.0%。

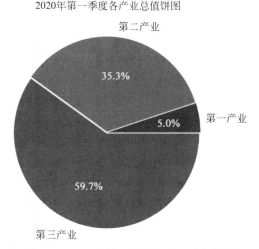

2020年第一季度各产业总值饼图

图 9-7　2020 年第一季度各产业总值饼图

9.1.6　雷达图

雷达图也被称为网络图、蜘蛛图、星图、蜘蛛网图,是一种以二维形式展示多维数据的图形。雷达图由中心向外辐射出多条坐标轴,每个多维数据在每一维度上的数值都占一条坐标轴,并和相邻坐标轴上的数据点连接起来,形成一个不规则的多边形。雷达图可以形象地展示相同事物的多维指标,应用场景非常多。

1. 使用 plt.polar 绘制雷达图

在 matplotlib.pyplot 中,可以通过 plt.polar 来绘制雷达图。这种方法的参数跟 plt.plot 非常类似,只不过是 x 轴的坐标点应该为弧度(2 * PI＝360°),故不再展示参数说明表。

【例 9-8】　现有某战士的'输出','KDA','发育','团战','生存'5 项能力对应的输出值分别为 40,91,44,90,95,40,绘制雷达图,并说明这名战士的能力值分布情况,代码如下:

```
# 第 9 章/9-8.py
import numpy as np
import matplotlib.pyplot as plt
properties = ['输出','KDA','发育','团战','生存']
values = [40,91,44,90,95,40]
theta = np.linspace(0,2 * np.pi,6)
plt.polar(theta,values)
plt.fill(theta,values)
plt.show()
```

上述代码的运行结果如图 9-8 所示。

从图 9-8 的雷达图可以看出该名战士的能力值呈箭头形式分布。

2. 使用子图绘制雷达图

在多子图中,绘图对象不再是 pyplot 而是 Axes。Axes 及其子类在绘制雷达图时通过

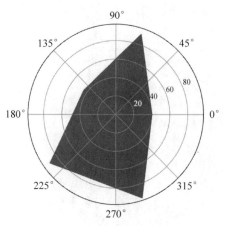

图 9-8　能力雷达图

将直角坐标转换成极坐标,然后绘制折线图。

【例 9-9】　现有小强和小明两名同学的考试成绩数据,小强 5 科目成绩情况为{"大学英语":87,"高等数学":79,"体育":95,"计算机基础":92,"程序设计":85},小明 5 科目成绩情况为{"大学英语":80,"高等数学":90,"体育":91,"计算机基础":85,"程序设计":88}。绘制雷达图说明两名同学在 5 门学科上的成绩分布是否相似,代码如下:

```python
#第 9 章/9 - 9.py
import numpy as np
import matplotlib.pyplot as plt
results = [{"大学英语": 87, "高等数学": 79, "体育": 95, "计算机基础": 92, "程序设计":
          85}, {"大学英语": 80, "高等数学": 90, "体育": 91, "计算机基础": 85, "程序设
          计": 88}]
data_length = len(results[0])
#将极坐标根据数据长度进行等分
angles = np.linspace(0, 2 * np.pi, data_length, endpoint = False)
labels = [key for key in results[0].keys()]
score = [[v for v in result.values()] for result in results]
#使雷达图数据封闭
score_a = np.concatenate((score[0], [score[0][0]]))
score_b = np.concatenate((score[1], [score[1][0]]))
angles = np.concatenate((angles, [angles[0]]))
labels = np.concatenate((labels, [labels[0]]))
#设置图形的大小及中文显示
plt.rcParams['font.sans - serif'] = 'SimHei'        #设置中文显示
plt.rcParams['axes.unicode_minus'] = False
fig = plt.figure(figsize = (8, 6), dpi = 100)
#新建一个子图
ax = plt.subplot(111, polar = True)
#绘制雷达图
ax.plot(angles, score_a, color = 'g')
ax.plot(angles, score_b, color = 'b')
```

```
# 设置雷达图中每项的标签显示
ax.set_thetagrids(angles * 180 / np.pi, labels)
# 设置雷达图的0°起始位置
ax.set_theta_zero_location('N')
# 设置雷达图的坐标刻度范围
ax.set_rlim(0, 100)
# 设置雷达图的坐标值显示角度,相对于起始角度的偏移量
ax.set_rlabel_position(270)
ax.set_title("计算机专业大一(上)")
plt.legend(["小强", "小明"], loc = 'best')
plt.show()
```

上述代码的运行结果如图 9-9 所示。

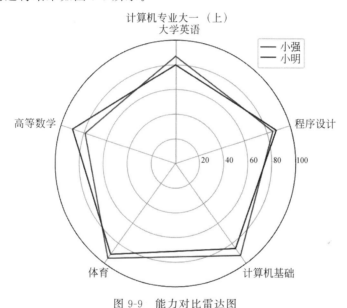

图 9-9　能力对比雷达图

从图 9-9 的雷达图可以看出两名同学在 5 门学科上的成绩分布相似。

9.2　Seaborn 可视化

Seaborn 是一种开源的数据可视化工具,它在 Matplotlib 的基础上进行了更高级的 API 封装,因此可以进行更复杂的图形设计和输出。Seaborn 是 Matplotlib 的重要补充,可以自主设置在 Matplotlib 中被默认的各种参数,而且它能高度兼容 NumPy 与 Pandas 数据结构及 Scipy 与 Statsmodels 等统计模式,故 Seaborn 更多地用于绘制优雅、美观的统计图形,同时接下来关于绘图的一些参数说明将略去。

在使用 Seaborn 绘图之前,需要先安装 Seaborn 库,有以下两种方法。

方法一:在 Python 的环境中直接通过命令 pip install seaborn 安装,方便快捷。

方法二：在 PyCharm 中依次打开 File→Settings→Project：Python Project→Python Interpreter,在弹出的对话框中搜索 seaborn 并选中,单击 Install Package 即可。

9.2.1 Seaborn 绘图基本步骤

使用 Seaborn 创建图形主要分为以下 6 个步骤：

(1) 导入 Seaborn 库,以及其他可能用到的各类模块。

(2) 准备数据,可以导入 Seaborn 内置数据,也可以通过 Pandas 导入本地数据。

(3) 设置画布外观。

(4) 使用 Seaborn 绘图。

(5) 自定义图形。

(6) 保存、显示图形。

9.2.2 箱线图

箱线图(Box-plot)又称为盒须图、盒式图或箱型图,是一种用作显示一组定量数据分散情况的统计图,它能显示出一组数据的最大值、最小值、中位数及上下四分位数,若有离群点,则能显示出离群点。Seaborn 提供了常用的绘制箱线图的函数 boxplot(),常用的语法格式如下：

seaborn.boxplot(* [x, y, hue, data, order, …])

【例 9-10】 现有 7 名同学的英语、数学、语文、物理 4 门课程的成绩数据,存放于同路径下的"成绩.csv"文件中,绘制箱线图,说明各科成绩的分布情况,代码如下：

```
#第 9 章/9 - 10.py
#第 1 步:导入 Seaborn 库,以及其他可能用到的各类模块
import matplotlib.pyplot as plt
import seaborn as sns
import pandas as pd
#第 2 步:准备数据
data = pd.read_csv("成绩.csv", encoding = 'gbk')
#第 3 步:将画布外观设置为"whitegrid"
sns.set_style("whitegrid")
#第 4 步:使用 Seaborn 绘制箱线图
sns.boxplot(x = data['课程名称'], y = data['成绩'], data = data)
#第 5 步:自定义图形(同 Matplotlib)
plt.rcParams['font.sans - serif'] = 'SimHei'          #设置中文显示
plt.rcParams['axes.unicode_minus'] = False
plt.xlim( - 7,10)
plt.ylim(0,100)
plt.title("箱线图")
#第 6 步:保存、显示图形
plt.savefig("例 9 - 10.png")
plt.show()
```

上述代码的运行结果如图 9-10 所示。

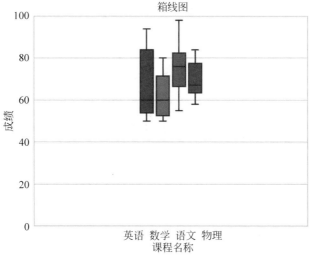

图 9-10　成绩箱线图

从图 9-10 的箱线图可以看到语文成绩和物理成绩相对比较集中,并且语文成绩的平均分最高,其次是物理、数学和英语。

9.2.3　小提琴图

小提琴图与箱线图扮演着类似的角色,它显示了定量数据在一个(或多个)分类变量的多个层次上的分布,这些分布可以进行比较。它不像箱线图中所有绘图组件都对应于实际数据点,小提琴绘图以基础分布的核密度估计为特征,通过小提琴图可以知道哪些位置的密度较高。Seaborn 提供了常用的绘制小提琴图的函数 violinplot(),常用的语法格式如下:

```
seaborn.violinplot( * [x, y, hue, data, split…])
```

【例 9-11】 沿用例 9-10 的数据绘制小提琴图,代码如下:

```
# 第9章/9-11.py
import matplotlib.pyplot as plt
import seaborn as sns
import pandas as pd
data = pd.read_csv("成绩.csv", encoding = 'gbk')
sns.set_style("whitegrid")
sns.violinplot(x = data['课程名称'], y = data['成绩'], data = data)
plt.rcParams['font.sans - serif'] = 'SimHei'
plt.rcParams['axes.unicode_minus'] = False
plt.xlim( - 7, 10)
plt.ylim(0, 100)
plt.title("小提琴图")
plt.show()
```

上述代码的运行结果如图 9-11 所示。

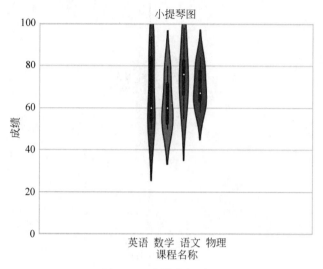

图 9-11　成绩小提琴图

从图 9-11 中可以得到和 9-10 箱线图相同的结论,但从密度的角度可以看到四门课程的成绩都呈现中间分数人数分布多,两端分数的人数分布较少,其中物理成绩的这个分布特征最为明显。

9.2.4　直方图

直方图是用于展示单变量数值型数据的分布情况的统计图形。Seaborn 提供了常用的绘制直方图的函数 histplot(),常用的语法格式如下:

seaborn.histplot([data,x,y,hue,weights,stat,bins, …])

【例 9-12】　由系统随机生成服从均值 60 和方差 10 的正态分布的 100 个数据,绘制这 100 个数据的直方图,代码如下:

```
♯第9章/9-12.py
import matplotlib.pyplot as plt
import seaborn as sns
import numpy as np
sns.set_style("whitegrid")
sns.histplot(np.random.normal(60,10,100),bins = 10)
plt.ylabel("频数")
plt.rcParams['font.sans-serif'] = 'SimHei'          ♯设置中文显示
plt.rcParams['axes.unicode_minus'] = False
plt.title("直方图")
plt.show()
```

上述代码的运行结果如图 9-12 所示。

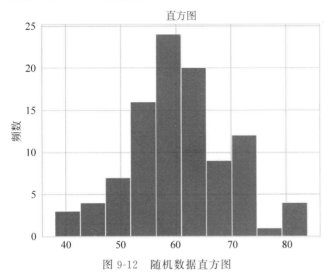

图 9-12 随机数据直方图

从图 9-12 中可以看到,随机生成的数据其分布确实近似服从正态分布的密度函数图。

9.2.5 回归图

回归图是使用统计模型估计两个变量间的关系。Seaborn 提供了常用的绘制回归图的函数 regplot(),其功能是绘制数据和线性回归模型拟合的曲线,常用的语法格式如下:

```
seaborn.regplot( * [x, y, data, x_estimator, …] )
```

【例 9-13】 现有某商品的广告费用支出数据对应的商品销售额数据,存放于同路径下的"广告费用支出与销售额.csv"文件中,绘制回归图,并说明自变量广告费支出与因变量销售额之间的回归关系情况,代码如下:

```
♯第 9 章/9 - 13.py
import matplotlib.pyplot as plt
import seaborn as sns
import pandas as pd
data = pd.read_csv("广告费用与销售额.csv", encoding = 'gbk')
sns.set_style("whitegrid")
sns.regplot(data = data, x = data["广告费支出"], y = data["销售额"])
plt.rcParams['font.sans - serif'] = 'SimHei'          ♯设置中文显示
plt.rcParams['axes.unicode_minus'] = False
plt.title("回归图")
plt.show()
```

上述代码的运行结果如图 9-13 所示。

从图 9-13 的回归图可以看到,广告费支出与销售额之间可能存在显著的回归关系。

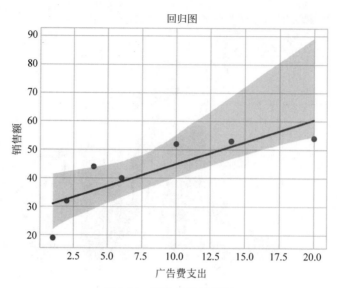

图 9-13　广告销售回归图

9.3　Pyecharts 可视化

我们都知道,ECharts 是百度开源的超强大的数据可视化工具,与 Python 中经典的 Matplotlib、Seaborn 等库相比,它最大的优点是所绘制的图形为动态图,这意味着可以和图形之间进行动态交互,并且其动态特性可以非常轻易地嵌入网页,而 Pyechart 就是基于 ECharts 的 Python 封装。支持所有常用的图表组件。

接下来讲解如何在 Python 中使用 Pyecharts 来绘制动态图,并且生成网页供其他人观看。

9.3.1　Pyecharts 的安装

方法一:在 Python 的环境中直接通过命令 pip install pyecharts 安装,方便快捷。

方法二:在 PyCharm 中依次打开 File→Settings→Project:Python Project→Python Interpreter,在弹出的对话框中搜索 pyecharts 并选中,单击 Install Package 即可。

9.3.2　Pyecharts 常用图表

Pyecharts 支持常用的基本图表有散点图、折线图、柱状图、饼图、漏斗图、玫瑰图、词云图、热力图、地图等,还能支持仪表盘和树形图的展示,这些图形的绘制需要用到 Pyecharts 子模块 charts 中对应的模块 Scatter、Line、Bar、Pie、Funnel、WordCloud、HeatMap、Map 等。

【例 9-14】 现有某商家 5 种商品的月销售量数据,见表 9-8,以此绘制柱状图。

表 9-8 商品月销售量

商品名称	衬衫	羊毛衫	裤子	高跟鞋	袜子
销售量	5	20	10	75	90

代码如下:

```
# 第9章/9-14.py
from pyecharts.charts import Bar
bar = Bar()
bar.add_xaxis(["衬衫", "羊毛衫", "裤子", "高跟鞋", "袜子"])
bar.add_yaxis("商家 A", [5, 20, 10, 75, 90])
bar.render('1.html')
```

上述代码的运行结果如图 9-14 所示。

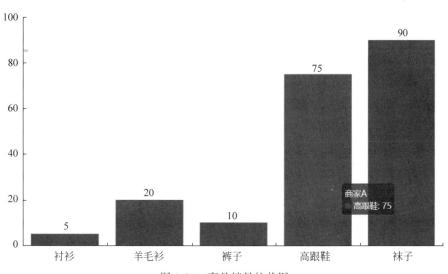

图 9-14 商品销量柱状图

从图 9-14 可以看到这个和 Matplotlib 中柱状图一样,但是当鼠标放置在某个矩形上时将会动态地显示此矩形对应的完整信息。

从上述简单实例可以看出,Pyecharts 的使用主要包括以下几点。

(1) 图表类型本身的初始化配置,如主题、大小。

(2) 加载数据:如加载 x 轴数据,加载 y 轴数据(可以多个)。

(3) 设置全局配置,如标题、区域缩放 datazoom、工具箱等。

(4) 设置系列配置项,如标签、线条刻度文本展示等。

(5) 图标显示:通过 render 保存成 HTML 文件,如果是 Jupyter Notebook,则直接通

过 render_Notebook 展示在 Notebook 中。

在 Pyecharts 中,关于图表外观显示等操作都是在相应的 option 里配置的,包括坐标轴、图例、数据标签、网格线、图表样式/颜色、不同系列等,其中 InitOpts 表示各个图表类型的初始配置,set_global_opts 表示全局外观配置,set_series_opts 表示系列配置。

【例 9-15】 绘制 2021 年某网站每个月订单数和完成数的柱状图,其中订单数和完成数由系统随机生成,代码如下:

```python
#第 9 章/9-15.py
from pyecharts import options as opts
from pyecharts.charts import Bar
import random
month = ['1 月', '2 月', '3 月', '4 月', '5 月', '6 月']
c = (
        Bar()
        .add_xaxis(month)
        .add_yaxis("订单数", [random.randint(100, 200) for _ in month])
        .add_yaxis("完成数", [random.randint(50, 100) for _ in month])
        .set_series_opts(
            label_opts = opts.LabelOpts(is_show = True, color = "#2CB34A")
                    )
        .set_global_opts(
            title_opts = opts.TitleOpts(title = "2021 年订单柱状图",
            title_textstyle_opts = opts.TextStyleOpts(color = "#2CB34A"),
                                            pos_left = "5%"),
        legend_opts = opts.LegendOpts(textstyle_opts = opts.TextStyleOpts(color = "#2CB34A")),
        xaxis_opts = opts.AxisOpts(axislabel_opts = opts.LabelOpts(color = "#2CB34A")),
        yaxis_opts = opts.AxisOpts(axislabel_opts = opts.LabelOpts(color = "#2CB34A"))
        yaxis_opts = opts.AxisOpts(axislabel_opts = opts.LabelOpts(color = "#2CB34A")))
        .set_colors(["blue", "green"])
        .render("bar_stack0.html")
        )
```

上述代码的运行结果如图 9-15 所示。

【例 9-16】 现有 Apple、Huawei、Xiaomi、OPPO、vivo、Meizu 6 个品牌手机的电商销售途径和门店销售途径的销售量数据,见表 9-9,绘制折线图观察每个品牌手机的销量情况,同时观察每个品牌两种渠道的销量情况。

表 9-9 品牌手机销售量

品牌	Apple	Huawei	Xiaomi	OPPO	vivo	Meizu
电商销售量	123	153	89	107	98	23
门店销售量	56	77	93	68	45	67

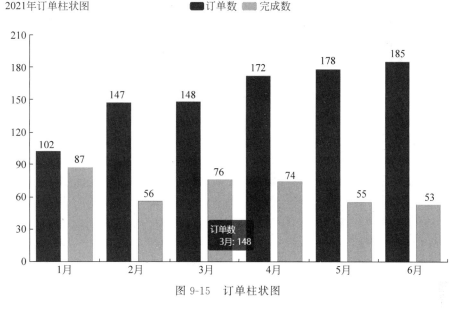

图9-15　订单柱状图

代码如下：

```
#第9章/9-16.py
from pyecharts.charts import Line
from pyecharts import options as opts

good = ['Apple', 'Huawei', 'Xiaomi', 'OPPO', 'vivo', 'Meizu']
data1 = [123, 153, 89, 107, 98, 23]
data2 = [56, 77, 93, 68, 45, 67]
line = (Line()
        .add_xaxis(good)
      .add_yaxis('电商渠道', data1, markline_opts = opts.MarkLineOpts(data = [opts.MarkLineItem
(type_ = "average")]))
      .add_yaxis('门店', data2, is_smooth = True, markpoint_opts = opts.MarkPointOpts(data = [opts.
MarkPointItem(name = "自定义标记点", coord = [good[2], data2[2]], value = data2[2])]))
      .set_global_opts(title_opts = opts.TitleOpts(title = "Line - 基本示例", subtitle = "我是副
标题"))
      . render("line.html"))
```

上述代码的运行结果如图9-16所示。

【例9-17】　现有Apple、Huawei、Xiaomi、OPPO、vivo和Meizu 6个品牌手机的某月销
售量数据，见表9-10，绘制饼图说明此月各品牌销量占总销售的比例情况。

表9-10　品牌手机月销售量

品牌	Apple	Huawei	Xiaomi	OPPO	vivo	Meizu
月销售量	153	124	107	99	89	46

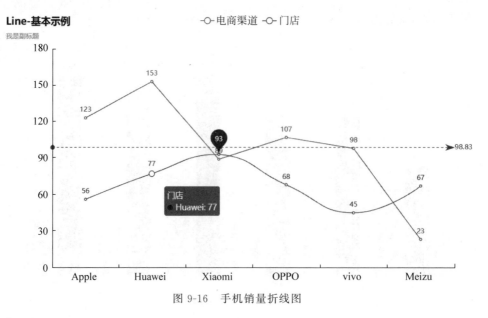

图 9-16 手机销量折线图

代码如下:

```
#第 9 章/9 - 17.py
from pyecharts.charts import Pie
from pyecharts import options as opts

good = ['Apple', 'Huawei', 'Xiaomi', 'OPPO', 'vivo', 'Meizu']
data = [153, 124, 107, 99, 89, 46]

pie = (Pie()
        .add('', [list(z) for z in zip(good, data)],
            radius = ["30 %", "75 %"],
            rosetype = "radius"
            )
.set_global_opts(title_opts = opts.TitleOpts(title = "Pie - 基本示例", subtitle = "我是副标题"))
        .set_series_opts(label_opts = opts.LabelOpts(formatter = "{b}: {d} %"))
        .render("pie.html")
        )
```

上述代码的运行结果如图 9-17 所示。

【例 9-18】 现有某电商网站加入购物车、访问、注册、付款成功、提交订单等行为的用户数人数数据,见表 9-11,绘制漏斗图,说明这几种行为之间的用户数是呈漏斗型分布的。

表 9-11 电商行为用户人数

行为	访问	注册	加入购物车	提交订单	付款成功
用户人数	30 398	15 230	10 045	8109	5698

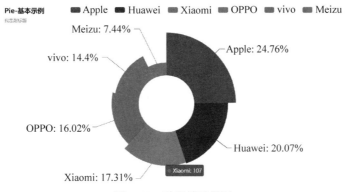

图 9-17 手机销量饼图

代码如下：

```
#第9章/9-18.py
from pyecharts.charts import Funnel
from pyecharts import options as opts
consumer = ['访问', '注册', '加入购物车', '提交订单', '付款成功']
data = [30398, 15230, 10045, 8109, 5698]
c = Funnel()
c.add("用户数", [list(z) for z in zip(consumer, data)],
        sort_ = 'ascending',
        label_opts = opts.LabelOpts(position = "inside"))
c.set_global_opts(title_opts = opts.TitleOpts(title = ""))
c.render("funnel.html")
```

上述代码的运行结果如图 9-18 所示。

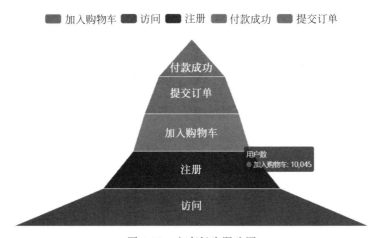

图 9-18 电商行为漏斗图

【例 9-19】 系统随机生成 3 个坐标，它们的取值都在 (0,100) 区间上，并且都是整数，每个坐标生成 80 个数据，绘制三维散点图，动态地展示每个散点的数据取值。

代码如下：

```
#第9章/9-19.py
from pyecharts import options as opts
from pyecharts.charts import Scatter3D
import random
data = [(random.randint(0, 100), random.randint(0, 100), random.randint(0, 100)) for _ in
range(80)]
c = (Scatter3D()
    .add("", data)
    .set_global_opts(
        title_opts = opts.TitleOpts(""),)
    .render("scatter3d.html")
    )
```

上述代码的运行结果如图 9-19 所示。

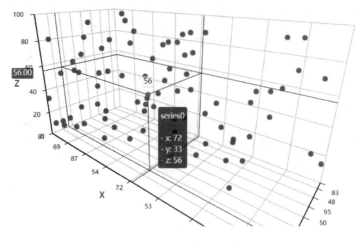

图 9-19　三维单点图

【例 9-20】　现有某种商品在四川省各市州的一个销售数据(由系统随机生成)，绘制地图动态地展示每个市州此商品的销售情况。

代码如下：

```
#第9章/9-20.py

from pyecharts import options as opts
from pyecharts.charts import Map
import random
city = ['成都市', '绵阳市', '德阳市', '南充市', '广元市', '广安市', '达州市', '巴中市', '自贡
市', '泸州市', '宜宾市', '眉山市', '乐山市', '资阳市', '雅安市', '内江市', '遂宁市', '攀枝花市',
'凉山彝族自治州', '阿坝藏族羌族自治州', '甘孜藏族自治州']
data = [(i, random.randint(50, 150)) for i in city]
_map = (
        Map()
```

```
        .add("销售额", data, "四川")
    .set_global_opts(
        title_opts = opts.TitleOpts(title = "四川省"),
        legend_opts = opts.LegendOpts(is_show = False),
        visualmap_opts = opts.VisualMapOpts(max_ = 200,
                        is_piecewise = True)
                    )
    .render("map.html")
)
```

上述代码的运行结果如图 9-20 所示。

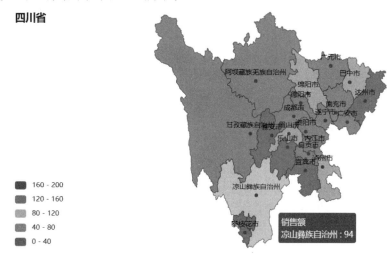

图 9-20　销量地图

9.3.3　Pyecharts 组合图表

　　Pyecharts 进行可视化大屏就需要用到组合图表,大致有四类:Grid(并行多图)、Page(顺序多图)、Tab(选项卡多图)、Timeline(时间线轮播多图)。这里我们简单地介绍 Grid(并行多图)和 Page(顺序多图)的使用。

　　Grid 并行多图可在一张图上同时绘制多个实时动态图。

　　【例 9-21】　现有某地某一年 12 个月每月的降雨量、蒸发量和平均温度数据,见表 9-12,在一张图上绘制降雨量和蒸发量的柱状图,以及平均温度的折线图,不仅能静态地发现每个月降雨量、蒸发量的对比情况,平均温度的变化趋势情况,还能动态实时地观看每个月的具体数据情况。

表 9-12　某地降雨量、蒸发量、平均温度数据

月份	1 月	2 月	3 月	4 月	5 月	6 月	7 月	8 月	9 月	10 月	11 月	12 月
降雨量/ml	2.6	5.9	9.0	26.4	28.7	70.7	175.6	182.2	48.7	18.8	6.0	2.3
蒸发量/ml	2.0	4.9	7.0	23.2	25.6	76.7	135.6	162.2	32.6	20.0	6.4	3.3
平均温度/℃	2.0	2.2	3.3	4.5	6.3	10.2	20.3	23.4	23.0	16.5	12.0	6.2

代码如下：

```
#第9章/9-21.py

from pyecharts import options as opts
from pyecharts.charts import Bar,Line,Grid
from pyecharts.commons.utils import JsCode
from pyecharts.faker import Faker

x_data = ["{}月".format(i) for i in range(1, 13)]
bar = (
    Bar()
    .add_xaxis(x_data)
    .add_yaxis("蒸发量",[2.0, 4.9, 7.0, 23.2, 25.6, 76.7, 135.6, 162.2, 32.6, 20.0,
6.4, 3.3], yaxis_index = 0, color = "#d14a61",)
    .add_yaxis("降水量",[2.6, 5.9, 9.0, 26.4, 28.7, 70.7, 175.6, 182.2, 48.7, 18.8,
6.0, 2.3], yaxis_index = 1, color = "#5793f3",)
    .extend_axis(
        yaxis = opts.AxisOpts(
            name = "蒸发量",
            type_ = "value",
            min_ = 0,
            max_ = 250,
            position = "right",
            axisline_opts = opts.AxisLineOpts(
                linestyle_opts = opts.LineStyleOpts(color = "#d14a61")
                                ),
            axislabel_opts = opts.LabelOpts(formatter = "{value} ml"),
                    )
                )
    .extend_axis(
        yaxis = opts.AxisOpts(
            type_ = "value",
            name = "温度",
            min_ = 0,
            max_ = 25,
            position = "left",
            axisline_opts = opts.AxisLineOpts(
                linestyle_opts = opts.LineStyleOpts(color = "#675bba")
            ),
            axislabel_opts = opts.LabelOpts(formatter = "{value} °C"),
            splitline_opts = opts.SplitLineOpts(is_show = True, linestyle_opts =
opts.LineStyleOpts(opacity = 1)
            ),
        )
    )
    .set_global_opts(
        yaxis_opts = opts.AxisOpts(
            name = "降水量",
            min_ = 0,
            max_ = 250,
            position = "right",
```

```
            offset = 50,
            axisline_opts = opts.AxisLineOpts(
                linestyle_opts = opts.LineStyleOpts(color = "#5793f3")
            ),
            axislabel_opts = opts.LabelOpts(formatter = "{value} ml"),
        ),
        title_opts = opts.TitleOpts(title = "Grid-多 Y 轴示例"),
        tooltip_opts = opts.TooltipOpts(trigger = "axis", axis_pointer_type = "cross"),
    )
)

line = (
    Line()
    .add_xaxis(x_data)
    .add_yaxis(
        "平均温度",
        [2.0, 2.2, 3.3, 4.5, 6.3, 10.2, 20.3, 23.4, 23.0, 16.5, 12.0, 6.2],
        yaxis_index = 2,
        color = "#675bba",
        label_opts = opts.LabelOpts(is_show = False),
        )
    )
bar.overlap(line)
bar.render("grid.html")
```

上述代码的运行结果如图 9-21 所示。

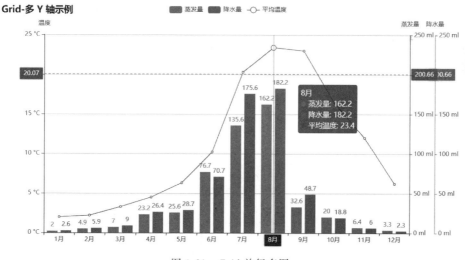

图 9-21　Grid 并行多图

Page 顺序多图，在一张画布上同时展示多个实时动态图。

【例 9-22】　将前面例 9-15 到例 9-20 的所有图形按照先后顺序在一张画布上进行展示。需要注意的是这时每个图形都封装在函数下。

代码如下:

```
#第9章/9-22.py
from pyecharts import options as opts
from pyecharts.charts import Bar, Pie, Page, Funnel, Map, Scatter3D, Line
import random
def bartu():
    month = ['1月', '2月', '3月', '4月', '5月', '6月']
    c = (
        Bar()
        .add_xaxis(month)
        .add_yaxis("订单数", [random.randint(100, 200) for _ in month])
        .add_yaxis("完成数", [random.randint(50, 100) for _ in month])
        .set_series_opts(
            label_opts = opts.LabelOpts(is_show = True, color = "#2CB34A"))
        .set_global_opts(title_opts = opts.TitleOpts(title = "2021年订单柱状图", title_
textstyle_opts = opts.TextStyleOpts(color = "#2CB34A"),
                                        pos_left = "2%"),
legend_opts = opts.LegendOpts(textstyle_opts = opts.TextStyleOpts(color = "#2CB34A")),
xaxis_opts = opts.AxisOpts(axislabel_opts = opts.LabelOpts(color = "#2CB34A")), yaxis_opts
= opts.AxisOpts(axislabel_opts = opts.LabelOpts(color = "#2CB34A"))
                        )
        .set_colors(["blue", "green"])
        )
    return c
def linetu():
    good = ['Apple', 'Huawei', 'Xiaomi', 'OPPO', 'vivo', 'Meizu']
    data1 = [123, 153, 89, 107, 98, 23]
    data2 = [56, 77, 93, 68, 45, 67]
    c = (Line()
        .add_xaxis(good)
        .add_yaxis('电商渠道', data1,

markline_opts = opts.MarkLineOpts(data = [opts.MarkLineItem(type_ = "average")]))
        .add_yaxis('门店', data2,
                is_smooth = True,
                markpoint_opts = opts.MarkPointOpts(data = [opts.MarkPointItem(name = "自定
义标记点",

coord = [good[2], data2[2]], value = data2[2])]))
        .set_global_opts(title_opts = opts.TitleOpts(title = "Line"))
        )
    return c
def pietu():
    good = ['Apple', 'Huawei', 'Xiaomi', 'OPPO', 'vivo', 'Meizu']
    data = [153, 124, 107, 99, 89, 46]
```

```
    c = (Pie()
        .add('', [list(z) for z in zip(good, data)],
            radius = ["30%", "75%"],
            rosetype = "radius"
            )
        .set_global_opts(title_opts = opts.TitleOpts(title = "Pie"))
        .set_series_opts(label_opts = opts.LabelOpts(formatter = "{b}: {d}%"))
        )
    return c
def funneltu():
    consumer = ['访问', '注册', '加入购物车', '提交订单', '付款成功']
    data = [30398, 15230, 10045, 8109, 5698]
    c = (Funnel()
        .add("用户数", [list(z) for z in zip(consumer, data)],
            sort_ = 'ascending',
            label_opts = opts.LabelOpts(position = "inside"))
        .set_global_opts(title_opts = opts.TitleOpts(title = ""))
        )
    return c
def maptu():
    city = ['成都市', '绵阳市', '德阳市', '南充市', '广元市', '广安市', '达州市', '巴中市', '自
贡市', '泸州市', '宜宾市', '眉山市', '乐山市', '资阳市', '雅安市', '内江市', '遂宁市', '攀枝花市
', '凉山彝族自治州', '阿坝藏族羌族自治州', '甘孜藏族自治州']
    data = [(i, random.randint(50, 150)) for i in city]
    c = (
        Map()
        .add("销售额", data, "四川")
        .set_global_opts(
            title_opts = opts.TitleOpts(title = "四川省", pos_right = "center"),
            legend_opts = opts.LegendOpts(is_show = False),
            )
        )
    return c
def scatter3dtu():
    data = [(random.randint(0, 100), random.randint(0, 100), random.randint(0, 100)) for _
in range(80)]
    c = (Scatter3D()
        .add("", data)
        .set_global_opts(title_opts = opts.TitleOpts(""),)
        )
    return c
page = Page()
page.add(
    bartu(),
    linetu(),
```

```
    pietu(),
    funneltu(),
    maptu(),
    scatter3dtu()
    )
page.render("daping.html")
```

上述代码的运行结果如图 9-22 所示。

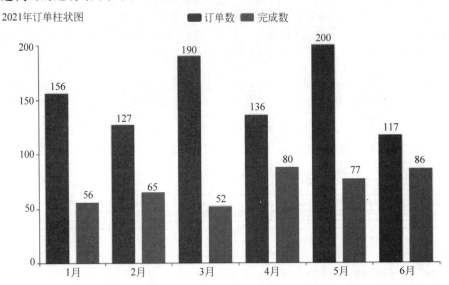

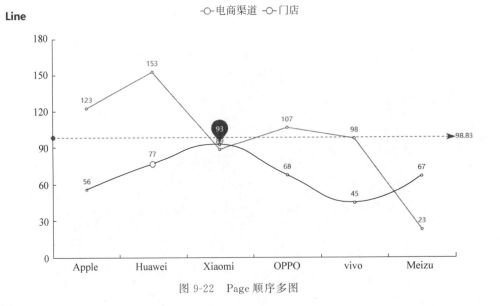

图 9-22　Page 顺序多图

Pie

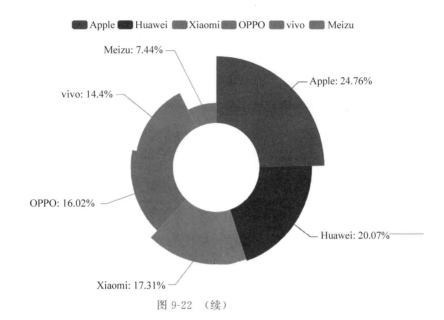

图 9-22　（续）

由于画布太长，此处只截取了一部分进行展示。同时这样按照前后顺序进行排列不便于观看，接下来我们对网页进行处理，代码如下：

```
#第 9 章/9 - 22 网页处理.py
from bs4 import BeautifulSoup
with open("daping.html", "r + ", encoding = 'utf - 8') as html:
    html_bf = BeautifulSoup(html, 'lxml')             #注意此处如果报错,则需要安装 lxml 库
    divs = html_bf.select('. chart - container')
    divs[0]["style"] = "width:35 % ;height:40 % ;position:absolute;top:12 % ;left:0;"
    divs[1]["style"] = "width:35 % ;height:40 % ;position:absolute;top:10 % ;left:30 % ;"
    divs[2]["style"] = "width:40 % ;height:35 % ;position:absolute;top:12 % ;left:60 % ;"
    divs[3]["style"] = "width:30 % ;height:35 % ;position:absolute;top:60 % ;left:2 % ;"
    divs[4]["style"] = "width:60 % ;height:50 % ;position:absolute;top:45 % ;left:15 % ;"
    divs[5]["style"] = "width:35 % ;height:40 % ;position:absolute;top:50 % ;left:60 % ;"
    body = html_bf.find("body")
    body["style"] = "background - image: url(bgd.jpg)"            #背景颜色
    html_new = str(html_bf)
    html.seek(0, 0)
    html.truncate()
    html.write(html_new)
```

上述代码的运行结果如图 9-23 所示。

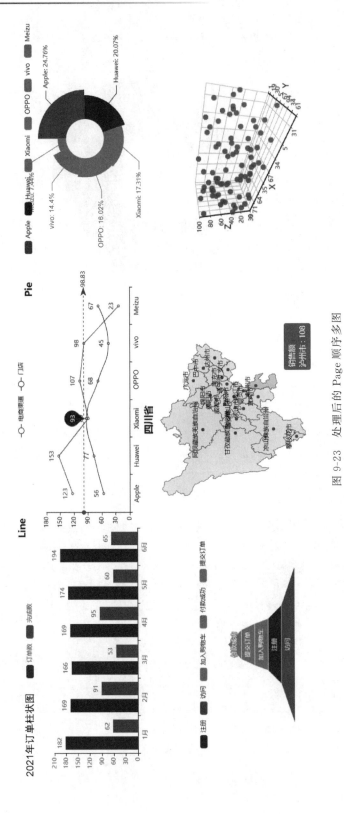

图 9-23　处理后的 Page 顺序多图

9.4 综合案例：学生食堂消费数据可视化

此案例采用某学校某个专业的学生于 2021 年 1 月 1 日到 2021 年 11 月 16 日在食堂的消费数据。内容主要包括交易的终端名称(具体哪一家窗口)、记账日期(具体哪一天)、交易前可用余额、交易后可用余额、交易时间等信息。具体内容可参看"食堂消费数据.csv"文件。

【要求】

(1) 能够运用 Pandas 的文件载入方法读取"食堂消费数据.csv"文件,接下来能够对获取后的数据按照终端名称出现的次数进行分类汇总并将频数和对应的终端名称数据提取出来,然后按照频数值的大小排序后单独存放,再利用这个数据绘制饼图,说明这些学生在哪个地方消费较多。

(2) 能够按照学生姓名对交易金额汇总求和,计算出每名学生这 216 天在食堂的总交易金额并绘制每名学生在食堂消费总金额的分布图,说明学生消费总金额的分布情况。

(3) 最后按照记账日期汇总每天的交易总金额,并按照时间的先后顺序绘制折线图,说明每天消费的变化趋势情况。

【目标】

通过该案例的训练,进一步熟悉 Pandas 读取 CSV 文件的方法,全面掌握 Python 程序与 Pandas 数据预处理、Matplotlib、Seaborn 绘图的技术,培养大数据预处理和可视化分析的能力。

【步骤】

(1) 打开"食堂消费数据.csv"文件,显示信息内容,如图 9-24 所示,代码如下:

```
# 第 9 章/9 - 23.py
import pandas as pd
data = pd.read_csv("食堂消费数据.csv", encoding = 'gbk')
print(data)
```

	学工号	姓名	记账日期	交易时间	...	交易金额	可用余额（交易后）		状态
0	201124220043	陈向阳	20210101	184141	...	9.0	50.00	交易成功	支付码消费
1	201124220015	张淋瑞	20210101	184202	...	2.0	5.80	交易成功	IC卡消费
2	201124220009	张明朗	20210102	175223	...	32.0	114.80	交易成功	IC卡消费
3	201124220014	田沛琦	20210102	175256	...	14.0	82.00	交易成功	支付码消费
4	201124220056	张汶骏	20210102	183736	...	10.0	3.80	交易成功	IC卡消费
...	...	...	...	...	...	...	...	...	...
17308	201124220021	张永强	20211115	175353	...	14.0	204.41	交易成功	支付码消费

图 9-24 食堂消费数据的数据内容

(2) 编写代码,按照终端名称出现的次数进行分类汇总并将频数和对应的终端名称数据提取出来,然后按照频数值的大小排序后用 place 单独存放,最后利用这些数据绘制饼图,说明这些学生在哪个地方消费较多。

```
import matplotlib.pyplot as plt
import seaborn as sns
place = data.groupby(['终端名称'],as_index = False)['终端名称'].agg({'cnt':'count'}).sort_
values(by = 'cnt')
print(place)
plt.figure(figsize = (12,8))                          # 图形宽 12 英寸,高 8 英寸
plt.rcParams['font.sans - serif'] = 'SimHei'          # 设置中文显示,正常显示中文标签
plt.rcParams['axes.unicode_minus'] = False            # 正常显示负号
plt.pie(place.iloc[:,1],labels = place.iloc[:,0])
plt.show()
```

上述代码的运行结果如图 9-25 和图 9-26 所示。

```
                        终端名称   cnt
    24    学二食堂1F33#     1
    26     学二食堂1F4#     1
    36    学二食堂2F13#     1
    4     学二食堂1F13#     1
    25    学二食堂1F35#     1
    ..         ...   ...
    84      食堂1层POS8   766
    77     食堂1层POS30   778
    73     食堂1层POS27   899
    55     食堂1层POS10   967
    68     食堂1层POS22   985
```

图 9-25　place 数据信息

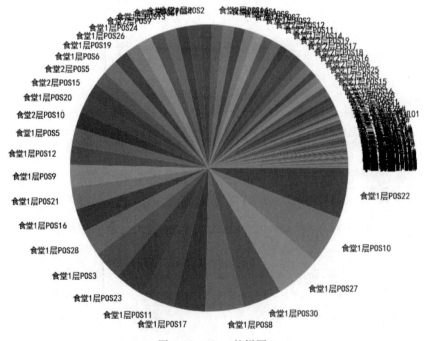

图 9-26　place 的饼图

从 9-26 的饼图可以看到,这些学生的消费主要在学校食堂 1 层,有极少数在食堂 2 层,其中食堂 1 层的 POS22 窗口、食堂 1 层的 10 窗口、食堂 1 层的 27 窗口消费次数较多。

(3) 编写代码,按照学生姓名对交易金额汇总求和,计算出每名学生这 216 天在食堂的总交易金额并绘制每名学生在食堂消费总金额的分布图,说明学生消费总金额的分布情况。

```
money = data.groupby('姓名')['交易金额'].sum()
print(money)
plt.title('每名学生食堂消费总金额分布图')
sns.histplot(money)
plt.ylabel('交易总金额')
plt.show()
```

上述代码的运行结果如图 9-27 和图 9-28 所示。

```
姓名
何力      2551.04
何念雨    2924.10
何昭      2429.74
何诗洋    4541.40
刘杰      4161.80
唐源      4268.90
张凯      4150.48
张力源    6011.32
张明朗    5573.10
张明鑫    2598.40
```

图 9-27 每名学生的消费总金额情况

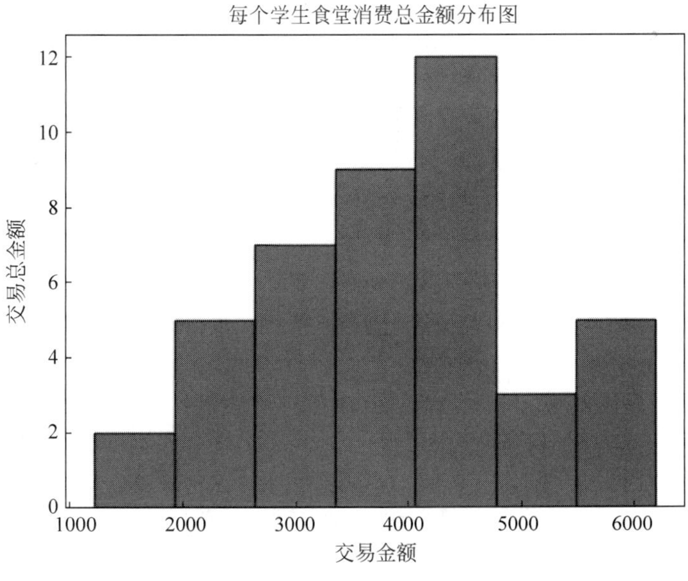

图 9-28 每名学生的消费总金额分布情况

从图 9-28 的直方图可以看到,这些学生的消费总金额主要集中在 3500～4500,有极少数学生的消费总金额低于 2000,也有一小部分学生的消费金额高于 5500。

(4) 编写代码,按照记账日期汇总每天的交易总金额,并按照时间的先后顺序绘制折线图,说明每天消费的变化趋势情况。

```
sum = data.groupby('记账日期')['交易金额'].sum()
print(sum)
plt.plot(range(216),sum)
plt.xticks(range(0,216,7))
plt.show()
```

上述代码的运行结果如图 9-29 和图 9-30 所示。

```
记账日期
20210101    504.2
20210102    683.8
20210103    672.4
20210104    948.0
20210105    883.1
             ...
20211112    920.9
20211113    936.4
20211114    652.5
20211115    830.6
20211116     96.0
```

图 9-29　每天的消费总金额情况

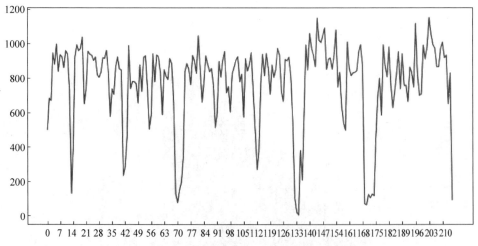

图 9-30　每天消费总金额变化趋势

从图 9-30 的时间序列折线图可以看到,这些学生在食堂的消费呈规律性变化,到周末、国家法定假日或者寒暑假时总消费金额骤降至很低,在学校的五天消费随机均匀分布,波动幅度不大。

9.5　小结

　　本章主要介绍了数据可视化的具体应用,重点通过具体案例介绍了 3 种绘图系统 Matplotlib、Seaborn 和 Pyecharts 的绘图方法,最后通过学生食堂消费数据可视化分析实现了基础的数据分析。

　　本章的知识结构如图 9-31 所示。

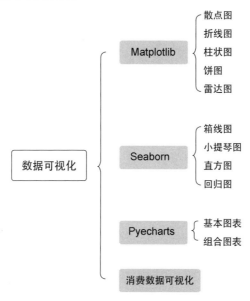

图 9-31　数据可视化知识结构图

9.6　习题

1. 绘图题

　　(1) 绘制直线 $y = 5x + 1.8$,要求设置 x 轴和 y 轴的坐标,并标注直线方程。

　　(2) 绘制 $y = \sin(5x)/x$ 的曲线。

　　(3) 试着阐述本章 3 种绘图系统 Matplotlib、Seaborn 和 Pyecharts 的特点,同时试着总结所学的所有图形分别是用来做什么的?

　　(4) 对一组 50 人的饮酒者所饮酒类进行调查,把饮酒者按红酒为 1、白酒为 2、黄酒为 3、啤酒为 4 分成 4 类。调查数据如下:3,4,1,1,3,4,3,3,1,3,2,1,2,1,3,4,1,1,3,4,3,3, 1,3,2,1,2,1,2,3,2,3,1,1,1,1,4,3,1,2,3,2,3,1,1,1,1,4,3,1。分别用 3 种绘图系统绘制频数分布统计图。

　　(5) economics 数据集给出了美国经济增长变化的数据。该数据采用的是数据框格式,由 574 行和 6 个变量组成,变量如下。

date：日期，单位为月份。

psavert：个人存款率。

pce：个人消费支出，单位为十亿美元。

uemploy：失业人数，单位为千人。

unempmed：失业时间中位数，单位为周。

pop：人口数，单位为千人。

分别用3种绘图系统绘图：

- 以 date 为横坐标，以 uemploy/pop 为纵坐标画折线图。
- 以 date 为横坐标，以 unempmed 为纵坐标画折线图。

（6）爬取国内新型冠状病毒感染历史数据，用 Pyecharts 绘制四川省确诊人数趋势折线图，绘制全国各省、直辖市、自治州总确诊人数的柱状图，绘制全国地图并用大屏形式展示。

图 书 推 荐

书 名	作 者
深度探索 Vue.js——原理剖析与实战应用	张云鹏
剑指大前端全栈工程师	贾志杰、史广、赵东彦
Flink 原理深入与编程实战——Scala＋Java(微课视频版)	辛立伟
Spark 原理深入与编程实战(微课视频版)	辛立伟、张帆、张会娟
HarmonyOS 应用开发实战(JavaScript 版)	徐礼文
HarmonyOS 原子化服务卡片原理与实战	李洋
鸿蒙操作系统开发入门经典	徐礼文
鸿蒙应用程序开发	董昱
鸿蒙操作系统应用开发实践	陈美汝、郑森文、武延军、吴敬征
HarmonyOS 移动应用开发	刘安战、余雨萍、李勇军 等
HarmonyOS App 开发从 0 到 1	张诏添、李凯杰
HarmonyOS 从入门到精通 40 例	戈帅
JavaScript 基础语法详解	张旭乾
华为方舟编译器之美——基于开源代码的架构分析与实现	史宁宁
Android Runtime 源码解析	史宁宁
鲲鹏架构入门与实战	张磊
鲲鹏开发套件应用快速入门	张磊
华为 HCIA 路由与交换技术实战	江礼教
openEuler 操作系统管理入门	陈争艳、刘安战、贾玉祥 等
恶意代码逆向分析基础详解	刘晓阳
深度探索 Go 语言——对象模型与 runtime 的原理、特性及应用	封幼林
深入理解 Go 语言	刘丹冰
深度探索 Flutter——企业应用开发实战	赵龙
Flutter 组件精讲与实战	赵龙
Flutter 组件详解与实战	［加］王浩然（Bradley Wang）
Flutter 跨平台移动开发实战	董运成
Dart 语言实战——基于 Flutter 框架的程序开发(第 2 版)	亢少军
Dart 语言实战——基于 Angular 框架的 Web 开发	刘仕文
IntelliJ IDEA 软件开发与应用	乔国辉
Vue＋Spring Boot 前后端分离开发实战	贾志杰
Vue.js 快速入门与深入实战	杨世文
Vue.js 企业开发实战	千锋教育高教产品研发部
Python 从入门到全栈开发	钱超
Python 全栈开发——基础入门	夏正东
Python 全栈开发——高阶编程	夏正东
Python 全栈开发——数据分析	夏正东
Python 游戏编程项目开发实战	李志远
Python 人工智能——原理、实践及应用	杨博雄 主编，于营、肖衡、潘玉霞、高华玲、梁志勇 副主编
Python 深度学习	王志立
Python 预测分析与机器学习	王沁晨
Python 异步编程实战——基于 AIO 的全栈开发技术	陈少佳
Python 数据分析实战——从 Excel 轻松入门 Pandas	曾贤志
Python 概率统计	李爽

书　　名	作　　者
Python 数据分析从 0 到 1	邓立文、俞心宇、牛瑶
FFmpeg 入门详解——音视频原理及应用	梅会东
FFmpeg 入门详解——SDK 二次开发与直播美颜原理及应用	梅会东
FFmpeg 入门详解——流媒体直播原理及应用	梅会东
FFmpeg 入门详解——命令行与音视频特效原理及应用	梅会东
Python Web 数据分析可视化——基于 Django 框架的开发实战	韩伟、赵盼
Python 玩转数学问题——轻松学习 NumPy、SciPy 和 Matplotlib	张骞
Pandas 通关实战	黄福星
深入浅出 Power Query M 语言	黄福星
深入浅出 DAX——Excel Power Pivot 和 Power BI 高效数据分析	黄福星
云原生开发实践	高尚衡
云计算管理配置与实战	杨昌家
虚拟化 KVM 极速入门	陈涛
虚拟化 KVM 进阶实践	陈涛
边缘计算	方娟、陆帅冰
物联网——嵌入式开发实战	连志安
动手学推荐系统——基于 PyTorch 的算法实现(微课视频版)	於方仁
人工智能算法——原理、技巧及应用	韩龙、张娜、汝洪芳
跟我一起学机器学习	王成、黄晓辉
深度强化学习理论与实践	龙强、章胜
自然语言处理——原理、方法与应用	王志立、雷鹏斌、吴宇凡
TensorFlow 计算机视觉原理与实战	欧阳鹏程、任浩然
计算机视觉——基于 OpenCV 与 TensorFlow 的深度学习方法	余海林、翟中华
深度学习——理论、方法与 PyTorch 实践	翟中华、孟翔宇
HuggingFace 自然语言处理详解——基于 BERT 中文模型的任务实战	李福林
AR Foundation 增强现实开发实战(ARKit 版)	汪祥春
AR Foundation 增强现实开发实战(ARCore 版)	汪祥春
ARKit 原生开发入门精粹——RealityKit ＋ Swift ＋ SwiftUI	汪祥春
HoloLens 2 开发入门精要——基于 Unity 和 MRTK	汪祥春
巧学易用单片机——从零基础入门到项目实战	王良升
Altium Designer 20 PCB 设计实战(视频微课版)	白军杰
Cadence 高速 PCB 设计——基于手机高阶板的案例分析与实现	李卫国、张彬、林超文
Octave 程序设计	于红博
ANSYS 19.0 实例详解	李大勇、周宝
ANSYS Workbench 结构有限元分析详解	汤晖
AutoCAD 2022 快速入门、进阶与精通	邵为龙
SolidWorks 2021 快速入门与深入实战	邵为龙
UG NX 1926 快速入门与深入实战	邵为龙
Autodesk Inventor 2022 快速入门与深入实战(微课视频版)	邵为龙
全栈 UI 自动化测试实战	胡胜强、单镜石、李睿
pytest 框架与自动化测试应用	房荔枝、梁丽丽